O design do
dia a dia

Don Norman

O design do dia a dia

Tradução de Isabella Pacheco

Título original
DESIGN OF EVERYDAY THINGS
Revised and Expanded Edition

Copyright © 2013 *by* Don Norman

Todos os direitos reservados.
Nenhuma parte desta obra pode ser reproduzida ou transmitida
por meio eletrônico, mecânico, fotocópia ou sob
qualquer outra forma sem a prévia autorização do editor.

Edição brasileira publicada mediante acordo com Basic Books,
um selo da Perseus Books, LLC, uma subsidiária da Hachette Book Group, Inc.,
New York, New York, USA.
Todos os direitos reservados.

Direitos para a língua portuguesa reservados
com exclusividade para o Brasil à
EDITORA ROCCO LTDA.
Rua Evaristo da Veiga, 65 – 11º andar
Passeio Corporate – Torre 1
20031-040 – Rio de Janeiro – RJ
Tel.: (21) 3525-2000 – Fax: (21) 3525-2001
rocco@rocco.com.br
www.rocco.com.br

Printed in Brazil/Impresso no Brasil

Preparação de originais
LARA FREITAS

CIP-BRASIL. CATALOGAÇÃO NA PUBLICAÇÃO
SINDICATO NACIONAL DOS EDITORES DE LIVROS, RJ

N764d

Norman, Don
  O design do dia a dia / Don Norman ; tradução Isabella Pacheco. - 1. ed. - Rio de Janeiro : Rocco, 2024.

  Tradução de: Design of everyday things revised and expanded edition
  "Edição revista e ampliada"
  ISBN 978-65-5532-447-1
  ISBN 978-65-5595-270-4 (recurso eletrônico)

  1. Desenho industrial - Aspectos psicológicos. 2. Desenho (Projetos) - Aspectos psicológicos. I. Pacheco, Isabella. II. Título.

24-91479
CDD: 620.82
CDU: 658.512.2:159.922.2

Meri Gleice Rodrigues de Souza - Bibliotecária - CRB-7/6439

O texto deste livro obedece às normas do
Acordo Ortográfico da Língua Portuguesa.

Para Julie

SUMÁRIO

Prefácio da edição revista 11

UM: A psicopatologia dos objetos do cotidiano 19
    A complexidade dos aparelhos modernos 22
    Design centrado no ser humano 26
    Princípios fundamentais de interação 28
    A imagem do sistema 49
    O paradoxo da tecnologia 51
    O desafio do design 53

DOIS: A psicologia das ações do cotidiano 55
    Como as pessoas realizam as ações:
        os desafios de execução e avaliação 56
    Os sete estágios da ação 58
    O pensamento humano: a maior parte é subconsciente 62
    A cognição e emoção humanas 68
    Os sete estágios da ação e os três níveis de processamento 74
    As pessoas como contadoras de história 75
    Atribuindo culpa às coisas erradas 78
    Culpando falsamente a si mesmo 84
    Os sete estágios da ação:
        sete princípios fundamentais do design 90

TRÊS: Conhecimento na cabeça e no mundo   **94**

O comportamento preciso vem do conhecimento impreciso   95
Memória é conhecimento na cabeça   106
A estrutura da memória   112
Modelos aproximados: a memória no mundo real   122
Conhecimento na cabeça   127
A compensação entre o conhecimento no mundo e na cabeça   131
A memória em múltiplas cabeças, em múltiplos dispositivos   133
Mapeamento natural   135
Cultura e design: Mapeamentos naturais podem variar em cada cultura   140

QUATRO: Saber o que fazer: restrições, capacidade de descoberta e feedback   **145**

Quatro tipos de restrição: Física, cultural, semântica e lógica   147
A aplicação de *affordances,* significantes e restrições a objetos do cotidiano   155
As restrições que forçam o comportamento desejado   164
Convenções, restrições e *affordances*   168
A torneira: um caso histórico de design   173
O som como significante   179

CINCO: Erro humano? Não, design ruim   **185**

Entendendo por que há erro   186
Violações propositais   192
Dois tipos de erros: deslizes e equívocos   193
A classificação dos deslizes   197
A classificação dos equívocos   204
Pressões sociais e institucionais   211
Comunicando um erro   217
Detectando um erro   220
Design para o erro   224
Quando um bom design não é suficiente   237

Engenharia de resiliência 238
O paradoxo da automação 239
Princípios do design para lidar com o erro 241

SEIS: O design thinking **244**
Resolvendo o problema correto 245
O modelo de duplo diamante do design 247
O processo de design centrado no ser humano 249
O que acabei de dizer? Não é bem assim que funciona . . 264
O desafio do design 267
Complexidade é bom; é a confusão que é ruim 275
Padronização e tecnologia 276
Tornando as coisas deliberadamente difíceis 283
Design: desenvolvendo tecnologia para as pessoas 285

SETE: O design no mundo dos negócios **287**
Forças competitivas 288
As novas tecnologias forçam as mudanças 293
Quanto tempo demora para introduzir um novo produto? . 297
Duas formas de inovação: gradual e radical 309
O design do dia a dia: 1988-2038 312
O futuro dos livros 318
As obrigações morais do design 321
Design thinking e o pensamento sobre design 323

Agradecimentos 329
Leituras gerais e notas 335
Referências bibliográficas 352

PREFÁCIO DA EDIÇÃO REVISTA

Na primeira edição deste livro, então chamada *A psicologia do dia a dia* (POET, na sigla em inglês), iniciei com a seguinte frase: "Este é o livro que eu sempre quis escrever, só não sabia disso." Hoje eu já sei disso, portanto direi simplesmente: "Este é o livro que eu sempre quis escrever."

Este é um kit de ferramentas iniciantes para um bom design. Foi feito para ser agradável e informativo para todos: pessoas comuns, técnicos, designers e não designers. Um dos objetivos é transformar os leitores em grandes observadores do absurdo, do design ruim que dá margem para tantos problemas da vida moderna, principalmente da tecnologia moderna. Também os transformará em observadores do bom design, das formas que profissionais inteligentes trabalharam para tornar nossas vidas mais fáceis e práticas. A verdade é que o bom design é muito mais difícil de perceber do que o ruim, em parte porque ele resolve as nossas necessidades tão bem que o design acaba sendo invisível, servindo-nos sem chamar atenção. Já no design ruim, as inadequações gritam e se tornam muito perceptíveis.

Ao longo do caminho, eu apresento os princípios fundamentais necessários para eliminar problemas, para transformar nossas coisas do cotidiano em produtos agradáveis, que proporcionem prazer e satisfação. A combinação de boas habilidades de observação e bons princípios de design é uma ferramenta poderosa, que todos podem usar, mesmo aqueles que não são designers por profissão. E por quê? Porque somos todos designers no sentido que todos nós projetamos nossas vidas, nossas casas e a forma como fazemos as coisas. Também podemos projetar soluções alternativas, maneiras de resolver as falhas de dispositivos existentes. Portanto, um dos objetivos deste livro é devolver seu controle sobre os produtos que te cercam: saber como selecionar produtos úteis e compreensíveis, e como consertar aqueles que não o são.

A primeira edição deste livro teve uma vida longa e sadia. Seu título logo foi substituído por *O design do dia a dia* (DOET, na sigla em inglês) para deixá-lo menos afetado e mais descritivo. DOET já foi lido pelo público em geral e por designers. Já foi usado em cursos e distribuído como leitura obrigatória em muitas empresas. Agora, mais de vinte anos depois do lançamento, ele ainda é popular. Fico encantado com a resposta e com o número de pessoas que me escrevem falando sobre o livro, que me enviam exemplos de designs irresponsáveis e bobos, além de raros exemplos de designs sublimes. Muitos leitores me disseram que o livro mudou suas vidas, deixando-os mais atentos aos problemas da vida e às necessidades das pessoas. Alguns mudaram de carreira e se tornaram designers por causa do livro. O retorno tem sido maravilhoso.

POR QUE UMA EDIÇÃO REVISTA?

Nos vinte e cinco anos que se passaram desde a primeira edição deste livro, a tecnologia passou por mudanças arrebatadoras. Nem os celulares nem a internet eram corriqueiros quando eu o escrevi. Não se ouvia falar em internet em casa. A Lei de Moore afirma que a potência nos processadores dos computadores quase dobra a cada dois anos. Isso significa que os computadores de hoje são cinco mil vezes mais potentes do que os que existiam quando o livro foi escrito.

Embora os princípios fundamentais do design que aparecem em *O design do dia a dia* ainda sejam tão verdadeiros e importantes quanto na época da primeira edição, os exemplos estavam completamente desatualizados. "O que é um projetor de slides?", os alunos perguntam. Ainda que nada mais fosse modificado, os exemplos precisavam ser atualizados.

Os princípios do design efetivo também tiveram que ser modernizados. O design centrado no ser humano (*Human-Centered Design*, HCD na sigla em inglês) cresceu desde a primeira edição, em parte inspirado no meu livro. Esta edição tem um capítulo inteiro dedicado ao processo de desenvolvimento de produto do HCD. O foco da primeira edição foi em fazer produtos compreensíveis e úteis. A experiência completa de um produto abrange muito mais do que sua utilidade: estética, prazer e diversão têm papéis muitíssimo importantes. Não falamos sobre prazer, desfrute ou emoção. A emoção é tão importante que escrevi um livro só sobre isso, *Design emocional*, sobre o papel que ela possui dentro do design. Essas questões também foram incluídas agora nesta edição revisada.

Minhas experiências na indústria me ensinaram sobre as complexidades do mundo real, como os custos e o planejamento são cruciais, a necessidade de prestar atenção na concorrência e a importância de ter equipes multidisciplinares. Aprendi que os produtos bem-sucedidos têm que atrair os clientes, e os critérios que eles utilizam para determinar o que comprar podem ser surpreendentemente menos relevantes do que os aspectos que têm importância durante o uso do produto. Os melhores produtos nem sempre dão certo. Novas tecnologias brilhantes podem levar décadas para serem aceitas. Para entender de produto, não basta entender de design ou de tecnologia: é crucial entender de negócios.

O QUE MUDOU?

Para leitores familiarizados com a edição anterior deste livro, aqui vai um breve resumo das mudanças.

O que mudou? Não muito. Tudo.

Quando comecei, supus que os princípios básicos ainda eram verdadeiros, portanto, eu só teria que atualizar os exemplos. Mas acabei reescrevendo tudo. Por quê? Porque embora todos os princípios ainda se apliquem, nos vinte e cinco anos desde a primeira edição muito se aprendeu. Além disso, hoje sei quais partes são mais difíceis e, portanto, precisam de explicações melhores. Durante esse tempo, também escrevi seis livros e muitos artigos relacionados ao assunto, alguns dos quais julguei importante incluir aqui. Por exemplo, no livro original, não há nada sobre o que veio a ser chamado de *experiência do usuário* (um termo que fui um dos primeiros a usar, quando, no início dos anos 1990, a equipe que eu comandava na Apple se chamava de "Escritório de Arquitetura da Experiência do Usuário"). Isso tinha que constar aqui.

Meus anos na indústria me ensinaram muito sobre a maneira como os produtos são lançados, portanto acrescentei informações relevantes sobre o impacto de verbas, cronogramas e pressões de competitividade. Quando escrevi o primeiro livro, eu era pesquisador acadêmico. Hoje, sou executivo dessa indústria (já passei pela Apple, pela HP e por algumas startups), consultor para inúmeras companhias e membro do conselho de empresas. Tive que incluir aqui meu aprendizado com essas experiências.

Por fim, um componente importante da edição original foi sua brevidade. O livro podia ser lido depressa como uma introdução básica e generalizada. Mantive essa característica. Tentei eliminar a mesma quantidade de conteúdo que acrescentei, para manter o mesmo número de páginas final (falhei nessa tarefa). O livro foi feito para ser uma introdução: discussões aprofundadas desses tópicos, assim como um grande número de assuntos importantes, porém avançados, foram deixadas de fora para que ele permanecesse compacto. A edição anterior ficou em catálogo de 1988 a 2013. Para que esta nova edição dure o mesmo período de tempo, de 2013 a 2038, tive que ter o cuidado de escolher exemplos que não ficariam ultrapassados em vinte e cinco anos. Portanto, tentei não usar exemplos de empresas específicas, afinal de contas, quem se lembra de empresas de vinte e cinco anos atrás? Quem pode prever quais novas empresas vão surgir, quais empresas vão desaparecer e quais tecnologias vão emergir nos próximos vinte e cinco anos? A única coisa que posso prever com certeza é que os princípios da psicologia humana permanecerão os mesmos, o que significa que os princípios do design apresentados aqui, com base na psicologia, na natureza da cognição humana, na emoção, na ação e na interação com o mundo, seguirão imutáveis.

Abaixo, um breve resumo das mudanças, capítulo por capítulo.

CAPÍTULO 1: A PSICOPATOLOGIA DOS OBJETOS DO COTIDIANO

Os significantes são o acréscimo mais importante deste capítulo, um conceito apresentado pela primeira vez no meu livro *Living with Complexity* (Vivendo com a complexidade, em tradução livre). A primeira edição tinha o foco em *affordances*, mas, apesar de fazerem sentido para a interação com objetos físicos, elas são confusas quando estamos lidando com objetos virtuais. Como resultado, as *affordances* criaram muitas dúvidas no mundo do design. Elas definem quais ações são possíveis. Os significantes especificam como as pessoas descobrem essas possibilidades: significantes são signos, sinais perceptíveis do que pode ser feito. São infinitamente mais importantes para os designers do que as *affordances*. Portanto, receberam o maior foco.

Acrescentei uma seção bem curta sobre *human-centered design*, um termo que não existia quando a primeira edição foi publicada, embora, em retrospecto, seja óbvio que o livro inteiro era sobre isso.

Com exceção disso, o capítulo permanece igual, e, apesar de todas as fotos e desenhos serem novos, os exemplos são basicamente os mesmos.

CAPÍTULO 2: A PSICOLOGIA DAS AÇÕES DO COTIDIANO

Este capítulo ganhou um acréscimo de grande importância: a emoção. O modelo de ação de sete estágios provou-se influente, assim como o modelo de processamento de três níveis (apresentado no meu livro *Design emocional*). Neste capítulo, exponho a interação entre os dois, mostro que diferentes emoções aparecem em diferentes estágios, e quais estágios estão localizados principalmente em cada um dos três níveis de processamento (visceral, para os níveis elementares de desempenho e percepção da ação motora; comportamental, para os níveis de especificação da ação e interpretação inicial do resultado; e reflexivo, para o desenvolvimento de metas, planos e etapa final de avaliação do resultado).

CAPÍTULO 3: CONHECIMENTO NA CABEÇA E NO MUNDO

Além de exemplos melhorados e atualizados, o acréscimo mais importante deste capítulo é a parte sobre cultura, que é de especial importância para minha discussão sobre "mapeamentos naturais". O que parece natural em uma cultura pode não ser na outra. Este segmento examina a forma como diferentes culturas encaram o tempo — a discussão poderá surpreender você.

CAPÍTULO 4: SABER O QUE FAZER: RESTRIÇÕES, CAPACIDADE DE DESCOBERTA E FEEDBACK

Poucas mudanças substanciais. Melhores exemplos. A elaboração de funções de força coerciva dos dois tipos: *lock-in* e *lockout*. E uma seção sobre elevadores de controle de destino, que ilustra como a mudança pode ser extremamente desconcertante, mesmo para profissionais, ainda que seja para melhor.

CAPÍTULO 5: ERRO HUMANO? NÃO, DESIGN RUIM

Os princípios básicos seguem inalterados, mas o capítulo em si foi bastante revisado. Atualizei a classificação de erros para se ajustarem aos avanços desde a publicação da primeira edição. Especificamente, agora divido os deslizes em duas categorias principais: baseados em ações e lapsos de memória. E os equívocos em três categorias: baseados em regras, em conhecimento e em lapsos de memória. (Essas distinções são comuns hoje em dia, mas eu apresento uma maneira levemente distinta de tratar os lapsos de memória.)

Embora as múltiplas classificações dos deslizes apresentadas na primeira edição ainda sejam válidas, muitas têm pouca ou nenhuma implicação para o design, portanto, foram eliminadas na revisão. Forneço exemplos mais relevantes ao design. Mostro a relação da classificação de erros, deslizes e equívocos com o modelo de ação de sete estágios, algo novo nesta edição.

O capítulo termina com uma breve discussão sobre as dificuldades impostas pela automação (do meu livro *O design do futuro*) e o que considero a melhor nova abordagem para lidar com o design, de modo a eliminar ou minimizar o erro humano: a engenharia de resiliência.

CAPÍTULO 6: O DESIGN THINKING

Este capítulo é completamente novo. Discuto duas visões do *Human-Centered Design* (HCD): o modelo de diamante duplo do British Design Council e a iteração tradicional do HCD de observação, ideação, prototipagem e teste. O primeiro diamante é a divergência, seguida pela convergência, de possibilidades para determinar o problema apropriado. O segundo diamante é a divergência- -convergência para determinar uma solução apropriada. Apresento o design centrado na atividade como uma variante mais adequada do design centrado no ser humano em muitas circunstâncias. Essas seções tratam da teoria.

O capítulo, então, muda radicalmente de posição e começa com uma seção intitulada "O que acabei de dizer? Não é bem assim que funciona". É aqui que apresento a Lei de Norman: no dia em que a equipe de produto é anunciada, está atrasada no cronograma e acima do orçamento designado.

Discuto os desafios do design dentro de uma empresa, onde os cronogramas, os orçamentos e os requisitos da concorrência dos diferentes departamentos proporcionam restrições severas sobre o que pode ser realizado. Os leitores que trabalham nessa indústria relataram como gostaram dessas seções, que retratam as pressões reais que sofrem.

O capítulo termina com uma discussão sobre o papel dos padrões (modificado de uma discussão semelhante na edição anterior), além de algumas diretrizes mais gerais de design.

CAPÍTULO 7: O DESIGN NO MUNDO DOS NEGÓCIOS

Este capítulo também é completamente novo, dando continuidade ao tema iniciado no Capítulo 6 sobre o design no mundo real. Aqui discuto a "febre de inovação", as mudanças que nos são impostas por meio da invenção de novas tecnologias, e a distinção entre inovação gradual e inovação radical. Todos querem a inovação radical, mas a verdade é que a maioria das inovações radicais falha e, mesmo quando são bem-sucedidas, podem levar muitas décadas até que sejam aceitas. A inovação radical, portanto, é relativamente rara; já a inovação gradual é comum.

As técnicas do design centrado no ser humano são adequadas para a inovação gradual: não podem levar a inovações radicais.

O capítulo termina com discussões sobre as tendências por vir, o futuro dos livros, as obrigações morais do design e a ascensão de pequenos fabricantes do tipo "faça você mesmo", que estão começando a revolucionar a forma como as ideias são concebidas e introduzidas no mercado: eu chamo de "a ascensão dos pequenos".

RESUMO

Com o passar do tempo, a psicologia das pessoas permanece a mesma, mas as ferramentas e os objetos no mundo mudam. As culturas mudam. As tecnologias mudam. Os princípios do design se mantêm, mas a forma como são aplicados precisa ser modificada para dar conta de novas atividades, novas tecnologias, novos métodos de comunicação e interação. *A psicologia do dia a dia* foi apropriada para o século XX: *O design do dia a dia* é para o século XXI.

Don Norman
Vale do Silício, Califórnia
www.jnd.org

CAPÍTULO UM

A PSICOPATOLOGIA DOS OBJETOS DO COTIDIANO

Se me colocassem na cabine de comando de um avião moderno para transporte de passageiros, minha incapacidade de operá-lo com elegância e firmeza não me surpreenderia nem me incomodaria. Mas eu não deveria ter dificuldade com portas e controles para ligar e desligar aparelhos, torneiras e fogões. "Portas?", posso até ouvir o leitor dizer. "Você tem dificuldade para abrir portas?" Tenho. Eu empurro portas que devem ser puxadas, puxo portas que deveriam ser empurradas, e dou de cara em portas que correm sobre trilhos. Além disso, vejo outras pessoas terem as mesmas dificuldades — dificuldades desnecessárias. Meu problema com portas ficou tão conhecido que algumas portas confusas são chamadas de "portas de Norman". Imagine ficar famoso em relação a portas que não funcionam direito. Tenho certeza de que não era exatamente isso o que meus pais sonharam para mim. (Jogue "portas de Norman" na sua ferramenta de busca preferida da internet, e certifique-se de incluir as aspas: você vai encontrar relatos fascinantes.)

Como uma coisa tão simples pode ser tão complicada? Uma porta deveria ser o mais simples dos objetos. Não há muito o que se possa fazer com uma porta: você pode abri-la ou fechá-la. Suponhamos que você esteja num prédio de escritórios, caminhando por um corredor. Você se depara com uma porta. Em que direção ela se abre? Você deve puxar ou empurrar, pelo lado direito ou esquerdo? Talvez a porta seja de correr, e se for, em que direção? Já vi portas que deslizam para um lado, para o outro, ou até para cima, para dentro do teto. O design da porta deveria indicar como ela funciona, sem necessidade de símbolos e certamente sem nenhuma necessidade de tentativa e erro.

FIGURA 1.1 **Bule para masoquistas.** O artista francês Jacques Carelman, em sua série de livros *Catalogue d'objets introuvables* (Catálogo de objetos inencontráveis), apresenta exemplos encantadores de objetos do cotidiano que são deliberadamente impraticáveis, ultrajantes ou malformados. Um dos meus itens favoritos é o que ele chama de "bule para masoquistas". A fotografia mostra uma cópia que ganhei de colegas da Universidade da Califórnia, em San Diego. É um dos meus objetos de arte mais preciosos. (Foto de Aymin Shamma para o autor.)

Um amigo me contou sobre uma ocasião em que ficou preso nas portas de uma agência dos correios numa cidade europeia. A entrada era uma fileira imponente de meia dúzia de portas de vaivém de vidro, seguida imediatamente por uma segunda fileira, idêntica. Esse é um design-padrão: ajuda a reduzir o fluxo de ar e assim mantém a temperatura no interior do prédio. Não havia uma estrutura visível: obviamente as portas poderiam abrir em ambas as direções, e tudo o que uma pessoa precisava fazer era empurrar a lateral da porta e entrar.

Meu amigo empurrou uma das portas externas. Ela balançou para dentro, e ele entrou no prédio. Então, antes que pudesse chegar à fileira seguinte, distraiu-se e se confundiu por um instante. Ele não se deu conta no momento, mas tinha se movido ligeiramente para a direita. De modo que, quando chegou à porta seguinte e a empurrou, nada aconteceu. "Humm", pensou ele, "deve estar trancada." Empurrou, portanto, a lateral da porta adjacente. Nada. Perplexo, meu amigo decidiu sair de novo. Deu meia-volta e empurrou, fazendo pressão contra a porta. Nada. Empurrou a porta adjacente. Nada. A porta pela qual tinha acabado de entrar não funcionava mais. Ele deu meia-volta de novo e tentou as portas internas mais uma vez. Nada. Preocupação, e depois um leve pânico. Estava preso! Bem naquele instante, um grupo de pessoas do outro lado da entrada (à direita do meu amigo) passou sem nenhuma dificuldade por ambos os conjuntos de portas. Meu amigo se apressou até aquele ponto, para seguir atrás delas.

Como algo desse tipo pôde acontecer? Uma porta de vaivém tem dois lados. Um contém o pilar de suporte e o gonzo, o outro lado não tem suporte. Para abrir a porta, você precisa empurrar o lado sem suporte. Se você empurra do lado do gonzo, nada acontece. Nesse caso, o designer visou à beleza, não à utilidade. Nenhuma linha para distrair a visão, nada de pilares e gonzos visíveis. Então como o usuário comum poderia saber de que lado empurrar? Enquanto se distraiu, meu amigo havia se movido em direção ao pilar de sustentação (invisível), e estava empurrando as portas do lado onde estavam fixados os gonzos. Não é de espantar que nada acontecesse. Portas bonitas. Elegantes. Provavelmente ganharam algum prêmio de design.

Duas das características mais importantes de um bom design são a *capacidade de descoberta* e a *compreensão*. Capacidade de descoberta: é possível descobrir quais ações são possíveis, e onde e como executá-las? Compreensão: o que significa? Como o produto deve ser utilizado? O que significam todos os diferentes controles e configurações?

A história das portas ilustra o que acontece quando a capacidade de descoberta falha. Quer o objeto seja uma porta, quer seja um fogão, um celular ou uma usina nuclear, os componentes corretos precisam estar visíveis e devem transmitir a mensagem correta. Quais são as ações possíveis? Onde e como devem ser executadas? No caso de portas de empurrar, o designer precisa fornecer sinais que indiquem naturalmente onde empurrar. Esses não precisam destruir a estética. Ponha uma placa vertical do lado que deve ser empurrado. Ou deixe os pilares de sustentação visíveis. A placa vertical e os pilares de sustentação são sinais naturais, interpretados normalmente, tornando de fácil compreensão saber o que fazer: nenhuma necessidade de avisos.

Com dispositivos complexos, a capacidade de descoberta e a compreensão demandam a ajuda de manuais de instrução. Nós aceitamos isso se o dispositivo for realmente complexo, mas deveria ser desnecessário para objetos cotidianos. Muitos produtos desafiam a compreensão simplesmente por possuírem funções e controles em excesso. Não acho que eletrodomésticos comuns — fogões, máquinas de lavar roupa, aparelhos de som e de TV — devam se parecer com a interpretação hollywoodiana de uma sala de controle de uma nave espacial. Isso já acontece, para o nosso desgosto. Diante de uma variedade desconcertante de controles e telas, basicamente memorizamos uma ou duas configurações fixas que nos aproximam do que é desejado e pronto.

Na Inglaterra, visitei uma casa onde havia uma nova e elegante combinação de máquina de lavar e secar italiana, com controles impressionantes de múltiplos símbolos, capaz de fazer tudo que você pudesse imaginar relacionado à lavagem e secagem de roupas. O marido (que trabalhava no campo da engenharia psicológica) me disse que se recusava a chegar perto da máquina. A mulher (médica) disse que simplesmente havia memorizado um dos ajustes e tentava ignorar o resto. Pedi para ver o manual: era tão confuso quanto o equipamento. Todo o propósito do design se perdeu.

A COMPLEXIDADE DOS APARELHOS MODERNOS

Tudo o que é artificial é projetado. Seja a posição dos móveis em um quarto, o caminho que corta um jardim ou uma floresta, ou a complexidade de um aparelho eletrônico, uma pessoa ou um grupo de pessoas teve que decidir sobre a disposição, a operação e os mecanismos. Nem todas as coisas projetadas envolvem estruturas físicas. Os serviços, as palestras, as regras, os procedimentos e as estruturas organizacionais de empresas e governos não possuem um mecanismo físico, mas suas regras de operação têm de ser concebidas, algumas vezes informalmente, outras registradas e especificadas com precisão.

Mas, embora as pessoas projetem coisas desde a Pré-História, o campo do design é relativamente novo, dividido em muitas áreas de especialização. Uma vez que tudo é projetado, o número de áreas é enorme, desde roupas e mobiliário a complexas salas de controle e pontes. Este livro aborda assuntos cotidianos, com foco na interação entre a tecnologia e as pessoas, para garantir que os produtos de fato atendam às necessidades humanas, ao mesmo tempo que sejam compreensíveis e úteis. Na melhor das hipóteses, os produtos também devem ser bonitos e agradáveis, o que significa que não só os requisitos de engenharia, produção e ergonomia devem ser alcançados, mas também deve ser dada atenção à experiência como um todo, ou seja, a estética da forma e a qualidade da interação. As principais áreas de design relevantes para este livro são design industrial, design de interação e design de experiência. Nenhum desses campos é bem definido, mas o foco nos esforços varia, com os designers industriais enfatizando formas materiais, os designers de interação salientando o poder de compreensão e a usabilidade, e os designers de experiência dedicando-se ao impacto emocional. Portanto:

- **Design industrial:** O serviço de criar e desenvolver conceitos e especificações que otimizem a função, o valor e a aparência dos produtos e sistemas pelo benefício mútuo, tanto do usuário quanto do fabricante (do site da *Industrial Design Society of America*).
- **Design de interação:** O foco é no modo como as pessoas interagem com a tecnologia. O objetivo é melhorar a compreensão sobre o que pode ser feito, o que está acontecendo e o que acabou de ocorrer. O design de interação baseia-se em princípios de psicologia, design, arte e emoção para garantir uma experiência positiva e agradável.
- **Design de experiência:** A prática de projetar produtos, processos, serviços, eventos e ambientes com foco na qualidade e no prazer da experiência total.

O design preocupa-se com a forma como as coisas funcionam, como são controladas, e com a natureza da interação entre as pessoas e a tecnologia. Quando bem-feito, os resultados são produtos brilhantes e prazerosos. Quando malfeito, os produtos são inutilizáveis, resultando em frustração e irritação. Ou podem até ser utilizáveis, mas nos obrigam a nos adequar ao comportamento que o produto exige, e não a como gostaríamos de agir.

Afinal de contas, as máquinas são concebidas, projetadas e construídas por pessoas. Comparadas aos padrões humanos, são bastante limitadas. Elas não possuem o mesmo tipo de história rica em experiências que as pessoas têm em comum umas com as outras, que nos permitem interagir em função desse entendimento compartilhado. Em vez disso, as máquinas normalmente seguem regras simples e rígidas de comportamento. Se errarmos em relação às regras estabelecidas, mesmo que levemente, a máquina faz o que lhe é ordenado, não importa o quão insensível e ilógico. As pessoas são imaginativas e criativas, repletas de bom senso, ou seja, têm muito conhecimento valioso acumulado ao longo de anos de experiências.

Mas, em vez de capitalizar esses pontos fortes, as máquinas exigem que sejamos precisos e certeiros, e não somos muito bons nisso. As máquinas não têm margem de manobra nem bom senso. Além disso, muitas das regras seguidas por uma máquina são conhecidas apenas pela própria máquina e por quem a projetou.

Quando as pessoas fracassam em seguir essas regras bizarras e misteriosas, e a máquina faz algo errado, seus operadores são culpados por não a entenderem, por não seguirem suas especificações rígidas. Com os objetos do cotidiano, o resultado é a frustração. Com aparelhos complexos e processos comerciais e industriais, as consequentes dificuldades podem levar a acidentes, ferimentos e até à morte. É hora de reverter essa situação: colocar a culpa nas máquinas e em seus respectivos projetos. São elas que estão erradas. É dever das máquinas e daqueles que as projetam entender as pessoas. Não é nosso dever entender a tirania arbitrária e sem sentido das máquinas.

As razões para as falhas na interação entre humanos e máquinas são muitas. Algumas vêm das limitações da tecnologia moderna. Outras, de restrições impostas pelos designers, muitas vezes para manter o custo baixo. Mas a maioria dos problemas vem da total falta de compreensão dos princípios do design necessários para uma interação efetiva entre o ser humano e a máquina. E por que essa deficiência? Porque grande parte do design é feito por engenheiros que são especialistas em tecnologia, porém limitados quanto à compreensão de pessoas. "Nós somos pessoas", eles pensam, "e, portanto, entendemos as pessoas." Mas, na verdade, nós, humanos, somos maravilhosamente complexos. Aqueles que nunca estudaram o comportamento humano costumam pensar que é algo muito simples. Engenheiros, principalmente, cometem o erro de pensar que uma explicação lógica é suficiente: "Se as pessoas simplesmente lessem as instruções", dizem, "então daria tudo certo."

Os engenheiros são treinados para pensar de forma lógica. Como resultado, acreditam que todo mundo pensa assim e projetam máquinas com essa mesma premissa. Quando as pessoas têm problemas para utilizá-las, os engenheiros ficam chateados, mas geralmente pelo motivo errado. "O que essas pessoas estão fazendo?", eles se perguntam. "Por que estão fazendo isso?" O problema com o design da maioria dos engenheiros é que é lógico demais. Temos que aceitar o comportamento humano como ele é, não como gostaríamos que fosse.

Eu já fui engenheiro, focado em requisitos técnicos e bem ignorante com relação a pessoas. Mesmo depois de ingressar na psicologia e na ciência cognitiva, mantive minha ênfase de engenharia na lógica e nos mecanismos. Demorei muito tempo para perceber que minha compreensão sobre o comportamento humano era relevante aos meus interesses no design da tecnologia. Ao ver as pessoas em guerra com a tecnologia, ficou claro para mim que as dificuldades eram causadas pela tecnologia em si, e não pelos seres humanos.

Fui chamado para ajudar a analisar o acidente na usina nuclear de Three Mile Island (o nome do local — ilha de três milhas — origina-se do fato de estar localizada em um rio, três milhas ao sul de Middletown, no estado da Pensilvânia). Neste incidente, uma falha mecânica bastante simples foi diagnosticada de forma incorreta. Isso levou a vários dias de dificuldades e confusão, à destruição total do reator e quase a um vazamento grave de radiação, consequências que resultaram na paralisação total da indústria de energia nuclear estadunidense. Os operadores foram responsabilizados por essas falhas: "erro humano" era a análise imediata. Mas o comitê de que eu participava descobriu que as salas de controle da usina eram tão mal projetadas que o erro era inevitável: o problema estava no design, e não nos operadores. A moral da história é simples: estávamos projetando coisas para os seres humanos, e precisávamos entender tanto a tecnologia quanto as pessoas. Mas esse é um passo difícil para muitos engenheiros: as máquinas são muito lógicas, muito ordenadas. Se não fosse pelas pessoas, tudo funcionaria muito melhor. Sim, era assim que eu pensava.

Meu trabalho naquele comitê mudou minha visão do design. Hoje, percebo que o design apresenta uma interação fascinante entre a tecnologia e a psicologia, e que os designers precisam entender de ambas. Os engenheiros ainda tendem a acreditar na lógica. Normalmente eles vêm me explicar em mínimos detalhes lógicos por que seus designs são bons, fortes e maravilhosos. "Por que as pessoas estão tendo problemas?", eles pensam. "Você está sendo lógico demais", respondo. "Está fazendo projetos para pessoas da forma como gostaria que elas agissem, não da forma como elas agem de fato."

Quando eles discordam, pergunto se já cometeram um erro alguma vez, talvez ligando ou desligando a luz errada, ou usando a boca trocada do fogão. "Ah, sim", respondem, "mas esses são erros." Essa é a questão: até os especialistas cometem erros. Portanto, precisamos projetar nossas máquinas partindo do pressuposto de que as pessoas vão cometer erros. (O Capítulo 5 fornece uma análise detalhada sobre o erro humano.)

DESIGN CENTRADO NO SER HUMANO

As pessoas estão frustradas com os objetos do cotidiano. Desde a complexidade cada vez maior do painel do carro até a crescente automação de casas com redes internas, sistemas complexos de música, vídeo e jogos para entretenimento e comunicação, e a automação na cozinha, a vida cotidiana às vezes parece uma luta interminável contra a confusão, frustração, erros frequentes e um ciclo contínuo de atualização e manutenção de nossos pertences.

Nas muitas décadas que se passaram desde a publicação da primeira edição deste livro, o design evoluiu. Hoje, há diversos livros e cursos sobre o tema. Mas, apesar de muito ter melhorado, o acelerado ritmo de mudanças da tecnologia ultrapassa os avanços no design. Novas tecnologias, novos dispositivos e novos métodos de interação surgem e evoluem continuamente. Novas indústrias aparecem. Cada novo desenvolvimento parece repetir os erros dos anteriores; cada novo campo demanda tempo antes de adotar, também, os princípios do bom design. E cada nova invenção tecnológica ou técnica de interação requer experimentação e estudo antes que os princípios do bom design possam ser totalmente integrados à prática. Portanto, sim, as coisas estão melhorando, mas, como resultado, os desafios estão sempre presentes.

A solução é o design centrado no ser humano (HCD), uma abordagem que coloca as necessidades, as capacidades e os comportamentos humanos em primeiro lugar e depois faz com que o design se acomode a essas necessidades, capacidades e formas de comportamento. Um bom design começa com a compreensão da psicologia e da tecnologia; requer uma boa comunicação, especialmente entre máquinas e pessoas, indicando quais ações são possíveis, o que está acontecendo e o que está prestes a acontecer. A comunicação é especialmente importante quando as coisas dão errado. É relativamente fácil projetar coisas que funcionem de maneira suave e harmoniosa, contanto que tudo dê certo. Mas, assim que surge uma complicação ou um mal-entendido, os problemas aparecem. É nesse momento que um bom design é essencial. Os designers precisam concentrar sua atenção nos casos em que as coisas dão errado, não só nos que as coisas correm conforme o planejado. Na verdade, é nesse momento que pode surgir a maior satisfação: quando algo dá errado e a máquina indica os problemas, e assim a pessoa entende o que está acontecendo, toma as ações cabíveis, e o problema é resolvido. Quando isso acontece de forma tranquila, a colaboração entre a pessoa e a máquina é maravilhosa.

TABELA 1.1 O papel do HCD e das especializações do design	
Design de experiência Design industrial Design de interação	Essas são áreas de enfoque
Design centrado no ser humano	O processo que garante que o design se adapte às necessidades e capacidades das pessoas a quem se destina

O design centrado no ser humano é uma filosofia de design. Significa começar com uma boa compreensão das pessoas e das necessidades às quais o design pretende atender. Essa compreensão surge principalmente por meio da observação, pois as próprias pessoas muitas vezes não têm consciência das suas verdadeiras necessidades e, tampouco, das dificuldades que enfrentam. Conseguir a especificação do que será definido é uma das partes mais difíceis do projeto de design, tanto que o princípio do HCD é evitar a especificação do problema enquanto for possível, e em vez disso iterar em repetidas aproximações. Isso ocorre em rápidos testes de ideias, e, após cada um, modifica-se a abordagem e a definição do problema. Os resultados podem ser produtos que realmente estejam à altura das necessidades das pessoas. Executar o HCD com tempo e orçamento curtos e outras restrições da indústria pode ser um desafio: o Capítulo 6 examina essas questões.

Onde o HCD se enquadra na discussão anterior sobre as diversas formas diferentes de design, especialmente as áreas chamadas de design industrial, de interação e de experiência? Tudo isso é compatível. O HCD é uma filosofia e um conjunto de procedimentos, enquanto os outros são áreas de enfoque (ver Tabela 1.1). A filosofia e os procedimentos do HCD acrescentam considerações e estudos profundos sobre as necessidades humanas ao processo do design, seja qual for o produto ou serviço, seja qual for o foco principal.

PRINCÍPIOS FUNDAMENTAIS DE INTERAÇÃO

Grandes designers produzem experiências prazerosas. *Experiência*: observe a palavra. Os engenheiros tendem a não gostar dela; é muito subjetiva. Mas quando pergunto sobre seu automóvel ou equipamento de teste favorito, eles sorriem animados ao discutirem o ajuste e o acabamento, a sensação de potência durante a aceleração, a facilidade de controle ao mudar de marcha ou a direção do volante, ou a maravilhosa sensação de acionar os botões e interruptores do instrumento. Essas são experiências.

A experiência é crucial, uma vez que determina o afeto com que a pessoa se recorda das interações. A experiência geral foi positiva, ou foi frustrante e confusa? Quando a tecnologia da nossa casa funciona de uma forma difícil de interpretar, nós ficamos confusos, frustrados e até com raiva — todas fortes emoções negativas. Quando há compreensão, somos levados a uma sensação de controle, domínio, satisfação e até orgulho — todas fortes emoções positivas. A cognição e a emoção estão firmemente interligadas, o que significa que os designers precisam criar seus projetos com ambas em mente.

Quando interagimos com um produto, precisamos descobrir como ele funciona. Isso significa desvendar o que ele faz, como funciona e quais operações são possíveis: a capacidade de descoberta, que resulta da aplicação adequada de cinco conceitos psicológicos fundamentais explorados nos próximos capítulos: *affordances, significantes, restrições, mapeamento* e *feedback*. Mas há um sexto princípio, talvez o mais importante de todos: o *modelo conceitual* do sistema. É ele que fornece a verdadeira compreensão. Portanto, agora nos debruçaremos sobre esses princípios fundamentais, começando com *affordances*, significantes, mapeamento e feedback, e depois seguiremos para os modelos conceituais. As restrições aparecerão nos Capítulos 3 e 4.

Affordances

Vivemos num mundo repleto de objetos, muitos naturais e muitos artificiais. Todos os dias, nós nos deparamos com milhares deles, muitos dos quais são novos para nós. Grande parte dos novos objetos são semelhantes aos que já conhecemos, mas muitos são únicos, e ainda assim conseguimos nos virar relativamente bem. Como fazemos isso? Por que, quando nos deparamos com muitos objetos naturais atípicos, sabemos como interagir com eles? Por que isso ocorre também com muitos dos objetos artificiais criados pelos humanos com que nos deparamos? A resposta está em alguns princípios básicos. Alguns dos mais importantes desses princípios vêm da ideia de *affordances*.

O termo *affordance* refere-se à relação entre um objeto físico e uma pessoa (ou, em outras palavras, qualquer agente que interaja, seja ele animal, seja humano, ou até máquinas e robôs). Uma *affordance* é a relação entre as propriedades de um objeto e as capacidades do agente, a combinação que determina como tal objeto pode ser usado. Em outras palavras, o que um objeto permite que se faça com ele. Uma cadeira permite o uso como ("serve para") suporte e, portanto, oferece a possibilidade de sentar. A maioria das cadeiras também pode ser carregada por uma única pessoa (elas permitem que sejam levantadas), mas algumas só podem ser erguidas por alguém muito forte ou por mais de uma pessoa. Se pessoas jovens ou relativamente fracas não conseguem levantar uma cadeira, para essas pessoas, portanto, a cadeira não permite essa função, não oferece a *affordance* de ser levantada.

A presença de uma *affordance* é determinada em conjunto pelas qualidades de um objeto e pelas habilidades do agente que está interagindo com ele. Essa definição relacional de *affordance* gera dificuldades consideráveis para muitas pessoas. Estamos acostumados a pensar que propriedades estão associadas aos objetos, mas uma *affordance* não é uma propriedade, e sim uma relação. Se ela existe ou não vai depender das propriedades tanto do objeto quanto do agente.

O vidro permite (*affords*) transparência. Ao mesmo tempo, sua estrutura física bloqueia a passagem da maioria dos objetos. Como resultado, o vidro permite que se veja através dele e também permite suporte, mas não permite a passagem de ar ou da maioria dos objetos (partículas atômicas conseguem passar através do vidro). O bloqueio da passagem pode ser considerado uma anti*affordance* — a prevenção da interação. De maneira efetiva, *affordances* e anti*affordances* precisam oferecer alguma capacidade de descoberta — precisam ser acessíveis. Isto impõe uma dificuldade sobre o vidro. A razão pela qual gostamos de vidro é sua relativa invisibilidade, mas esse aspecto, tão útil em uma janela comum, também esconde sua propriedade anti*affordance* de bloquear a passagem. Como resultado, é comum que pássaros tentem atravessar janelas fechadas. Todo ano, muitas pessoas se machucam ao passar (caminhando ou até correndo) por portas de vidro ou janelas grandes que na verdade estão fechadas. Se uma *affordance* ou uma anti*affordance* não pode ser percebida, é necessário algum tipo de sinalização: chamo essa propriedade de *significante* (explorado na próxima seção).

A noção de *affordance* e os insights que ela fornece surgiram com J. J. Gibson, um psicólogo eminente que proporcionou muitos avanços à nossa compreensão da percepção humana. Eu havia interagido com ele por muitos anos, algumas vezes em conferências e seminários, mas de forma mais proveitosa conversando em meio a muitas garrafas de cerveja, altas horas da noite. Nós discordávamos sobre quase tudo. Eu era um engenheiro que se tornou psicólogo cognitivo, tentando entender como funciona a mente. Ele começou como psicólogo da Gestalt, e depois desenvolveu uma abordagem que hoje leva seu nome: psicologia gibsoniana, uma abordagem ecológica da percepção. Ele argumentava que o mundo continha as pistas e que as pessoas simplesmente as captavam através da "percepção direta". Eu dizia que nada poderia ser direto: o cérebro tinha que processar a informação que chegava aos órgãos dos sentidos para, então, montar uma interpretação coerente. "Bobagem", ele proclamava em voz alta, "não requer interpretação alguma, é diretamente percebido." E então colocava as mãos nas orelhas e, com um floreio triunfante, desligava os aparelhos auditivos: meus contra-argumentos cairiam em ouvidos moucos.

Quando ponderei sobre a minha questão — como as pessoas sabem como agir quando confrontadas com uma situação nova? —, percebi que grande parte da resposta estava no trabalho de Gibson. Ele ressaltava que todos os sentidos trabalham juntos, que captamos informações sobre o mundo pelo resultado combinado de todos eles. "Captação de informações" era uma de suas expressões favoritas, e Gibson acreditava que a informação combinada captada por todos os nossos aparatos sensoriais — visão, audição, olfato, tato, equilíbrio, cinestésico, aceleração, posição corporal — determina nossas percepções sem necessidade de processamento interno ou cognição. Embora nós discordássemos sobre o papel desempenhado pelo processamento interno do cérebro, seu brilhantismo consistiu em concentrar a atenção na rica quantidade de informações presentes no mundo. Além disso, os objetos físicos transmitiam informações sobre como as pessoas poderiam interagir com eles, uma propriedade que ele chamou de "*affordance*".

As *affordances* existem, mesmo que não sejam visíveis. Para os designers, sua visibilidade é crucial: as *affordances* visíveis fornecem pistas fortes sobre o funcionamento das coisas. Uma placa plana montada numa porta permite que ela seja empurrada. Os botões permitem girar, empurrar e puxar. Os buracos servem para que coisas sejam inseridas. As bolas são para serem arremessadas ou para quicarem. As *affordances* percebidas ajudam as pessoas a descobrir quais ações são possíveis sem a necessidade de etiquetas ou instruções. Eu chamo o componente de sinalização das *affordances* de *significantes*.

Significantes

As *affordances* são importantes para os designers? A primeira edição deste livro apresentou o termo *affordances* para o mundo do design. A comunidade adorou o conceito, e as *affordances* logo se propagaram nas instruções e nos escritos sobre design. Rapidamente era possível encontrar menções ao termo em todos os lugares. Mas, infelizmente, o termo passou a ser usado de maneira que nada tinha a ver com a acepção original.

Muitas pessoas acham as *affordances* difíceis de entender porque elas são relações, e não propriedades. Os designers lidam com propriedades fixas, por isso a tentação em dizer que a propriedade é uma *affordance*. Mas esse não é o único problema com esse conceito.

Os designers têm problemas práticos. Precisam saber como projetar coisas para torná-las compreensíveis. Eles logo descobriram que, ao trabalhar com design gráfico para displays eletrônicos, precisavam de uma maneira de distinguir quais partes poderiam ser tocadas, deslizadas para cima, para baixo ou para os lados, ou clicadas. As ações podem ser realizadas com mouse, caneta ou com os dedos. Alguns sistemas respondiam a movimentos corporais, gestos, palavras faladas, sem tocar em nenhum dispositivo físico. Como os designers poderiam descrever o que os sistemas estavam fazendo? Não havia nenhuma palavra que se encaixasse, então eles escolheram a palavra mais próxima existente: *affordance*. Logo começaram a dizer coisas como "Eu coloquei uma *affordance* aí" para descrever por que exibiam um círculo na tela para indicar onde a pessoa deveria tocar, fosse com o mouse ou com o dedo. "Não", eu retrucava, "isso não é uma *affordance*. Essa é uma forma de comunicar onde deveriam tocar. Você está comunicando onde tocar: a possibilidade de tocar existe em toda a tela. Você está tentando indicar *onde* o toque deve ocorrer. Não é o mesmo que dizer *quais* ações são possíveis."

Minha explicação não só não satisfez a comunidade de design, mas também me deixou infeliz. Acabei desistindo: os designers precisavam de uma palavra para descrever o que estavam fazendo, por isso escolheram *affordance*. Qual alternativa eles tinham? Decidi dar uma resposta melhor: *significantes*. As *affordances* determinam quais ações são possíveis. Os significantes comunicam onde a ação deve ocorrer. Precisamos dos dois.

As pessoas precisam de alguma forma para compreender o produto ou o serviço que desejam usar, de algum sinal da sua finalidade, do que está acontecendo, e quais são as ações alternativas. As pessoas procuram por pistas, por qualquer sinal que possa ajudá-las a lidar com o objeto e compreendê-lo. É o sinal que é importante, qualquer coisa que possa sinalizar uma informação significativa. Os designers precisam fornecer essas pistas. O que as pessoas precisam e o que os designers devem fornecer são os significantes. Um bom design requer, entre outras coisas, uma boa comunicação da finalidade, estrutura e operação do dispositivo que as pessoas vão utilizar. Esse é o papel do significante.

O termo "significante" teve uma longa e ilustre carreira no campo exótico da semiótica, o estudo dos signos e símbolos. Mas assim como me apropriei do termo *affordance* para usá-lo no design de uma maneira diferente daquela pretendida por seu inventor, eu uso o termo "significante" de uma maneira um pouco diferente daquela usada na semiótica. Para mim, o termo "significante" refere-se a qualquer marca ou som, qualquer indicador perceptível, que comunique um comportamento adequado a uma pessoa.

Os significantes podem ser deliberados e intencionais, como a placa de "empurre" em uma porta, mas também podem ser acidentais e não intencionais, como o uso da trilha visível feita por pessoas que caminharam anteriormente por um campo ou terreno coberto de neve para determinar o melhor caminho. Ou como poderíamos usar a presença ou ausência de pessoas esperando em uma estação de trem para determinar se perdemos o trem. (Explico essas ideias com mais detalhes em meu livro *Living with Complexity*.)

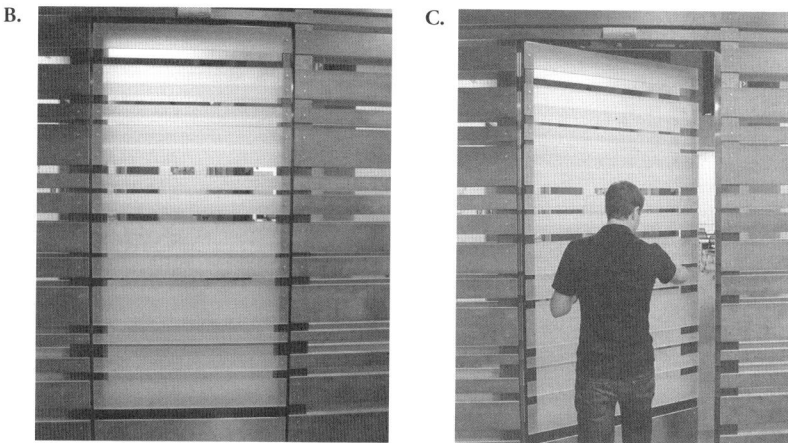

FIGURA 1.2 Portas problemáticas: os significantes são necessários. As ferragens de uma porta podem sinalizar se devem ser puxadas ou empurradas sem sinalização, mas as ferragens das duas portas na foto superior, A, são idênticas, embora uma deva ser empurrada e a outra, puxada. A barra horizontal plana tem a capacidade percebida óbvia de ser empurrada, mas, como as placas indicam, a porta da esquerda deve ser puxada, e a da direita, empurrada. No par inferior de fotos, B e C, não há significantes nem *affordances* visíveis. Como saber qual lado empurrar? Tentativa e erro. Quando é necessário adicionar significantes externos — placas — a algo tão simples como uma porta, isso indica um design ruim. (Fotos do autor.)

O significante é um dispositivo de comunicação importante para o destinatário, seja a comunicação intencional ou não. Não importa se a pista útil foi colocada deliberadamente ou se é acidental: não há distinção necessária. Não importa se uma bandeira foi colocada como uma indicação deliberada da direção do vento (como é feito nos aeroportos ou nos mastros de veleiros) ou como propaganda ou símbolo de orgulho de um país (como ocorre em edifícios públicos). Uma vez que interpreto o movimento de uma bandeira para indicar a direção do vento, não faz diferença o motivo pelo qual foi colocada ali.

Pense em um marcador de páginas, um significante deliberadamente colocado no lugar em que alguém parou a leitura de um livro. Mas a natureza física dos livros também faz do marcador um significante acidental, pois sua colocação também indica o quanto resta a ser lido. A maioria dos leitores aprendeu a usar esse significante acidental para ajudar no prazer da leitura. Com poucas páginas restantes, sabemos que o fim do livro está próximo. E se a leitura for um tormento, como em um trabalho escolar, há sempre o consolo de saber que faltam "só mais algumas páginas para acabar". Os aparelhos de leitura de livros eletrônicos não possuem a estrutura física dos livros em papel,

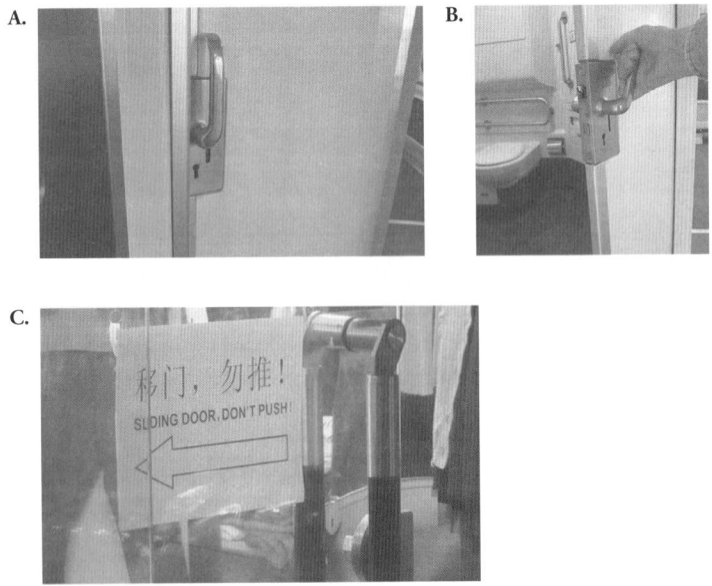

FIGURA 1.3 Portas deslizantes: raramente bem-feitas. As portas deslizantes raramente são bem sinalizadas. As duas primeiras fotografias mostram a porta deslizante do banheiro de um trem da Amtrak nos Estados Unidos. A maçaneta claramente significa "puxe", mas na verdade precisa ser girada, e a porta, deslizada para a direita. O dono da loja em Xangai, China, na foto C, resolveu o problema com uma placa: "Não empurre!", diz em inglês e chinês. A porta do banheiro da Amtrak poderia ter algum tipo semelhante de sinalização. (Fotos do autor.)

e portanto, a menos que o designer do software forneça alguma pista, não oferecem nenhum indicativo sobre a quantidade de texto restante.

Seja qual for seu cunho, deliberado ou acidental, os significantes fornecem pistas valiosas sobre a natureza do mundo e das atividades sociais. Para funcionarmos neste mundo social e tecnológico, precisamos desenvolver modelos internos do que as coisas significam, de como operam. Buscamos todas as pistas possíveis para ajudar nessa empreitada e, dessa forma, somos detetives em busca de qualquer orientação que possamos encontrar. Se tivermos sorte, designers atenciosos nos fornecerão as coordenadas. Caso contrário, devemos usar nossa criatividade e imaginação.

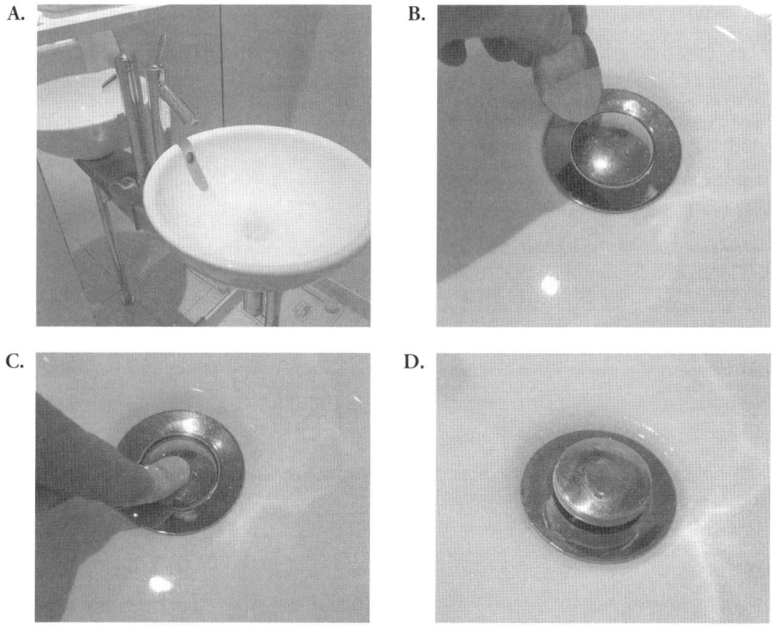

FIGURA 1.4 A pia que não escoava: onde os significantes falham. Lavei minhas mãos na pia do hotel em que estava hospedado em Londres, mas depois, como mostra a foto A, fiquei em dúvida de como esvaziar a pia de água suja. Procurei por todo lado por algum controle: nada. Tentei abrir a tampa da pia com uma colher (foto B): fracasso. Finalmente saí do quarto e fui até a recepção pedir instruções. (Sim, fiz isso mesmo.) "Pressione o ralo para baixo", me indicaram. Sim, funcionou (fotos C e D). Mas como alguém poderia descobrir isso? E por que eu deveria ter que colocar minhas mãos limpas de volta na água suja para esvaziar a pia? O problema aqui não é apenas a falta de significante, é a decisão equivocada de produzir um ralo que exige que as pessoas sujem as mãos limpas para abri-lo. (Fotos do autor.)

As *affordances*, as *affordances* percebidas e os significantes têm muito em comum, portanto deixe-me fazer uma pausa para garantir que as distinções estejam claras.

As *affordances* representam as possibilidades no mundo de como um agente (pessoa, animal ou máquina) pode interagir com algo. Algumas *affordances* são perceptíveis, outras são invisíveis. Significantes são signos. Alguns são placas, etiquetas e desenhos espalhados pelo mundo, assim como as placas de "empurre" e "puxe" nas portas, ou setas e diagramas indicando o que deve ser feito, em que direção seguir, ou outras instruções. Alguns significantes são simplesmente as *affordances* percebidas, como a maçaneta de uma porta ou a estrutura física de um interruptor. Observe que algumas *affordances* percebidas podem não ser reais: podem parecer portas ou pontos para empurrar, ou um impedimento à entrada, quando na verdade não são. Estes são significantes enganosos, muitas

FIGURA 1.5 *Affordances* **acidentais podem virar poderosos significantes.** Essa parede, localizada no departamento de Desenho Industrial do KAIST, na Coreia, oferece uma anti*affordance*, evitando que as pessoas caiam no vão da escada. Seu topo é plano, um subproduto acidental do design. Mas as superfícies planas oferecem suporte, e assim que uma pessoa descobre que essa superfície pode ser usada para descartar recipientes vazios de bebidas, o recipiente descartado torna-se um significante, indicando aos outros que é permitido descartar seus itens ali. (Fotos do autor.)

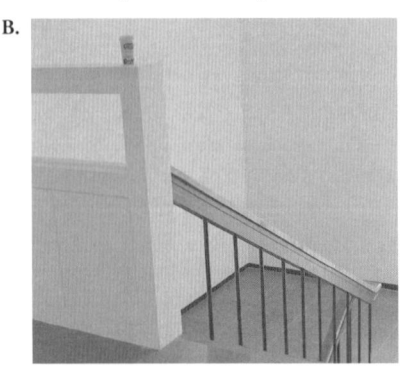

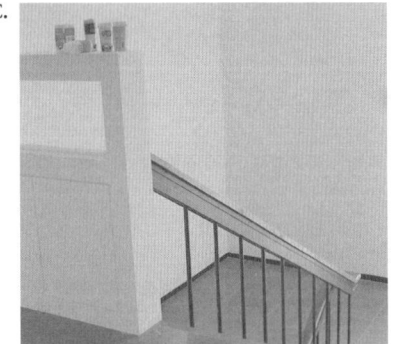

vezes acidentais, mas por vezes propositais, como quando se tenta impedir as pessoas de praticarem ações para as quais não estão qualificadas, ou em jogos, onde um dos desafios é descobrir o que é real e o que não é.

Meu exemplo favorito de um significante enganoso é uma fileira de canos verticais dispostos em uma estrada de serviço, que vi certa vez em um parque. Os canos obviamente impediam a passagem de carros e caminhões naquela estrada: eram bons exemplos de anti*affordances*. Mas, para minha grande surpresa, vi um veículo do parque simplesmente passar por cima dos canos. O quê? Fui até lá e examinei os canos: eram feitos de borracha, portanto os veículos podiam simplesmente passar por cima deles. Um significante muito inteligente, sinalizando uma estrada bloqueada (através de uma aparente anti*affordance*) para os motoristas comuns, mas permitindo a passagem daqueles que sabiam desse aspecto.

Em resumo:

- *Affordances* são as possíveis interações entre as pessoas e seu ambiente. Algumas *affordances* são perceptíveis, outras não.
- *Affordances* percebidas muitas vezes atuam como significantes, mas podem ser ambíguas.
- Significantes sinalizam coisas, principalmente ações possíveis e a forma de realizá-las. Os significantes devem ser perceptíveis, caso contrário não vão funcionar.

No design, os significantes são mais importantes que as *affordances*, pois comunicam como usar o design. Um significante pode consistir em palavras, uma ilustração gráfica ou simplesmente um dispositivo cujas *affordances* percebidas são inequívocas. Os designers criativos incorporam a parte significativa do design a uma experiência coesa. Na maior parte dos casos, os designers concentram-se nos significantes.

Como as *affordances* e os significantes são princípios fundamentalmente importantes de um bom design, eles aparecem com frequência nas páginas deste livro. Sempre que você vir placas escritas à mão coladas em portas, interruptores ou produtos, tentando explicar como operá-los, o que fazer e o que não fazer, você está diante de um design ruim.

AFFORDANCES E SIGNIFICANTES: UMA CONVERSA

Um designer aborda seu mentor. Ele está trabalhando em um sistema que recomenda restaurantes às pessoas com base em suas preferências e as de seus amigos. Entretanto, nos testes, ele descobriu que as pessoas nunca usavam todos os recursos. "Por que não?", pergunta ele ao seu mentor. (Minhas desculpas a Sócrates.)

DESIGNER	MENTOR
Estou frustrado; as pessoas não estão usando nosso aplicativo de forma adequada.	Conte-me sobre isso.
Na tela, aparece o restaurante que recomendamos. Está de acordo com as suas preferências e as de seus amigos. Se quiserem ver outras recomendações, só precisam arrastar a tela para a direta ou para a esquerda. Para saber mais informações sobre o lugar, basta arrastar para cima para acessar o cardápio ou para baixo para ver se algum de seus amigos está lá no momento. As pessoas parecem encontrar as outras recomendações, mas não o cardápio e os amigos. Não entendo.	Por que acha que isso acontece?
Não sei. Devo acrescentar algumas *affordances*? Por exemplo, eu poderia colocar algumas setas nos cantos e acrescentar uma etiqueta indicando o que fazem.	Isso é muito legal. Mas por que você chama de *affordances*? Eles já podiam executar as ações. As *affordances* já não estão lá?
Sim, faz sentido. Mas as *affordances* não estavam visíveis. Eu as tornei visíveis.	É verdade. Você acrescentou uma sinalização para indicar o que fazer.
Sim, não foi isso o que eu disse?	Não exatamente. Você chamou de *affordances*, mesmo que não permitissem nada novo: elas sinalizam o significado do que fazer e de onde fazer. Então chame-as pelo nome certo: "significantes".

Ah, entendi. Mas então por que os designers se preocupam com as *affordances*? Talvez devêssemos concentrar nossa atenção nos significantes.	Essa é uma observação sábia. A comunicação é a chave para o bom design. E uma das chaves para a comunicação é o significante.
Ah! Agora entendi minha confusão. Sim, um significante é o que significa. É um sinal. Agora parece perfeitamente óbvio.	Ideias profundas são sempre óbvias quando são compreendidas.

Mapeamento

Mapeamento é um termo técnico, emprestado da matemática, que significa a relação entre os elementos de dois conjuntos de coisas. Suponha que haja muitas lâmpadas no teto de uma sala ou auditório e uma fileira de interruptores na parede em frente. O mapeamento dos interruptores de luz especifica qual interruptor controla qual luz.

FIGURA 1.6 Significantes em uma tela touch screen. As setas e os ícones são significantes: proporcionam sinais sobre as operações possíveis neste guia de restaurantes. Ao arrastar para a direita ou para a esquerda, novas recomendações de restaurantes aparecem na tela. Ao arrastar para cima, o cardápio do restaurante em questão aparece; e para baixo, os amigos que recomendam o restaurante.

O mapeamento é um conceito importante no design e no layout de controles e dispositivos. Quando o mapeamento usa a correspondência espacial entre o layout dos controles e dos dispositivos sendo controlados, é fácil determinar como usá-los. Ao dirigir um carro, nós giramos o volante no sentido horário para fazer com que o carro vire para a direita: a parte de cima do volante se move na mesma direção que o carro. Repare que outras escolhas poderiam ter sido feitas. Nos primeiros carros, a direção era controlada por vários dispositivos, incluindo lemes, guidões e rédeas. Hoje, alguns veículos usam joysticks, como em um jogo de computador. Nos carros que usavam o leme, a direção era feita da mesma forma como se pilota um barco: ao girar a cana do leme para a esquerda, o carro virava para a direita. Tratores, equipamentos de construção, como escavadeiras e guindastes, assim como tanques militares que possuem esteiras em vez de rodas, usam controles separados para a velocidade e a direção de cada esteira: para virar à direita, a velocidade da esteira esquerda aumenta, enquanto a esteira direita é desacelerada ou mesmo invertida. É assim também que se conduz uma cadeira de rodas. Todos esses mapeamentos para o controle de veículos funcionam porque cada um possui um modelo conceitual convincente de como a operação do controle afeta o veículo. Assim, se acelerarmos a roda esquerda de uma cadeira de rodas enquanto paramos a roda direita, é fácil imaginar que a cadeira vai girar sobre a roda direita, virando nessa direção. Num barco pequeno, podemos entender a cana do leme ao perceber que empurrá-la para a esquerda faz com que o leme do navio se mova para a direita, e a força resultante da água no leme desacelera o lado direito do barco, de modo que o barco gire para a direita. Não importa se esses modelos conceituais são precisos: o que importa é que eles fornecem uma forma clara de lembrar e compreender os mapeamentos. A relação entre um controle e seus resultados é mais fácil de aprender quando há um mapeamento compreensível entre os controles, as ações e o resultado pretendido.

O mapeamento natural, e com isso me refiro a aproveitar as analogias espaciais, conduz à compreensão imediata. Por exemplo, para mover um objeto para cima, mova o controle para cima. Para facilitar no entendimento de qual interruptor corresponde a qual luz em uma sala grande ou auditório, disponha os interruptores no mesmo padrão das luzes. Alguns mapeamentos naturais são culturais ou biológicos, como no padrão universal de que mover a mão para cima representa mais, movê-la para baixo significa menos, e por isso é apropriado usar a posição vertical para representar intensidade ou quantidade. Outros mapeamentos naturais decorrem dos princípios da percepção e permitem o agrupamento ou a padronização naturais dos controles e feedback. Agrupamentos e proximidade são princípios importantes da psicologia da Gestalt, que podem ser usados para mapear controles de funcionamento: controles relacionados entre si devem ser agrupados. Os controles devem estar próximos ao item que está sendo controlado.

Observe que existem muitos mapeamentos que parecem "naturais", mas na verdade são específicos de uma cultura: o que é natural para uma cultura não é necessariamente natural para outra. No Capítulo 3, discuto como diferentes culturas entendem o tempo, o que tem implicações importantes para alguns tipos de mapeamentos.

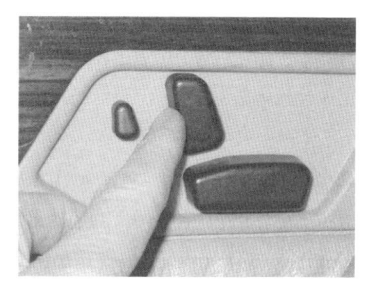

FIGURA 1.7 Um bom mapeamento: controle de ajuste de assento de um automóvel. Este é um excelente exemplo de mapeamento natural. O controle tem o formato do próprio assento: o mapeamento é bem direto. Para mover a parte da frente do assento para cima, levante a parte da frente do botão. Para reclinar o encosto do assento, mova o botão para trás. O mesmo princípio poderia ser aplicado a objetos muito mais comuns. Este controle da foto é de uma Mercedes-Benz, mas essa forma de mapeamento é hoje usada por muitas empresas de automóveis. (Foto do autor.)

Um dispositivo é fácil de usar quando o conjunto de ações possíveis é visível, quando os controles e displays exploram os mapeamentos naturais. Esses princípios são simples, mas raramente incorporados ao design. O bom design exige cuidado, planejamento e reflexão, além da compreensão de como as pessoas se comportam.

Feedback

Você já viu pessoas apertando repetidamente o botão para subir em um elevador, ou o botão de pedestres para atravessar a rua? Você já dirigiu até um cruzamento e esperou muito tempo até que o sinal abrisse, perguntando-se o tempo todo se os circuitos de detecção notaram seu veículo (um problema comum com as bicicletas)? O que falta em todos esses casos é o feedback: alguma forma de informar que o sistema está atendendo à sua solicitação.

O feedback — comunicar os resultados de uma ação — é um conceito bem conhecido da ciência do controle e da teoria da informação. Imagine tentar acertar um alvo com uma bola quando não se consegue enxergar o alvo. Mesmo uma tarefa tão simples como pegar um copo com a mão requer feedback para apontar a mão corretamente, segurar o copo e levantá-lo. Uma mão mal posicionada derramará o conteúdo do copo, um aperto muito forte quebrará o vidro e um aperto muito fraco deixará o copo cair. O sistema nervoso humano está equipado com numerosos mecanismos de feedback, incluindo sensores visuais, auditivos e táteis, bem como sistemas vestibulares e proprioceptivos, que monitoram a posição do corpo e os movimentos dos músculos e membros. Dada a importância do feedback, é impressionante quantos produtos o ignoram.

O feedback deve ser imediato: mesmo um atraso de um décimo de segundo pode ser desconcertante. Se a demora for muito longa, muitas vezes as pessoas desistem, saindo para fazer outras atividades. Isso é algo irritante, mas também pode ser um desperdício de recursos quando o sistema gasta tempo e esforço consideráveis para satisfazer a solicitação, apenas para descobrir que o destinatário não está mais lá. O feedback também deve ser informativo. Muitas empresas tentam economizar dinheiro usando luzes ou geradores de som baratos para o feedback. Esses simples flashes de luz ou bipes geralmente são mais irritantes do que úteis. Eles nos dizem que algo aconteceu, mas transmitem muito pouca informação sobre o que aconteceu de fato, e nada sobre o que deveríamos fazer a respeito. Quando o sinal é auditivo, em muitos casos não conseguimos nem ter certeza de qual dispositivo emitiu o som. Se o sinal for uma luz, podemos deixar de notá-lo, a menos que nosso olhar esteja no local certo, na hora certa. Um feedback insuficiente pode ser pior do que nenhum feedback, pois distrai, não informa e, em muitos casos, é enervante e provoca ansiedade.

Feedback demais pode ser ainda mais chato. Minha máquina de lavar louça gosta de apitar às três horas da manhã para me avisar que a lavagem terminou, frustrando meu objetivo de fazê-la funcionar no meio da noite para não incomodar ninguém (e para usar a taxa mais barata de eletricidade). Mas o pior de tudo é o feedback inadequado e de difícil interpretação. A irritação causada por um "motorista do banco traseiro" é bem conhecida e é motivo de inúmeras piadas. Os motoristas do banco traseiro muitas vezes estão corretos, mas suas observações e seus comentários podem ser tão numerosos e contínuos que, em vez de ajudar, se tornam uma distração incômoda. Máquinas que fornecem feedback demais são como essas pessoas. Não só é uma distração ficar sujeito a luzes piscando continuamente, anúncios de texto, vozes ou bipes, mas também pode ser perigoso. Avisos demais fazem com que as pessoas os ignorem ou, sempre que possível, os desativem, o que significa que os avisos mais cruciais e importantes podem ser ignorados. O feedback é essencial, mas não quando atrapalha outras coisas, incluindo um ambiente calmo e relaxante.

O feedback ruim no design pode ser resultado de decisões que visam à redução de custos, mesmo que dificultem a vida das pessoas. Em vez de usar múltiplas luzes de sinalização, displays informativos ou sons musicais elaborados com diversos padrões, o foco na redução de custos força o projeto a ter uma única luz ou som para transmitir vários tipos de informação. Se a escolha for usar uma luz, então um flash pode significar uma coisa; dois flashes rápidos, outra. Um flash longo pode sinalizar outro estado; e um longo seguido de um curto, ainda outro. Se a opção for usar um som, muitas vezes o dispositivo de som mais barato é selecionado, aquele que só é capaz de produzir um bipe de alta frequência. Assim como acontece com as luzes, a única maneira de sinalizar diferentes estados da máquina é emitindo sinais sonoros de diferentes padrões. O que significam todos esses padrões diferentes? Como podemos aprendê-los e lembrá-los? Não ajuda o fato de cada máquina diferente usar um padrão distinto de luzes ou bipes, às vezes com os mesmos padrões significando mensagens contraditórias em cada uma delas. Todos os bipes soam iguais, por isso muitas vezes nem é possível saber qual máquina está falando conosco.

O feedback deve ser planejado. Todas as ações precisam ser confirmadas, mas de maneira discreta. O feedback também deve ser priorizado, para que as informações menos importantes sejam apresentadas de uma forma sutil, e as mais importantes, de uma forma que chame atenção. Quando há emergências graves, os sinais importantes devem ser priorizados. Quando todos os dispositivos sinalizam uma emergência grave, não há função na cacofonia resultante. Os bipes e alarmes contínuos dos equipamentos podem ser perigosos. Em muitas emergências, os trabalhadores têm que gastar um tempo valioso desligando todos os alarmes porque os sons interferem na concentração necessária para resolver o problema. Salas cirúrgicas de hospitais, alas de emergência. Usinas de controle de energia nuclear. Cabines de avião. Todos podem se tornar lugares confusos, irritantes e perigosos para a vida devido ao feedback excessivo, aos alarmes em excesso e à codificação de mensagens incompatíveis. O feedback é essencial, mas deve ser feito de forma correta e adequada.

Modelos conceituais

Um modelo conceitual é uma explicação, geralmente bastante simplificada, de como algo funciona. Não precisa ser completo nem mesmo exato, contanto que seja útil. Os arquivos, pastas e ícones que você vê exibidos na tela do computador ajudam as pessoas a criar o modelo conceitual de documentos e pastas dentro do computador, ou de aplicativos, ou de documentos que residem na tela, aguardando para serem requisitados. Na verdade, não existem pastas dentro do computador — esses são conceitos eficazes projetados para torná-los mais fáceis de usar. Às vezes, porém, essas representações podem aumentar a confusão. Ao ler um e-mail ou visitar um site, o conteúdo parece estar no dispositivo, pois é lá que é exibido e manipulado. Mas, na realidade, em muitos casos, o material real está "na nuvem", localizado em alguma máquina distante. O modelo conceitual é uma imagem única e coerente, embora possa consistir em partes, cada uma localizada em máquinas diferentes que podem estar praticamente em qualquer lugar do mundo. Este modelo simplificado é útil para o uso corriqueiro, mas, se a conexão da rede com os serviços na nuvem for interrompida, o resultado pode ser truncado. As informações ainda estão na tela, mas os usuários não podem mais salvá-las nem acessar coisas novas: seu modelo conceitual não oferece nenhuma explicação. Os modelos simplificados só são valiosos enquanto os pressupostos que os apoiem forem verdadeiros.

Muitas vezes, existem vários modelos conceituais de um produto ou dispositivo. Os modelos conceituais das pessoas sobre o funcionamento da frenagem regenerativa em um automóvel híbrido ou elétrico são bastante diferentes para motoristas comuns e motoristas tecnicamente sofisticados, diferentes também para quem precisa fazer a manutenção do sistema, e ainda diferentes para aqueles que projetaram o sistema.

Os modelos conceituais encontrados em manuais e livros de uso técnico podem ser detalhados e complexos. Os que nos interessam aqui são os mais simples: os que residem na mente das pessoas que usam o produto, portanto também são "modelos mentais". Os modelos mentais, como o próprio nome indica, são os modelos conceituais na mente das pessoas que representam sua compreensão de como as coisas funcionam. Pessoas diferentes podem ter modelos mentais diferentes do mesmo item. Na verdade, uma única pessoa pode ter vários modelos do mesmo item, cada um lidando com um aspecto diferente da operação, e esses modelos podem até entrar em conflito.

Os modelos conceituais são frequentemente inferidos a partir do próprio dispositivo. Alguns são passados de pessoa para pessoa. Alguns vêm de manuais. Normalmente o dispositivo em si oferece pouca assistência, por isso o modelo é construído pela experiência. Muitas vezes, esses modelos estão errados e, portanto, levam a dificuldades no uso do dispositivo. As principais pistas sobre como as coisas funcionam vêm da sua estrutura percebida — principalmente de significantes, *affordances*, restrições e mapeamentos. As ferramentas manuais para consertos variados, para jardinagem e para a casa tendem a tornar suas partes cruciais suficientemente visíveis para que os modelos conceituais do seu funcionamento e função sejam compreendidos com facilidade.

Pense em uma tesoura: você pode ver que o número de ações possíveis é limitado. Os buracos estão claramente lá para colocar algo, e as únicas coisas lógicas que cabem neles são os dedos. Os buracos são tanto *affordances* — permitem que os dedos sejam inseridos — quanto significantes — indicam onde os dedos devem entrar. Os tamanhos dos buracos fornecem restrições para limitar os dedos possíveis: um buraco grande sugere vários dedos; um pequeno, apenas um. O mapeamento entre buracos e dedos — o conjunto de operações possíveis — é significado e limitado pelos buracos. Além disso, a operação não é sensível à inserção dos dedos: se você usar os dedos errados (ou a mão errada), ainda assim a tesoura funciona, embora não de maneira tão confortável. Você pode entender a tesoura porque suas partes operacionais são visíveis, e as implicações, claras. O modelo conceitual é óbvio e faz uso eficaz de significantes, *affordances* e restrições.

FIGURA 1.8 Relógio digital controlado por rádio Junghans Mega 1000. Não existe um bom modelo conceitual para compreender o funcionamento do meu relógio. Ele possui cinco botões sem indicações sobre o que cada um faz. E sim, os botões têm funções diferentes em seus modos distintos. Mas é um relógio muito bonito e sempre mostra a hora exata porque verifica as estações oficiais do rádio. (A linha superior de exibição mostra a data: quarta-feira, 20 de fevereiro, oitava semana do ano.) (Foto do autor.)

O que acontece quando um dispositivo não sugere um bom modelo conceitual? Considere o meu relógio digital com cinco botões: dois na parte superior, dois na parte inferior e um no lado esquerdo (Figura 1.8). Para que serve cada botão? Como você ajustaria o horário? Não há como saber — não há nenhuma relação evidente entre os controles operacionais e as funções, nenhum mapeamento aparente. Além disso, os botões possuem múltiplas formas de serem utilizados. Dois dos botões fazem coisas diferentes quando pressionados depressa ou quando mantidos pressionados por alguns segundos. Algumas operações requerem a pressão simultânea de vários botões. A única maneira de saber como o relógio funciona é lendo o manual repetidas vezes. Para usar a tesoura, é possível perceber que o movimento do cabo faz com que as lâminas se movam. O relógio não fornece nenhuma relação visível entre os botões e as ações possíveis, nenhuma relação discernível entre as ações e os resultados finais. Gosto muito do relógio; pena que não consigo me lembrar de todas as suas funções.

Os modelos conceituais são valiosos para garantir a compreensão, prever como as coisas se comportarão e descobrir o que fazer quando as ações não saem conforme o planejado. Um bom modelo conceitual nos permite prever os efeitos de nossas ações. Sem um bom modelo, operamos de forma mecânica, às cegas; realizamos operações conforme somos ordenados; não conseguimos avaliar plenamente os motivos, quais efeitos esperar ou o que fazer se algo der errado. Contanto que as coisas funcionem de forma correta, conseguimos nos virar. Porém, quando algo sai dos eixos, ou quando nos deparamos com uma situação nova, precisamos de uma compreensão mais profunda, de um bom modelo.

Para os objetos do dia a dia, os modelos conceituais não precisam ser muito complexos. Afinal, tesouras, canetas e interruptores de luz são dispositivos bastante simples. Não há necessidade de compreender a física ou a química subjacente de cada dispositivo que possuímos, apenas a relação entre os controles e os resultados. Quando o modelo que nos é apresentado é inadequado ou errado (ou pior, inexistente), podemos ter dificuldades. Deixe-me contar sobre minha geladeira.

Eu tinha uma geladeira comum de dois compartimentos — nada muito sofisticado. O problema é que eu não conseguia ajustar a temperatura adequadamente. Havia apenas dois comandos: ajustar a temperatura do compartimento do freezer e ajustar a temperatura do compartimento de alimentos frescos. E havia dois botões, um com a etiqueta "freezer" e o outro com a etiqueta "geladeira". Qual era o problema?

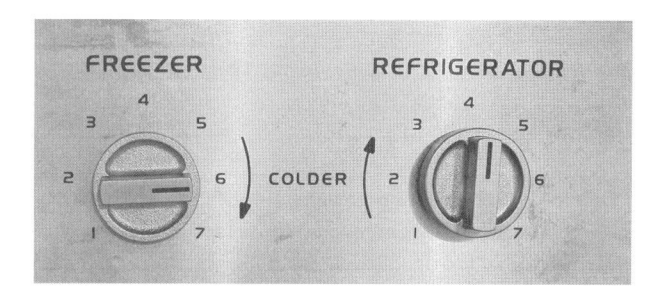

FIGURA 1.9 Botões da geladeira. Dois compartimentos — alimentos frescos e freezer — e dois botões (na unidade de alimentos frescos). Sua tarefa: suponha que o freezer esteja muito frio e a temperatura da seção de alimentos frescos esteja correta. Como você ajustaria os botões para aquecer o freezer e manter os alimentos frescos na mesma temperatura? (Foto do autor.)

Ah, talvez seja melhor avisá-lo. Os dois botões não são independentes. O botão do freezer também afeta a temperatura dos alimentos frescos, e o botão dos alimentos frescos afeta o freezer. Além disso, o manual alerta que o usuário deve "sempre aguardar vinte e quatro (24) horas para que a temperatura se estabilize, seja ajustando os botões pela primeira vez, seja fazendo uma alteração".

Era dificílimo regular a temperatura da minha antiga geladeira. Por quê? Porque os botões sugerem um modelo conceitual falso. Dois compartimentos, dois botões, o que sugere que cada botão é responsável pela temperatura do compartimento que leva seu nome: este modelo conceitual é mostrado na Figura 1.10A. Está errado. Na verdade, existe apenas um termostato e apenas um mecanismo de resfriamento. Um botão ajusta a configuração do termostato, e o outro, a proporção relativa de ar frio enviado para cada um dos dois compartimentos. É por isso que os dois botões interagem: esse modelo conceitual é mostrado na Figura 1.10B. Além disso, deve haver um sensor de temperatura, mas não há como saber onde ele está localizado. Com o modelo conceitual sugerido pelos botões, ajustar as temperaturas é quase impossível e sempre frustrante. Com o modelo correto, a vida seria muito mais fácil.

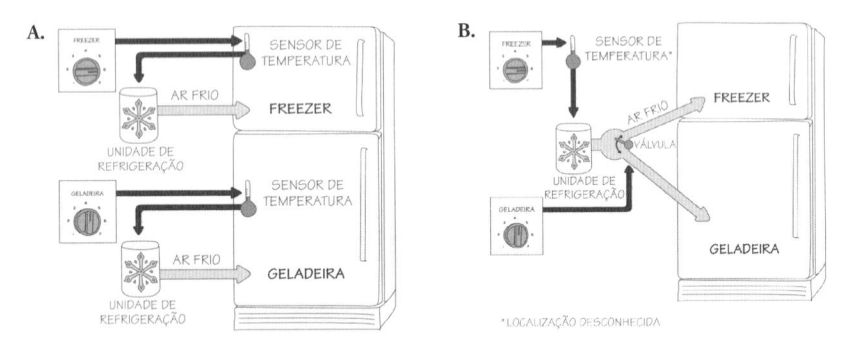

FIGURA 1.10 Dois modelos conceituais para uma geladeira. O modelo conceitual A é fornecido pela imagem do sistema da geladeira sugerida pelos botões. Cada botão determina a temperatura da parte indicada da geladeira. Isso significa que cada compartimento possui seu próprio sensor de temperatura e unidade de refrigeração. Isso não é verdade. O modelo conceitual correto é mostrado em B. Não há como saber onde está localizado o sensor de temperatura, portanto, ele é mostrado fora do refrigerador. O botão do freezer determina a temperatura do freezer (então é aqui que o sensor está localizado?). O controle da geladeira determina quanto ar frio vai para o freezer e quanto vai para a geladeira.

Por que o fabricante sugeriu o modelo conceitual errado? Jamais saberemos. Nos vinte e cinco anos desde a publicação da primeira edição deste livro, recebi muitas cartas de pessoas me agradecendo por explicar suas geladeiras confusas, mas nunca qualquer comunicação do fabricante (General Electric – GE). Talvez os designers tenham pensado que o modelo correto era complexo demais, que o modelo que estavam fornecendo era mais fácil de compreender. Mas, com o modelo conceitual errado, era impossível ajustar os controles. E mesmo estando convencido de que conhecia o modelo correto, ainda assim não conseguia ajustar as temperaturas com precisão, porque o design da geladeira tornava impossível descobrir qual botão controlava o sensor de temperatura, qual controlava a proporção relativa de ar frio e em qual compartimento o sensor estava localizado. A falta de feedback imediato sobre as ações não ajudava: eram necessárias vinte e quatro horas para verificar se a nova configuração estava adequada. Eu não deveria precisar ter um caderno de laboratório e fazer experimentos controlados para ajustar a temperatura da minha geladeira.

Fico feliz em dizer que não possuo mais aquela geladeira. Em vez disso, tenho uma que possui dois controles separados, um no compartimento de alimentos frescos e outro no freezer. Cada botão é bem calibrado em graus e rotulado com o nome do compartimento que controla. Os dois compartimentos são independentes: a regulação da temperatura em um não tem qualquer efeito na temperatura do outro. Essa solução, embora ideal, custa mais. Mas soluções muito menos dispendiosas são possíveis. Com os sensores e motores baratos de hoje, deveria ser possível ter uma única unidade de resfriamento com uma válvula motorizada controlando a proporção relativa de ar frio enviado para cada compartimento. Um chip de computador simples e barato poderia regular a unidade de resfriamento e a posição da válvula para que as temperaturas nos dois compartimentos correspondessem às suas regulagens. Daria um pouco mais de trabalho para os engenheiros da equipe de projeto? Sim, mas com resultados que valeriam a pena. Infelizmente, a GE ainda vende geladeiras com os mesmos controles e mecanismos que causam tanta confusão. A foto na Figura 1.9 é de uma geladeira atual, fotografada em uma loja durante a preparação deste livro.

A IMAGEM DO SISTEMA

As pessoas criam modelos mentais de si mesmas, dos outros, do ambiente e das coisas com as quais interagem. Esses são modelos conceituais formados por meio de experiência, treinamento e instrução. Eles servem como guias para nos ajudar a alcançar objetivos e a compreender o mundo.

Como formamos um modelo conceitual apropriado para os dispositivos com os quais interagimos? Não podemos falar com o designer, por isso dependemos de qualquer informação que esteja disponível para nós: como é o dispositivo, o que sabemos por ter usado aparelhos semelhantes antes, o que descobrimos nas propagandas e informações de vendas, por artigos que possamos ter lido, pelo site do produto e por manuais de instrução. Chamo o conjunto de informações combinadas disponíveis de *imagem do sistema*. Quando a imagem do sistema é incoerente ou inadequada, como no caso da geladeira, o usuário não consegue utilizar o aparelho com facilidade. Se estiver incompleta ou for contraditória, haverá problemas.

Conforme ilustrado na Figura 1.11, o designer e o usuário formam vértices um tanto desconectados de um triângulo. O modelo conceitual do designer é a sua concepção do produto, ocupando um vértice do triângulo. O produto em si não está mais com o designer, portanto é isolado como um segundo vértice, talvez esquecido na bancada da cozinha do usuário. A imagem do sistema é o que pode ser percebido a partir da estrutura física que foi construída (incluindo documentação, instruções, significantes e qualquer informação disponível em sites e linhas de atendimento ao consumidor). O modelo conceitual do usuário vem da imagem do sistema, da interação com o produto, da leitura, da busca de informações na internet e de quaisquer manuais disponibilizados. O designer espera que o modelo do usuário seja idêntico ao modelo de design, mas, como os designers não podem se comunicar diretamente com os usuários, todo o fardo da comunicação recai sobre a imagem do sistema.

FIGURA 1.11 O modelo do designer, o modelo do usuário e a imagem do sistema. O modelo conceitual do designer é a concepção do próprio sobre a aparência, a sensação e a operação de um produto. A imagem do sistema é o que pode ser derivado da estrutura física construída (incluindo documentação). O modelo mental do usuário é desenvolvido através da interação com o produto e a imagem do sistema. Os designers esperam que o modelo do usuário seja idêntico ao deles, mas, como não podem se comunicar diretamente com o usuário, o ônus da comunicação recai sobre a imagem do sistema.

A Figura 1.11 indica por que a comunicação é um aspecto tão importante de um bom design. Não importa o quão brilhante seja o produto, se as pessoas não conseguirem usá-lo, ele receberá críticas negativas. Cabe ao designer fornecer as informações adequadas para tornar o produto compreensível e utilizável. O mais importante é fornecer um bom modelo conceitual que oriente o usuário quando algo dá errado. Com um bom modelo conceitual, as pessoas podem descobrir o que aconteceu e corrigir o erro. Sem um bom modelo, elas enfrentam dificuldades e muitas vezes pioram a situação.

Bons modelos conceituais são a chave para criar produtos compreensíveis e agradáveis; uma boa comunicação é a chave para bons modelos conceituais.

O PARADOXO DA TECNOLOGIA

A tecnologia oferece o potencial para tornar a vida mais fácil e prazerosa; cada nova tecnologia proporciona maiores benefícios. Ao mesmo tempo, as complexidades adicionais aumentam a nossa dificuldade e frustração com a tecnologia. O problema para o design imposto pelos avanços tecnológicos é enorme. Considere um relógio de pulso. Algumas décadas atrás, os relógios eram simples. Tudo o que você precisava fazer era acertar a hora e dar corda no relógio. O controle padrão era a haste: um botão na lateral. Girar o botão dava corda à mola que fornecia energia ao movimento do relógio. Puxar o botão e girá-lo fazia com que os ponteiros girassem. As operações eram fáceis de aprender e fáceis de executar. Havia uma relação plausível entre o giro do botão e o giro resultante dos ponteiros. O design ainda levava em consideração o erro humano. Na posição normal, girar a haste dava corda à mola principal do relógio. A haste tinha que ser puxada para que as engrenagens dos ponteiros fossem acionadas. Giros acidentais da haste não causavam problemas.

Antigamente, os relógios eram instrumentos caros, fabricados à mão. Eram vendidos em joalherias. Com o tempo, e a introdução da tecnologia digital, o custo dos relógios diminuiu drasticamente, enquanto sua precisão e confiabilidade aumentaram. Os relógios tornaram-se ferramentas, disponíveis numa ampla variedade de estilos e formas, e com um número cada vez maior de funções. Passaram a ser vendidos em todos os lugares, desde lojinhas de bairro até revendedores de artigos esportivos e eletrônicos. Além disso, relógios precisos foram incorporados a muitos aparelhos, desde telefones a teclados musicais: muitas pessoas não sentiam mais a necessidade de usar relógios de pulso. Eles se tornaram suficientemente baratos, de modo que uma pessoa comum pudesse possuir vários, e se transformaram em acessórios de moda, sendo possível trocar de relógio a cada mudança de atividade ou troca de roupa.

No relógio digital moderno, em vez de dar corda à mola, trocamos a bateria ou, no caso de um relógio movido a energia solar, garantimos que receba sua dose semanal de luz. A tecnologia permitiu mais funções: o relógio pode indicar o dia da semana, o mês e o ano; pode funcionar como cronômetro (que por si possui diversas funções), timer e despertador; tem a capacidade de mostrar a hora em diferentes fusos horários; pode funcionar como contador e até como calculadora. Meu relógio, mostrado na Figura 1.8, tem muitas funções. Ele ainda possui um receptor de rádio que permite acertar a hora com as estações oficiais de todo o mundo. Mesmo assim, é muito menos complexo do que muitos outros disponíveis. Alguns relógios possuem bússolas e barômetros, acelerômetros e medidores de temperatura integrados. Outros possuem GPS e receptores de internet, para que possam exibir a previsão do tempo e as notícias, mensagens de e-mail e as últimas novidades das redes sociais. Alguns têm até câmera embutida. Alguns funcionam com botões, toque, comando de movimento ou de voz. Alguns detectam gestos. O relógio deixou de ser apenas um instrumento para ver as horas: tornou-se uma plataforma para complementar múltiplas atividades e estilos de vida.

As funções apresentadas causam problemas: como todas essas funções podem caber num aparelho portátil tão pequeno? Não há respostas fáceis. Muitas pessoas resolveram o problema não usando relógio. Em vez disso, usam o telefone. Um celular executa todas as funções muito melhor do que o relógio minúsculo, além de exibir a hora.

Agora imagine um futuro em que, em vez de o telefone substituir o relógio, os dois se fundirão, talvez usados no pulso, talvez na cabeça como óculos, completos com uma tela. O telefone, o relógio e os componentes de um computador formarão uma estrutura única. Teremos telas flexíveis que mostram apenas uma pequena quantidade de informação em seu estado normal, mas que podem se desdobrar e ficar com um tamanho considerável. Os projetores serão tão pequenos e leves que poderão ser incorporados aos relógios ou telefones (ou talvez a anéis e outras joias), projetando imagens em qualquer superfície conveniente. Ou talvez nossos dispositivos não terão mais telas, e vão sussurrar silenciosamente os resultados em nossos ouvidos, ou simplesmente utilizarão qualquer tela disponível: no encosto dos assentos de carros e aviões, nas televisões dos quartos de hotel, o que quer que esteja por perto. Os dispositivos serão capazes de fazer muitas coisas úteis, mas temo que também serão frustrantes: tantas coisas para controlar, tão pouco espaço para controles e significantes. A solução óbvia é usar gestos exóticos ou comandos de voz, mas como vamos aprendê-los e depois nos lembrar deles? Como falarei mais tarde, a melhor solução é que haja padrões unificados, para que precisemos aprender os controles apenas uma vez. Mas, como também vou argumentar à frente, chegar a esses acordos é um processo complexo, com muitas forças conflitantes que impedem uma resolução rápida. Veremos.

A mesma tecnologia que simplifica a vida ao fornecer mais funções em cada dispositivo também complica a vida ao tornar o dispositivo mais difícil de aprender e de usar. Este é o paradoxo da tecnologia e o desafio do designer.

O DESAFIO DO DESIGN

O design requer os esforços cooperativos de múltiplas disciplinas, e o número de diferentes disciplinas necessárias para produzir um produto de sucesso é impressionante. Um bom design exige grandes designers, mas isso não basta: também é preciso ter uma excelente gestão, pois a parte mais difícil da produção de qualquer produto é coordenar todas essas disciplinas distintas, cada uma com objetivos e prioridades específicos. Cada disciplina tem uma perspectiva diferente da importância relativa dos muitos fatores que compõem um produto. Uma defende que o produto deve ser utilizável e compreensível, outra diz que deve ser atrativo, e outra alega que deve ser acessível. Além disso, o produto há de ser confiável e precisa poder ser fabricado e mantido. Deve ser distinguível dos concorrentes e superior em categorias cruciais, como preço, confiabilidade, aparência e funções oferecidas. Por fim, as pessoas precisam, de fato, adquiri-lo. Não importa a qualidade de um produto se, no final, ninguém o utiliza.

Muitas vezes, cada disciplina acredita que a sua contribuição distinta é a mais importante: "preço", argumenta o representante de marketing, "preço e mais essas características". "Confiabilidade", insistem os engenheiros. "Precisamos ser capazes de fabricá-lo em nossas fábricas já existentes", afirmam os representantes da indústria. "Continuamos recebendo ligações no serviço do consumidor", diz o pessoal do suporte; "precisamos resolver esses problemas no departamento de design". "Você não pode juntar tudo isso e ainda assim ter um produto razoável", alega a equipe de design. Quem está certo? Todo mundo. O produto de sucesso deve satisfazer todos esses requisitos.

A parte difícil é convencer as pessoas a compreenderem os pontos de vista umas das outras, a abandonarem sua visão disciplinar e pensarem no design a partir do ponto de vista de quem compra o produto e daqueles que o utilizam, que muitas vezes são pessoas diferentes. O ponto de vista do negócio também é importante, porque não importa que o produto seja maravilhoso se não houver clientes suficientes que o adquiram. Se um produto não vende, muitas vezes a empresa deve parar de produzi-lo, mesmo que ele seja excepcional. Poucas empresas conseguem sustentar o enorme custo de manter um produto que não é lucrativo por tempo suficiente para que suas vendas atinjam a lucratividade — com novos produtos, esse período normalmente é medido em anos e, algumas vezes, como no caso da televisão de alta definição, em décadas.

Fazer um bom projeto de design não é fácil. O fabricante quer alguma coisa que possa ser produzida economicamente. A loja quer algo que seja atraente para os clientes. O comprador tem várias exigências. Na loja, ele se concentra em preço e aparência, e, talvez, no valor de prestígio. Em casa, a mesma pessoa presta mais atenção à funcionalidade e à facilidade de uso. O serviço de reparos se importa mais com a qualidade de manutenção: o quão fácil é desmontar o aparelho, diagnosticar o problema e consertar? As necessidades de todas essas partes envolvidas são diferentes e quase sempre conflitantes. No entanto, se a equipe de design tiver representantes de todos os constituintes presentes ao mesmo tempo, muitas vezes é possível atingir soluções satisfatórias para todas as necessidades. É quando as disciplinas operam de forma independente umas das outras que ocorrem grandes conflitos e deficiências. O desafio é usar os princípios do design centrado no ser humano para produzir resultados positivos, produtos que melhorem vidas e nos proporcionem prazer e satisfação. O objetivo é criar um ótimo produto, que seja bem-sucedido e que os clientes adorem. É possível.

CAPÍTULO DOIS

A PSICOLOGIA DAS AÇÕES DO COTIDIANO

Durante a estada da minha família na Inglaterra, alugamos uma casa mobiliada enquanto os donos estavam fora. Um dia, a proprietária da casa voltou para buscar alguns documentos pessoais. Ela foi até seu gaveteiro de metal antigo e tentou abrir a gaveta de cima. A gaveta não abriu. Ela a empurrou para a frente e para trás, para a direita e para a esquerda, para cima e para baixo, sem sucesso. Eu me ofereci para ajudar. Sacudi a gaveta em zigue-zague. Depois torci o painel dianteiro, empurrei para baixo com força e dei uma pancada na frente com a palma da mão. A gaveta deslizou e abriu. "Ah", disse ela, "desculpe! Sou muito desajeitada quando se trata de coisas mecânicas." Não, ela entendeu errado. É a coisa mecânica que deveria estar se desculpando, quem sabe dizendo: "Desculpe! Sou muito desajeitada quando se trata de pessoas."

A proprietária da casa que aluguei tinha dois problemas. Primeiro, apesar de ter um objetivo claro (pegar alguns documentos pessoais) e até um plano para alcançar esse objetivo (abrir a gaveta de cima do gaveteiro, onde os documentos estavam), quando o plano não deu certo, ela não fazia a menor ideia do que fazer. Mas ela também tinha um segundo problema: achava que o problema era ela; ela se culpava, erroneamente.

Como eu pude ajudá-la? Primeiro, recusei-me a aceitar a falsa acusação de que a culpa era dela: para mim, era claramente culpa da mecânica do gaveteiro antigo que impedia que a gaveta abrisse. Segundo, eu tinha um modelo conceitual de como o gaveteiro funcionava: com um mecanismo interno que mantinha a porta fechada quando usado normalmente, e a crença de que o mecanismo da gaveta provavelmente estava desalinhado. Esse modelo conceitual se transformou em um plano: sacudir a gaveta em zigue-zague, o que não funcionou. Isso me fez mudar meu plano: sacudir pode ter sido apropriado, mas não foi forte o suficiente, portanto eu recorri à força bruta para torcer o gaveteiro de volta ao seu alinhamento adequado. Eu me senti bem ao fazer isso — a gaveta se moveu levemente —, mas ainda assim não abriu. E então, eu recorri à ferramenta mais poderosa, usada por especialistas em todo o mundo: dei uma pancada no gaveteiro. E sim, ele abriu. Na minha cabeça, decidi (sem nenhuma evidência) que minha pancada tinha mexido no mecanismo o suficiente para permitir que a gaveta se abrisse.

Esse exemplo evidencia os temas deste capítulo. Primeiro, como as pessoas fazem as coisas? É fácil aprender alguns passos básicos para executar operações com nossas tecnologias (e sim, até os gaveteiros são tecnologia). Mas o que acontece quando as coisas dão errado? Como podemos detectar que os mecanismos não estão funcionando, e depois como podemos descobrir o que fazer? Para ajudar você a entender, primeiro, eu investigarei a psicologia humana e um modelo conceitual simples de como as pessoas escolhem e depois avaliam suas ações. Isso nos leva a uma discussão sobre o papel da compreensão (via um modelo conceitual) e das emoções: prazer quando as coisas funcionam de forma tranquila, e frustração quando nossos planos são impossibilitados. Por fim, concluo com um resumo de como as lições deste capítulo traduzem os princípios do design.

COMO AS PESSOAS REALIZAM AS AÇÕES: OS DESAFIOS DE EXECUÇÃO E AVALIAÇÃO

Quando as pessoas usam alguma coisa, enfrentam dois desafios: o Desafio da Execução, em que tentam descobrir como o produto funciona, e o Desafio da Avaliação, em que tentam descobrir o que aconteceu (Figura 2.1). O papel do designer é ajudar as pessoas a conectar esses dois desafios.

No caso do gaveteiro, havia elementos visíveis que ajudavam a transpor o Desafio da Execução quando tudo estava funcionando perfeitamente. A alça da gaveta indicava claramente que ela deveria ser puxada, e o controle deslizante da alça indicava como liberar a trava que normalmente mantinha a gaveta no lugar. Mas, quando essas operações falharam, surgiu um grande problema: que outras operações poderiam ser feitas para abrir a gaveta?

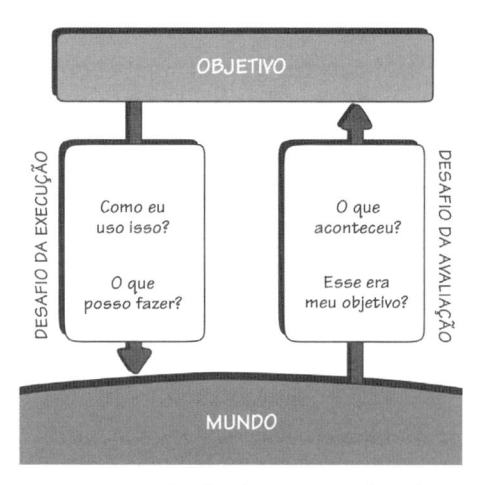

FIGURA 2.1 Os desafios de execução e de avaliação. Quando as pessoas estão diante de um dispositivo, elas enfrentam dois desafios: o Desafio da Execução, em que tentam descobrir como usá-lo, e o Desafio da Avaliação, em que tentam descobrir em que estado ele se encontra e se suas ações as levaram ao seu objetivo.

O Desafio da Avaliação foi facilmente superado, de início. Ou seja, o fecho foi solto, a alça da gaveta foi puxada, mas nada aconteceu. A falta de ação significou o fracasso em atingir o objetivo. Mas, quando outras operações foram tentadas, como torcer e puxar, o gaveteiro não forneceu mais informações em relação a se eu estava me aproximando ou me afastando do objetivo.

O Desafio da Avaliação reflete quanto esforço a pessoa deve dedicar para interpretar o estado físico do dispositivo e se suas intenções foram alcançadas. O desafio é pequeno quando o dispositivo fornece informações sobre seu estado de uma forma fácil de entender, fácil de interpretar e que corresponda à maneira como a pessoa compreende o sistema. Quais são os principais elementos de design que ajudam a resolver o Desafio da Avaliação? Feedback e um bom modelo conceitual.

Os desafios estão presentes em muitos produtos. Curiosamente, muitas pessoas enfrentam dificuldades, mas justificam-nas culpando a si mesmas. No caso de dispositivos que acreditam que deveriam ser capazes de usar — torneiras de água, controles de temperatura de geladeiras, fogões —, as pessoas simplesmente pensam: "Estou sendo burro." Por outro lado, para produtos aparentemente complicados — máquinas de costura, máquinas de lavar roupa, relógios digitais e quase todos os controles digitais —, elas simplesmente desistem, determinando que são incapazes de compreendê-los. Ambas as explicações estão erradas. Essas são coisas de uso doméstico corriqueiro. Nenhuma delas tem uma estrutura complexa. As dificuldades residem na sua concepção, e não nas pessoas que tentam utilizá-las.

Como o designer pode ajudar a resolver esses dois desafios? Para responder a essa pergunta, precisamos nos debruçar mais a fundo sobre a psicologia das ações humanas. Mas as ferramentas básicas já foram discutidas aqui: resolvemos o Desafio da Execução através da utilização de significantes, restrições, mapeamento e um modelo conceitual. Resolvemos o Desafio da Avaliação através do uso de feedback e de um modelo conceitual.

OS SETE ESTÁGIOS DA AÇÃO

Toda ação é composta de duas partes: executar a ação e avaliar os resultados, ou seja, fazer e interpretar. Tanto a execução quanto a avaliação exigem a compreensão de como o objeto funciona e quais resultados ele produz. Ambas podem afetar nosso estado emocional.

Imagine que estou sentado na minha poltrona lendo um livro. Está anoitecendo e a luz vai ficando cada vez mais fraca. Minha atividade é a leitura, mas esse objetivo está começando a ficar difícil de alcançar devido à diminuição de luz. Essa constatação desencadeia uma nova meta: obter mais luz. Como faço isso? Tenho muitas opções. Posso abrir a cortina, me sentar em um local mais iluminado ou quem sabe acender uma lâmpada próxima. Essa é a fase do planejamento, que determina qual dos muitos planos de ação possíveis vou seguir. Mas, mesmo quando decido acender a lâmpada próxima, ainda preciso resolver como fazer isso. Poderia pedir para alguém fazê-lo, poderia usar a mão esquerda ou a direita. Mesmo depois de ter optado por um plano, ainda tenho que especificar como vou executá-lo. Por fim, devo fazer — realizar — a ação. Quando estou fazendo um ato frequente, com o qual tenho bastante experiência e habilidade, a maioria desses estágios é subconsciente. Quando ainda estou aprendendo a fazer a ação, determinar o plano, especificar a sequência e interpretar o resultado são atos conscientes.

Imagine que estou dirigindo meu carro e meu plano de ação exija que eu vire à esquerda em um cruzamento. Se sou um motorista habilidoso, não preciso prestar muita atenção consciente para especificar ou executar a sequência dessa ação. Penso "à esquerda" e executo com tranquilidade a sequência de ações necessária. Mas, se estou aprendendo a dirigir, tenho que pensar em cada componente separado da ação. Devo pisar no freio e verificar se há carros atrás de mim ou ao meu redor, se há carros e pedestres à frente, e se há placas ou sinais de trânsito que eu precise obedecer. Devo mover os pés alternadamente entre os pedais e mover as mãos para ligar a seta e depois de volta para o volante (enquanto tento lembrar como meu instrutor disse que eu deveria posicionar as mãos ao fazer curvas), e minha atenção visual é distribuída entre todas as atividades ao meu redor, às vezes olhando para a frente, às vezes girando a cabeça e às vezes usando os espelhos retrovisores e laterais. Para um motorista experiente, tudo isso é fácil e automático. Para um motorista iniciante, a tarefa parece impossível.

As ações específicas preenchem a lacuna entre o que gostaríamos de ter feito (nosso objetivo) e todas as ações físicas possíveis para atingir esses objetivos. Depois de especificarmos as ações que vamos desempenhar, devemos realizá-las concretamente — os estágios de execução. Existem três estágios de execução que decorrem da meta: planejar, especificar e executar (lado esquerdo da Figura 2.2). Avaliar o que aconteceu tem três etapas: primeiro, perceber o que aconteceu no mundo; segundo, tentar dar sentido a isso

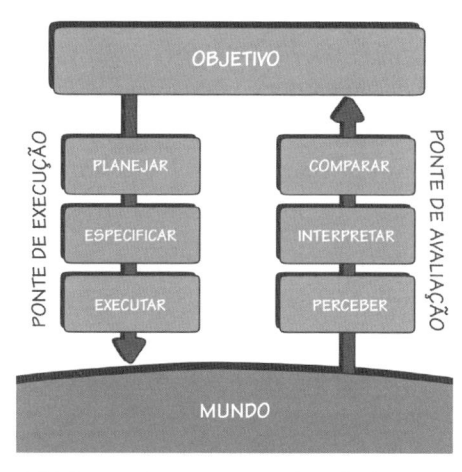

FIGURA 2.2 Os sete estágios do ciclo da ação. A junção de todos os estágios resulta em três estágios de execução (planejar, especificar e executar), três estágios de avaliação (perceber, interpretar e comparar) e, é claro, o objetivo: sete estágios ao todo.

(interpretar); e, por fim, comparar o que aconteceu com o que se desejava (lado direito da Figura 2.2). E aí estão os sete estágios da ação: um para o objetivo, três para a execução e três para a avaliação (Figura 2.2).

1. **Objetivo** (estabelecer a meta)
2. **Planejar** (a ação)
3. **Especificar** (uma sequência de ações)
4. **Executar** (a sequência de ações)
5. **Perceber** (o estado do mundo)
6. **Interpretar** (a percepção)
7. **Comparar** (o resultado com o objetivo)

O ciclo da ação de sete estágios é simplificado, mas fornece um panorama útil para a compreensão da ação humana e para guiar o design. Provou-se útil no planejamento de interações. Nem todas as atividades em cada estágio são conscientes. Os objetivos tendem a ser, mas até eles podem ser subconscientes. Podemos realizar várias ações, percorrendo repetidamente os estágios, nos mantendo alegremente inconscientes de que estamos desempenhando-as. É somente quando nos deparamos com algo novo ou chegamos a um impasse, a um problema que interrompa o fluxo normal de atividades, que a atenção consciente mostra-se necessária.

A maioria dos comportamentos não exige passar por todos os estágios na sequência; contudo, a maioria das atividades não será satisfeita por ações singulares. Deve haver numerosas sequências, e a atividade completa poderá durar horas ou até mesmo dias. Existe um circuito contínuo de feedback, no qual os resultados de uma atividade são usados para direcionar as atividades seguintes, nas quais as metas conduzem a "submetas", e planos a "subplanos". Existem atividades em que os objetivos são esquecidos, descartados ou reformulados.

Voltemos ao meu ato de acender a luz. Este é um caso de comportamento orientado por eventos: a sequência se inicia com o mundo, causando a avaliação do estado e a formulação de uma meta. O gatilho foi um evento da natureza: a falta de luz, que dificultou minha leitura. Isso levou a uma violação da meta de leitura, que, portanto, me levou a uma "submeta": obter mais luz. Mas ler não era o objetivo principal. Para cada objetivo, é preciso perguntar: "Por que esse é o objetivo?" Por que eu estava lendo? Estava tentando preparar uma refeição usando uma receita nova, então precisei relê-la antes de começar. A leitura era, portanto, uma "submeta". Mas cozinhar em si já era uma "submeta". Eu estava cozinhando para poder me alimentar, que tinha como objetivo saciar minha fome. Assim, a hierarquia de objetivos é mais ou menos a seguinte: saciar a fome; comer; cozinhar; ler o livro de receitas; obter mais luz. Isso é chamado de análise de causa raiz: perguntar "por quê?" até que a causa primeira e fundamental da atividade seja descoberta.

O ciclo da ação pode começar de cima, estabelecendo uma nova meta, caso que chamamos de comportamento orientado por objetivos. Nessa situação, o ciclo começa com o objetivo e depois passa pelas três etapas de execução. Mas o ciclo da ação também pode começar de baixo para cima, desencadeado por algum evento mundano, caso que chamamos de comportamento orientado por dados ou comportamento orientado por eventos. Aqui, o ciclo se inicia pelo ambiente, pelo mundo, e depois passa pelas três etapas de avaliação.

Para muitas tarefas cotidianas, os objetivos e intenções não são bem especificados: eles são oportunistas, em vez de planejados. Ações oportunistas são aquelas em que o comportamento tira vantagem das circunstâncias. Em vez de nos dedicarmos a planejamento e análise amplos, nós realizamos as atividades do dia e desempenhamos as ações conforme as oportunidades vão surgindo. Desse modo, podemos não ter planejado ir a uma cafeteria nova ou fazer uma pergunta a um amigo. Em vez disso, desempenhamos as atividades do dia e, se percebermos que estamos perto da cafeteria ou se por acaso cruzarmos com o amigo, permitimos que a oportunidade desencadeie a atividade relevante. Caso contrário, talvez nunca iremos à cafeteria nova nem faremos a pergunta ao nosso amigo. Só no caso de tarefas cruciais dedicamos esforços especiais para que sejam desempenhadas. Ações oportunistas são menos precisas e certeiras do que objetivos e intenções especificados, mas resultam em menos esforço mental, menos inconveniência e, talvez, mais interesse. Alguns de nós adequam as vidas em torno da expectativa de oportunidades. E às vezes, mesmo para um comportamento orientado por metas, tentamos criar eventos mundanos que garantam que a sequência seja concluída. Por exemplo, às vezes, quando preciso realizar uma tarefa importante, peço a alguém que estabeleça um prazo para mim. Uso essa ideia de prazo para desencadear o trabalho. Pode ser que somente algumas horas antes do prazo final eu realmente coloque a mão na massa e faça o trabalho, mas o importante é que ele é finalizado. Este acionamento por estímulos externos é totalmente compatível com a análise de sete estágios.

Os sete estágios fornecem uma diretriz para o desenvolvimento de novos produtos ou serviços. Os desafios são lugares óbvios por onde começar. Qualquer um deles, seja de execução, seja de avaliação, é uma oportunidade para melhorar um produto. O truque é desenvolver habilidades de observação para detectá-los. A maioria das inovações é feita como uma melhoria gradual de produtos existentes. E quanto a ideias radicais, aquelas que introduzem novas categorias de produtos no mercado? Essas surgem quando reconsideramos os objetivos, sempre perguntando qual é a verdadeira meta: o que é chamado de análise de *causa raiz*.

O professor de marketing da Harvard Business School, Theodore Levitt, certa vez afirmou: "As pessoas não querem comprar uma furadeira de um quarto de polegada. Elas querem um buraco de um quarto de polegada!" O exemplo de Levitt da furadeira demonstrando que a meta é, na verdade, o buraco está apenas parcialmente correto. Quando as pessoas vão a uma loja comprar uma furadeira, esse não é o verdadeiro objetivo. Mas por que alguém iria querer um buraco de um quarto de polegada? É evidente que esse é um objetivo intermediário. Talvez quisessem fixar prateleiras na parede. Levitt parou cedo demais.

Quando você percebe que as pessoas não querem a furadeira, de fato, você se dá conta de que talvez também não queiram o buraco: elas querem fixar suas prateleiras. Por que não desenvolver métodos que não exijam furos? Ou quem sabe livros que não exijam estantes. (Sim, eu sei: e-books.)

O PENSAMENTO HUMANO: A MAIOR PARTE É SUBCONSCIENTE

Por que precisamos saber sobre a mente humana? Quando as coisas são projetadas para serem usadas por pessoas, porém sem um conhecimento profundo delas, os projetos tendem a ser falhos, difíceis de usar e de entender. É por isso que é útil considerar os sete estágios da ação. A mente é mais difícil de ser compreendida do que as ações. A maioria de nós começa acreditando que já entende tanto o comportamento humano quanto a mente humana. Afinal, somos todos humanos: convivemos com nós mesmos durante toda a vida, e gostamos de pensar que compreendemos uns aos outros. Mas isso não é verdade. A maior parte do comportamento humano é resultado de processos subconscientes. Não temos conhecimento deles. Como resultado, muitas das nossas crenças sobre como as pessoas se comportam — incluindo as crenças sobre nós mesmos — estão erradas. É por isso que temos as múltiplas ciências sociais e comportamentais, com uma boa dose de matemática, economia, ciência da computação, ciência da informação e neurociência.

Considere o experimento simples a seguir. Faça todos os três passos:

1. Mexa o segundo dedo da sua mão.
2. Mexa o terceiro dedo da mesma mão.
3. Descreva o que fez de diferente nas duas vezes.

Superficialmente, a resposta será simples: pensei em mexer meus dedos e eles se mexeram. A diferença é que pensei em um dedo diferente em cada vez. Sim, é verdade. Mas como esse pensamento foi transformado em ação, nos comandos que fizeram com que diferentes músculos do braço controlassem os tendões que mexeram os dedos? Isso é completamente escondido da consciência.

A mente humana é imensamente complexa, e vem se desenvolvendo ao longo de um extenso período com muitas estruturas especializadas. O estudo da mente é objeto de diversas disciplinas, incluindo as ciências comportamentais e sociais, a ciência cognitiva, a neurociência, a filosofia e as ciências da informação e da computação. Apesar de muitos avanços em nossa compreensão, muito permanece um mistério ainda a ser desvendado. Um dos mistérios consiste na natureza e na distinção entre as atividades que são conscientes e as que não são. A maioria das operações do nosso cérebro é subconsciente, escondida da nossa consciência. Somente o nível mais elevado, que chamo de *reflexivo*, é consciente.

A atenção consciente é necessária para aprendermos a maioria das coisas, mas depois a aprendizagem inicial, a prática e o estudo continuado, às vezes, ao longo de milhares de horas por um período de anos, produzem o que os psicólogos chamam de "aprendizagem excessiva". Quando habilidades são aprendidas em excesso, a execução parece ser feita sem esforços, de forma automática, com pouca ou nenhuma consciência. Por exemplo, responda a estas perguntas:

Qual é o número de telefone de um amigo?
Qual é o número de telefone do Beethoven?
Qual é a capital:
- do Brasil?
- do País de Gales?
- dos Estados Unidos?
- da Estônia?

Pense em como respondeu às perguntas. As respostas que você sabia vieram imediatamente à sua cabeça, sem a consciência de como isso aconteceu. Você simplesmente "sabe" a resposta. Mesmo as que você não acertou vieram à sua cabeça sem consciência alguma. Você talvez estivesse ciente de certa dúvida, mas não de como o nome surgiu em sua consciência. Quanto aos países dos quais você não sabia a capital, você provavelmente sabia que não sabia imediatamente, sem nenhum esforço. Mesmo que soubesse que sabia, mas não conseguisse se lembrar, não tinha consciência de como sabia dessa informação, ou do que estava acontecendo enquanto você tentava se lembrar.

Você pode ter tido dificuldade com o número de telefone de um amigo porque a maioria de nós transferiu para a tecnologia a responsabilidade de lembrar os números de telefone. Eu não sei o telefone de ninguém de cor — mal sei o meu próprio. Quando quero ligar para alguém, faço uma busca rápida na lista de contatos e clico no nome da pessoa. Ou simplesmente aperto o número "2" por alguns segundos, que faz com que meu telefone ligue automaticamente para a minha casa. Ou, no meu carro, posso simplesmente dizer: "Ligar para casa." Qual é o número? Não sei: minha tecnologia sabe. Nós contamos com a nossa tecnologia como uma extensão dos nossos sistemas de memória? Dos nossos processos mentais? Da nossa mente?

E quanto ao número de telefone do Beethoven? Se eu perguntasse ao meu computador, demoraria muito tempo para obter a resposta, pois o sistema precisaria pesquisar entre todas as pessoas que eu conheço para ver se alguma delas é Beethoven. Mas você imediatamente descartou a pergunta como sem sentido.

Você não conhece pessoalmente o Beethoven. E, de qualquer maneira, ele está morto. Além disso, morreu no início dos anos 1800, e o telefone nem sequer fora inventado até o final daquele século. Como sabemos o que não sabemos tão rapidamente? E, ainda assim, algumas coisas que sabemos podem demorar um bom tempo até serem lembradas. Por exemplo, responda a esta pergunta:

> *Na casa em que você morou três casas antes da atual, quando você entrava pela porta da frente, a maçaneta ficava no lado esquerdo ou direito?*

Agora você precisa se debruçar sobre uma resolução consciente e reflexiva do problema, primeiro para descobrir qual casa está sendo mencionada e, depois, qual é a resposta correta. A maioria das pessoas consegue se lembrar da casa, mas tem dificuldade em responder à pergunta porque consegue imaginar facilmente a maçaneta em ambos os lados da porta. A forma de resolver esse problema é imaginar-se realizando alguma atividade, como caminhar até a porta carregando sacolas pesadas nas duas mãos: como você abriria a porta? Alternativamente, visualize-se dentro da casa, correndo para abrir a porta para uma visita. Normalmente, um desses cenários imaginados fornece a resposta. Mas observe o quão diferente foi a recuperação da memória para essa pergunta se comparada às outras. Todas essas perguntas envolviam a memória de longo prazo, mas de maneiras muito diferentes. As perguntas anteriores exigiam memória de informações factuais, o que é chamado de *memória declarativa*. A última pergunta poderia ter sido respondida com informação factual, mas costuma ser respondida com mais facilidade quando nos lembramos das atividades realizadas ao abrir a porta. Isso é chamado de *memória processual*. Voltarei a falar sobre a memória humana no Capítulo 3.

Caminhar, conversar, ler. Andar de bicicleta ou dirigir um carro. Cantar. Todas essas habilidades exigem tempo e prática consideráveis para serem dominadas, mas, uma vez que isso ocorre, costumam passar a ser realizadas de forma bastante automática. Para os especialistas, apenas situações especialmente difíceis ou inesperadas requerem atenção consciente.

Como só temos consciência do nível reflexivo do processamento consciente, tendemos a acreditar que todo o pensamento humano é consciente. Mas não é. Também tendemos a acreditar que o pensamento pode ser separado da emoção. Essa também é uma afirmativa falsa. Cognição e emoção não podem ser separadas. Os pensamentos cognitivos levam às emoções: as emoções conduzem os pensamentos cognitivos. O cérebro está estruturado para agir sobre o mundo, e cada ação traz consigo expectativas, e estas geram emoções. É por isso que grande parte da linguagem baseia-se em metáforas físicas, e é por isso que o corpo e sua interação com o ambiente são componentes essenciais do pensamento humano.

A emoção é altamente subestimada. Na verdade, o sistema emocional é um poderoso sistema de processamento de informações que funciona em conjunto com a cognição. A cognição tenta dar sentido ao mundo; a emoção atribui valor. É o sistema emocional que determina se uma situação é segura ou ameaçadora, se algo que está acontecendo é bom ou ruim, desejável ou não. A cognição fornece compreensão; a emoção fornece julgamentos de valor. Um ser humano sem um sistema emocional funcional tem dificuldade em fazer escolhas. Um ser humano sem um sistema cognitivo é disfuncional.

Como grande parte do comportamento humano é subconsciente — isto é, ocorre sem consciência —, muitas vezes só sabemos o que estamos prestes a fazer, dizer ou pensar depois de fazê-lo. É como se tivéssemos duas mentes: a subconsciente e a consciente, que nem sempre conversam entre si. Não foi isso o que você aprendeu? É verdade. Há cada vez mais provas de que usamos a lógica e a razão após o fato, para justificar nossas próprias decisões para nós mesmos (nossas mentes conscientes) e para os outros. Acha bizarro? Sim, mas não proteste: aproveite.

O pensamento subconsciente combina padrões, encontrando a melhor correspondência possível entre as experiências passadas e a atual. Ele prossegue de forma rápida e automática, sem esforços. O processamento subconsciente é um dos nossos pontos fortes. É bom para detectar tendências gerais, reconhecer a relação entre o que vivemos agora e o que aconteceu no passado. E é bom em generalizar e fazer previsões sobre tendências gerais, com base em poucos exemplos. Mas o pensamento subconsciente pode encontrar correspondências inadequadas ou equivocadas, e pode não distinguir o comum do distinto. Ele é tendencioso para a regularidade e a estrutura, e é limitado em poder formal. Pode não ser capaz de exercer a manipulação simbólica, do raciocínio cuidadoso através de uma sequência de passos.

O pensamento consciente já é bem diferente. É lento e trabalhoso. É aqui que ponderamos lentamente nossas decisões, pensamos em alternativas e comparamos diferentes escolhas. O pensamento consciente considera primeiro esta abordagem e depois aquela — comparando, racionalizando, encontrando explicações. Lógica formal, matemática, teoria da decisão: estas são as ferramentas do pensamento consciente. Os modos de pensamento consciente e subconsciente são aspectos poderosos e essenciais da vida humana. Ambos podem fornecer ideias perspicazes e momentos criativos. E ambos estão sujeitos a erros, equívocos e falhas.

A emoção interage bioquimicamente com a cognição, banhando o cérebro com hormônios transmitidos pela corrente sanguínea ou por dutos cerebrais, modificando o comportamento dos neurônios. Os hormônios exercem influências poderosas no funcionamento do cérebro. Assim, em situações tensas e ameaçadoras, o sistema emocional desencadeia a liberação de hormônios que induzem o cérebro a se concentrar em partes relevantes do ambiente. Os músculos ficam tensos ao se prepararem para a ação. Em situações calmas e não ameaçadoras, o sistema emocional desencadeia a liberação de hormônios que relaxam os músculos e direcionam o cérebro para a exploração e a criatividade. Agora o cérebro está mais apto a perceber mudanças no ambiente, a se distrair com eventos e a ligar eventos e conhecimentos que poderiam parecer não ter relação antes.

TABELA 2.1 Sistemas de cognição subconsciente e consciente	
Subconsciente	Consciente
Rápido	Lento
Automático	Controlado
Múltiplos recursos	Recursos limitados
Controla o comportamento habilidoso	Evocado em situações novas: ao aprender algo, ao se ver em perigo, quando as coisas dão errado

Um estado emocional positivo é ideal para o pensamento criativo, mas não é muito adequado para executar ações. Em demasia, chamamos a pessoa de desmiolada, pulando de um assunto para outro, incapaz de terminar um pensamento antes que outro venha à mente. Um cérebro em estado emocional negativo fornece foco: exatamente o que é necessário para manter a atenção em uma única tarefa e concluí-la. Se for demais, entretanto, temos uma visão limitada, na qual as pessoas são incapazes de ver além do seu ponto de vista único. Tanto o estado positivo e relaxado quanto o estado ansioso, negativo e tenso são ferramentas valiosas para a criatividade e ação humanas. Os extremos de ambos os estados, contudo, podem ser perigosos.

A COGNIÇÃO E EMOÇÃO HUMANAS

A mente e o cérebro são entidades complexas, ainda tema de muita investigação científica. Uma explicação valiosa dos níveis de processamento dentro do cérebro, aplicável tanto ao processamento cognitivo quanto ao emocional, é pensar em três níveis diferentes de processamento, cada um bastante diferente do outro, mas todos trabalhando em conjunto. Embora esta seja uma simplificação grosseira do processamento real, é uma aproximação bastante eficaz para fornecer orientação em relação à compreensão do comportamento humano. A abordagem que uso aqui vem do meu livro *Design emocional*. Nele, eu sugeri que um modelo aproximado útil da cognição e emoção humanas seria considerar três níveis de processamento: visceral, comportamental e reflexivo.

O nível visceral

O nível mais básico de processamento é chamado *visceral*, aquilo que às vezes é chamado de "cérebro de lagarto". Todas as pessoas possuem as mesmas respostas viscerais básicas, que fazem parte dos mecanismos básicos de proteção do sistema afetivo humano, fazendo julgamentos rápidos sobre o ambiente: bom ou ruim, seguro ou perigoso. O sistema visceral nos permite responder de forma rápida e subconsciente, ou seja, sem discernimento ou controle conscientes. A biologia básica do sistema visceral minimiza a sua capacidade de aprender. A aprendizagem visceral ocorre principalmente por sensibilização ou dessensibilização através de mecanismos como adaptação e condicionamento clássico. As respostas viscerais são rápidas e automáticas. Elas dão origem ao reflexo de sobressalto para acontecimentos novos e inesperados; para comportamentos geneticamente programados como medo de altura, aversão a ambientes escuros ou muito barulhentos, aversão a sabores amargos e gostos por sabores doces, e assim por diante. Observe que o nível visceral responde ao presente imediato e produz um estado afetivo, relativamente não conectado ao contexto ou histórico. Ele simplesmente avalia a situação: não é atribuída nenhuma causa, culpa ou crédito.

Os três níveis de processamento

Reflexivo

Comportamental

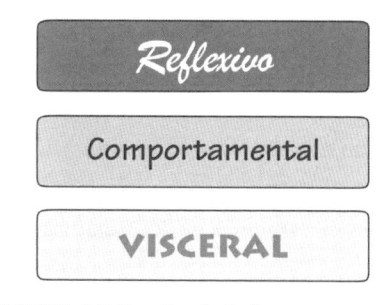

VISCERAL

FIGURA 2.3 **Os três níveis de processamento: visceral, comportamental e reflexivo.** Os níveis visceral e comportamental são subconscientes e abrigam as emoções básicas. O nível reflexivo é onde o pensamento consciente e a tomada de decisão residem, assim como o mais alto nível das emoções.

O nível visceral está fortemente ligado à musculatura do corpo, ao sistema motor. É isso que faz com que os animais lutem, fujam ou relaxem. O estado visceral de um animal (ou de uma pessoa) muitas vezes pode ser lido ao analisar a tensão do corpo: tenso significa um estado negativo; relaxado, um estado positivo. Observe também que costumamos determinar o estado do nosso próprio corpo observando a nossa musculatura. Um autorrelato comum pode ser algo como: "Eu estava tenso, suando, com os punhos cerrados."

As respostas viscerais são rápidas e completamente subconscientes. São sensíveis apenas ao estado atual das coisas. A maioria dos cientistas não as chamam de emoções: elas são precursoras da emoção. Fique na beira de um penhasco e você vai experimentar uma resposta visceral. Ou aproveite o prazer caloroso e reconfortante de uma experiência agradável, quem sabe uma boa refeição.

Para os designers, a resposta visceral tem a ver com a percepção imediata: o prazer de um som suave e harmonioso ou o arranhão estridente e irritante das unhas em uma superfície áspera. É aqui que o estilo importa: as aparências, sejam elas sonoras, sejam elas visuais, táteis ou olfativas, causam respostas viscerais. Isso nada tem a ver com o quão fácil de usar, eficaz ou compreensível o produto é. Tudo é uma questão de atração ou repulsa. Grandes designers usam suas sensibilidades estéticas para impulsionar essas respostas viscerais.

Engenheiros e outras pessoas lógicas tendem a descartar a resposta visceral como algo irrelevante. Os engenheiros orgulham-se da qualidade inerente do seu trabalho e ficam consternados quando produtos inferiores vendem melhor "só porque são mais bonitos". Mas todos nós fazemos esse tipo de julgamento, inclusive estes mesmos engenheiros altamente lógicos. É por isso que eles amam algumas de suas ferramentas e não gostam de outras. As respostas viscerais importam.

O nível comportamental

O nível *comportamental* é o lar das habilidades aprendidas, desencadeadas por situações que correspondem aos padrões apropriados. As ações e análises nesse nível são, em grande parte, subconscientes. Embora geralmente estejamos conscientes de nossas ações, muitas vezes não temos consciência dos detalhes. Quando falamos, é comum que não saibamos o que estamos prestes a dizer até que a nossa mente consciente (a parte reflexiva da mente) nos ouça pronunciando as palavras. Quando praticamos um esporte, estamos preparados para a ação, mas as nossas respostas ocorrem rápido demais para serem controladas de forma consciente: é o nível comportamental que assume o controle.

Quando executamos uma ação bem aprendida, tudo o que precisamos fazer é pensar no objetivo, e o nível comportamental cuida de todos os detalhes: a mente consciente tem pouco ou nenhum trabalho além de criar o desejo de agir. Na verdade, é interessante continuar experimentando. Mexa a mão esquerda, e depois a direita. Mostre a língua ou abra a boca. O que você fez? Você não sabe. Tudo o que sabe é que você "desejou" a ação e as coisas corretas aconteceram. Você pode até tornar as ações mais complexas. Pegue um copo e, com a mesma mão, pegue vários outros itens. Você ajusta automaticamente os dedos e a orientação da mão para tornar a tarefa possível. Só precisa prestar atenção consciente se o copo contiver algum líquido que não queira derramar. Mesmo nesse caso, o controle real dos músculos está abaixo da percepção consciente: concentre-se em não derramar o líquido e as mãos se ajustarão automaticamente.

Para os designers, o aspecto mais crítico do nível comportamental é que cada ação está associada a uma expectativa. Espere um efeito positivo e o resultado será uma resposta afetiva positiva (uma "valência positiva", na literatura científica). Espere um efeito negativo e o resultado será uma resposta afetiva negativa (uma valência negativa): pavor e esperança, ansiedade e antecipação. A informação contida no ciclo de feedback da avaliação confirma ou refuta as expectativas, resultando em satisfação ou alívio, decepção ou frustração.

Estados comportamentais são aprendidos. Eles dão origem a um sentimento de controle quando há uma boa compreensão e conhecimento dos resultados, e frustração e raiva quando as coisas não ocorrem como planejado, principalmente quando nem o motivo nem as soluções possíveis são conhecidos. O feedback proporciona segurança, mesmo quando indica um resultado negativo. A falta de feedback cria uma sensação de perda de controle que pode ser perturbadora. O feedback é fundamental para lidar com as expectativas, e um bom design proporciona isso. O feedback — o conhecimento dos resultados — é a forma como as expectativas são resolvidas; é crucial para a aprendizagem e o desenvolvimento de um comportamento habilidoso.

As expectativas desempenham um papel importante em nossas vidas emocionais. É por isso que os motoristas ficam tensos ao tentar passar por um cruzamento antes de o semáforo ficar vermelho, ou os alunos ficam ansiosos antes de uma prova. A liberação da tensão da expectativa cria uma sensação de alívio. O sistema emocional é especialmente sensível a mudanças de estado — portanto, uma mudança ascendente é interpretada positivamente, mesmo que seja apenas de um estado muito ruim para um estado não tão ruim, assim como é interpretada negativamente a mudança de um estado extremamente positivo para um estado um pouco menos positivo.

O nível reflexivo

O nível *reflexivo* é o lar da cognição consciente. Como consequência, é aqui que se desenvolve a compreensão profunda, onde ocorrem o raciocínio e a tomada de decisão consciente. Os níveis visceral e comportamental são subconscientes e, como resultado, respondem rapidamente, mas sem muita análise. A reflexão é cognitiva, profunda e lenta. Muitas vezes ocorre depois que os eventos aconteceram. É uma reflexão ou uma retrospectiva, avaliando as circunstâncias, as ações e os resultados e, às vezes, designando culpa ou responsabilidade. Os níveis mais elevados das emoções provêm do nível reflexivo, pois é aqui que as causas são atribuídas e onde ocorrem as previsões do futuro. Adicionar elementos causais a eventos vivenciados leva a estados emocionais como arrependimento e orgulho (quando presumimos que somos a causa) e culpa e exaltação (quando se pensa que os outros são a causa). A maioria de nós provavelmente já experimentou os altos e baixos extremos de acontecimentos futuros antecipados, todos imaginados por um sistema cognitivo reflexivo descontrolado, mas intensos o suficiente para criar as respostas fisiológicas associadas à raiva ou ao prazer extremos. A emoção e a cognição estão intimamente interligadas.

O design precisa atuar nos três níveis: visceral, comportamental e reflexivo

Para o designer, talvez o nível de processamento mais importante seja o reflexivo. A reflexão é consciente, e as emoções produzidas nesse nível são as mais duradouras: aquelas que atribuem agência e causa, como culpa e censura ou exaltação e orgulho. As respostas reflexivas fazem parte da nossa memória dos acontecimentos. As memórias duram muito mais do que a experiência imediata ou o período de uso, que são os domínios dos níveis visceral e comportamental. É a reflexão que nos leva a recomendar um produto, a sugerir que outros o utilizem — ou que o evitem.

As memórias reflexivas costumam ser mais importantes que a realidade. Se tivermos uma resposta visceral fortemente positiva, mas problemas de usabilidade decepcionantes no nível comportamental, quando refletirmos sobre o produto, o nível reflexivo poderá muito bem pesar a resposta positiva com força suficiente para que ignoremos as dificuldades comportamentais graves (daí a frase "Coisas atraentes funcionam melhor"). Da mesma forma, se a frustração for predominante, especialmente no estágio final de uso, nossas reflexões podem ignorar as qualidades viscerais positivas. Os anunciantes esperam que o forte valor reflexivo associado a uma marca bem conhecida e de grande prestígio possa dominar o nosso julgamento, apesar de uma experiência frustrante na utilização do produto. As férias são muitas vezes lembradas com carinho, apesar de diários evidenciarem inúmeros desconfortos e angústias.

Os três níveis de processamento funcionam juntos. Todos desempenham papéis essenciais na determinação do gosto ou desgosto de uma pessoa em relação a um produto ou serviço. Uma experiência desagradável com um prestador de serviços pode estragar todas as experiências futuras. Uma experiência excelente pode compensar deficiências passadas. O nível comportamental, que é o lar da interação, também abriga todas as emoções baseadas em expectativas, de esperança e alegria a frustração e raiva. A compreensão surge da combinação dos níveis comportamental e reflexivo. O prazer requer os três. Projetar em todos os três níveis é tão importante que dediquei um livro inteiro a esse tema, *O design emocional*.

Na psicologia, há um extenso debate sobre o que acontece primeiro: emoção ou cognição. Corremos e fugimos porque aconteceu algo que nos amedrontou? Ou sentimos medo porque a nossa mente consciente e reflexiva percebe que estamos correndo? A análise em três níveis mostra que ambas as ideias podem estar corretas. Às vezes, a emoção vem primeiro. Um barulho alto e inesperado pode causar respostas viscerais e comportamentais que nos façam fugir. Então, o sistema reflexivo se percebe fugindo e deduz que está com medo. As ações de correr e fugir ocorrem primeiro e desencadeiam a interpretação do medo.

Mas às vezes a cognição ocorre primeiro. Suponhamos que a rua por onde estamos caminhando chegue a um trecho escuro e estreito. Nosso sistema reflexivo pode evocar inúmeras ameaças imaginárias que nos aguardam. Em algum momento, a representação imaginada dos perigos potenciais é grande o suficiente para acionar o sistema comportamental, fazendo com que a gente se vire, corra e fuja. É aqui que a cognição desencadeia o medo e a ação.

A maioria dos produtos não provoca medo, nem nos faz correr e fugir, mas dispositivos mal concebidos podem induzir frustração e raiva, um sentimento de impotência e desespero e, possivelmente, até ódio. Dispositivos bem concebidos podem induzir orgulho e alegria, uma sensação de estar no controle e de prazer — e até amor e apego. Os parques de diversão são especialistas em equilibrar as respostas conflitantes dos estágios emocionais, proporcionando passeios e brinquedos que desencadeiam respostas de medo nos níveis visceral e comportamental, ao mesmo tempo que fornecem garantias no nível reflexivo de que o parque jamais submeteria ninguém ao perigo real.

Os três níveis de processamento trabalham juntos para determinar o estado cognitivo e emocional de uma pessoa. A cognição reflexiva de alto nível pode desencadear emoções de nível inferior. As emoções de nível inferior podem desencadear a cognição reflexiva de nível superior.

OS SETE ESTÁGIOS DA AÇÃO E OS TRÊS NÍVEIS DE PROCESSAMENTO

Os estágios da ação podem ser facilmente associados aos três níveis diferentes de processamento, como mostra a Figura 2.4. No nível mais baixo, estão os níveis viscerais de calma ou ansiedade ao abordar uma tarefa ou avaliar o estado do mundo. Depois, no nível médio, estão os níveis comportamentais impulsionados pelas expectativas do lado da execução — por exemplo, esperança e medo — e as emoções impulsionadas pela confirmação dessas expectativas do lado da avaliação — por exemplo, alívio ou desespero. No nível mais alto, estão as emoções reflexivas, aquelas que avaliam os resultados em termos dos supostos agentes causais e das consequências, tanto imediatas quanto de longo prazo. É aqui que ocorrem a satisfação e o orgulho, ou talvez a culpa e a raiva.

Um estado emocional importante é aquele que acompanha a imersão completa em uma atividade, um estado que o cientista social Mihaly Csikszentmihalyi chamou de "fluxo". Csikszentmihalyi estuda há tempos como as pessoas interagem com seu trabalho e lazer, e como suas vidas refletem essa mistura de atividades. Quando estão no estado de fluxo, as pessoas perdem a noção do tempo e do ambiente externo. Estão imersos na tarefa que estão executando. Além disso, a tarefa está no nível adequado de dificuldade: difícil o suficiente para constituir um desafio e exigir atenção contínua, mas não tão difícil a ponto de provocar frustração e ansiedade.

O trabalho de Csikszentmihalyi mostra como o nível comportamental cria um poderoso conjunto de respostas emocionais. Nele, as expectativas subconscientes estabelecidas pelo lado da execução do ciclo da ação criam estados emocionais dependentes dessas expectativas. Quando os resultados das nossas ações são avaliados em relação às expectativas, as emoções resultantes afetam nossos sentimentos à medida que avançamos nos muitos ciclos de ações. Uma tarefa fácil, muito abaixo no nosso nível de habilidade, torna tão fácil atender às expectativas que não há desafio. É necessário muito pouco ou nenhum esforço de processamento, o que leva à apatia ou ao tédio. Uma tarefa difícil, muito acima da nossa capacidade, resulta em tantas expectativas fracassadas que causa frustração, ansiedade e desamparo. O estado de fluxo ocorre quando o desafio da atividade excede apenas ligeiramente o nosso nível de habilidade, de modo que é necessário atenção total e contínua. O fluxo exige que a atividade não seja nem muito fácil nem muito difícil em relação ao nosso nível de habilidade. A tensão constante aliada ao progresso e sucesso contínuos pode ser uma experiência envolvente e imersiva, que às vezes dura horas.

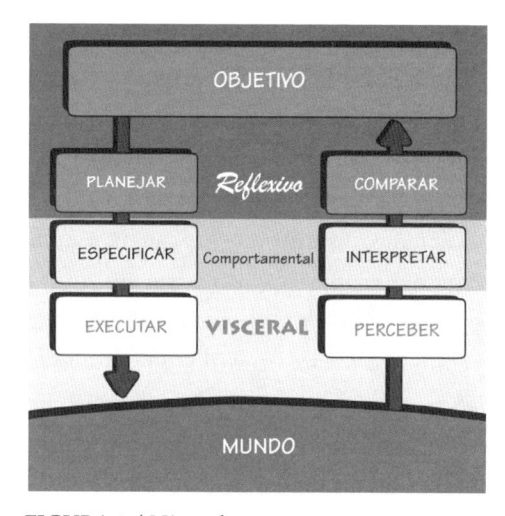

FIGURA 2.4 Níveis de processamento e os estágios do ciclo da ação. A resposta visceral está no nível mais baixo: o controle de músculos simples e a percepção do estado do mundo e do corpo. O nível comportamental diz respeito às expectativas, por isso é sensível às expectativas da sequência de ações e, em seguida, às interpretações do feedback. O nível reflexivo faz parte da atividade de definição de objetivos e planejamento, e também é afetado pela comparação das expectativas com o que realmente aconteceu.

AS PESSOAS COMO CONTADORAS DE HISTÓRIA

Agora que exploramos a forma como as ações são realizadas e os três níveis diferentes de processamento que integram a cognição e a emoção, estamos prontos para analisar algumas das implicações.

De maneira inata, as pessoas estão dispostas a procurar as causas dos acontecimentos, a encontrar explicações e histórias. Esse é um dos motivos pelos quais a contação de histórias é um veículo tão persuasivo. As histórias ressoam com nossas experiências e fornecem exemplos de novos casos. A partir das nossas experiências e das histórias dos outros, tendemos a formar generalizações sobre a forma como as pessoas se comportam e as coisas funcionam. Atribuímos causas aos acontecimentos e, contanto que esses pares de causa e efeito façam sentido, os aceitamos e utilizamos para compreender acontecimentos futuros. No entanto, essas atribuições causais são, muitas vezes, erradas, e, para algumas coisas que acontecem, não existe uma causa única; em vez disso, há uma cadeia complexa de eventos que contribuem para o resultado: se qualquer um dos eventos não tivesse ocorrido, o resultado seria diferente. Mas, mesmo quando não existe um ato causal único, isso não impede que as pessoas inventem um.

Os modelos conceituais são uma forma de história, resultantes da nossa predisposição para encontrar explicações. Esses modelos são essenciais para nos ajudar a compreender nossas experiências, prever o resultado das ações e lidar com ocorrências inesperadas. Baseamos nossos modelos em qualquer conhecimento que tenhamos à disposição, real ou imaginário, ingênuo ou sofisticado.

Os modelos conceituais costumam ser construídos a partir de evidências fragmentárias, com apenas uma fraca compreensão do que está acontecendo, e com uma espécie de psicologia ingênua que postula causas, mecanismos e relações, mesmo quando eles não existem. Alguns modelos errôneos conduzem às frustrações da vida cotidiana, como no caso da minha geladeira impossível de ajustar, no qual meu modelo conceitual do seu funcionamento (ver de novo a Figura 1.10A) não correspondia à realidade (Figura 1.10B). Muito mais graves são os modelos errôneos de sistemas complexos, como de uma instalação industrial ou de um avião de passageiros. Mal-entendidos nesses casos podem resultar em acidentes devastadores.

Considere o termostato do quarto que controla o sistema de aquecimento e resfriamento de ambientes. Como ele funciona? É um aparelho que oferece pouca evidência do seu funcionamento, exceto de maneira extremamente vaga e indireta. Tudo o que sabemos é que, se a sala estiver muito fria, ajustamos para uma temperatura mais alta no termostato. Passado algum tempo, nós nos sentimos mais aquecidos. Observe que o mesmo se aplica ao controle de temperatura de quase todos os dispositivos cuja temperatura precise ser regulada. Você quer assar um bolo? Ajuste o termostato do forno e ele vai esquentar até atingir a temperatura desejada.

Se você está em uma sala fria, com pressa de se aquecer, será que ela aquecerá mais depressa se você ajustar o termostato no máximo? Ou, se quiser que o forno chegue à temperatura de funcionamento mais rápido, será que deveria girar o botão da temperatura até o máximo, e depois diminuir quando a temperatura desejada for alcançada? Ou, para refrigerar uma sala mais depressa, será que você deveria pôr o termostato do ar-condicionado em seu ajuste de temperatura mais baixo?

Se você acha que o quarto ou o forno se aquecerão ou se resfriarão mais rápido se o termostato estiver no ponto de ajuste máximo, você está errado. Você acredita numa lenda urbana sobre termostatos. Uma lenda urbana comumente aceita sobre o funcionamento de um termostato é que ele é como uma válvula: o termostato controla a quantidade de calor (ou de frio) que sai do dispositivo. Portanto, para aquecer ou resfriar algo mais rápido, ajuste o termostato para que o aparelho fique no máximo. A teoria é razoável, e existem dispositivos que funcionam assim, mas nem o equipamento de aquecimento ou refrigeração de uma casa, nem a resistência de um forno tradicional estão entre eles.

Na maioria das casas nos Estados Unidos, o termostato é apenas um botão liga/desliga. Além disso, a maioria dos aparelhos de aquecimento e resfriamento ficam totalmente ligados ou totalmente desligados: tudo ou nada, sem estados intermediários. O resultado é que o termostato liga completamente o aquecedor, o forno ou o ar-condicionado, na potência máxima, até que a temperatura definida no termostato seja atingida. Em seguida, desliga a unidade completamente. Programar o termostato em um extremo não afeta o tempo para atingir a temperatura desejada. Pior, pois uma vez que isso ignora o desligamento automático quando a temperatura desejada é atingida, defini-lo nos extremos invariavelmente significa que a temperatura ultrapassa a meta. Se as pessoas estavam desconfortáveis com o frio ou o calor antes, ficarão desconfortáveis na outra direção, desperdiçando uma energia considerável no processo.

Mas como você poderia saber disso? Que tipo de informação te ajuda a entender como o termostato funciona? O problema de design da geladeira era que não há nenhuma ajuda para compreendermos, nenhuma maneira de formularmos um modelo conceitual correto. Na verdade, a informação fornecida confunde as pessoas, de modo que formulam um modelo errado e bastante inapropriado.

A verdadeira importância do exemplo não é o fato de que algumas pessoas têm teorias errôneas; é que todo mundo formula teorias (modelos conceituais) para explicar o que observa. Na ausência de informações externas, as pessoas ficam livres para deixar a imaginação correr solta, desde que os modelos conceituais que elas desenvolvam se relacionem com os fatos da maneira como são percebidos. Como resultado, as pessoas utilizam seus termostatos de forma inadequada, exigindo do maquinário esforços desnecessários, muitas vezes gerando grandes oscilações de temperatura e desperdiçando energia, que é ao mesmo tempo uma despesa desnecessária e algo prejudicial para o meio ambiente. (Mais adiante, neste capítulo, na página 89, darei um exemplo de termostato que oferece um modelo conceitual útil.)

ATRIBUINDO CULPA ÀS COISAS ERRADAS

As pessoas tentam encontrar causas para os acontecimentos. Tendem a atribuir uma relação causal sempre que duas coisas acontecem em sucessão. Se algo inesperado ocorre na minha casa logo após eu ter feito alguma ação, concluo que o ocorrido foi consequência da minha ação, mesmo que na realidade não exista qualquer relação entre os dois. Da mesma forma, se faço algo esperando um resultado e nada acontece, fico propenso a interpretar essa falta de feedback informativo como uma indicação de que não fiz a ação corretamente: o mais provável, portanto, é repetir a ação, só que com mais força. Está empurrando uma porta e ela não abre? Empurre-a novamente, com mais força. Com aparelhos eletrônicos, se o feedback for um pouco atrasado, as pessoas muitas vezes são levadas a concluir que o botão não foi apertado e, portanto, apertam de novo, às vezes várias vezes, sem saber que o aparelho computou a ação repetidamente. Isso pode levar a resultados indesejados. Apertar um botão de novo pode intensificar a resposta muito mais do que o pretendido. Por outro lado, uma segunda solicitação pode cancelar a anterior, de modo que um número ímpar na execução produz o resultado desejado, enquanto o número par não leva a resultado algum.

A tendência a repetir uma ação quando a primeira tentativa falha pode ser desastrosa. Isso resulta em inúmeras mortes quando pessoas tentam escapar de um edifício em chamas, tentando empurrar portas de saída que abrem para dentro e que deveriam ser puxadas. Como consequência, em muitos países, a lei exige que as portas em locais públicos abram para fora e, além disso, sejam operadas pelas chamadas barras antipânico, para que abram automaticamente quando as pessoas, em pânico para escapar de um incêndio, forçam seus corpos contra elas. Essa é uma ótima aplicação de *affordances* apropriadas: veja a porta na Figura 2.5.

Esforça-se muito para que os sistemas modernos forneçam feedback dentro de 0,1 segundo após qualquer operação, para garantir ao usuário que a solicitação foi recebida. Isso é extremamente importante se a operação levar um tempo considerável. A presença de uma ampulheta ou de ponteiros giratórios é um sinal tranquilizador de que o trabalho está em andamento. Quando o atraso pode ser previsto, alguns sistemas fornecem estimativas de tempo, assim como barras de progresso para indicar o avanço da tarefa. Mais sistemas deveriam adotar essas exibições sensatas para fornecer um feedback preciso e significativo dos resultados.

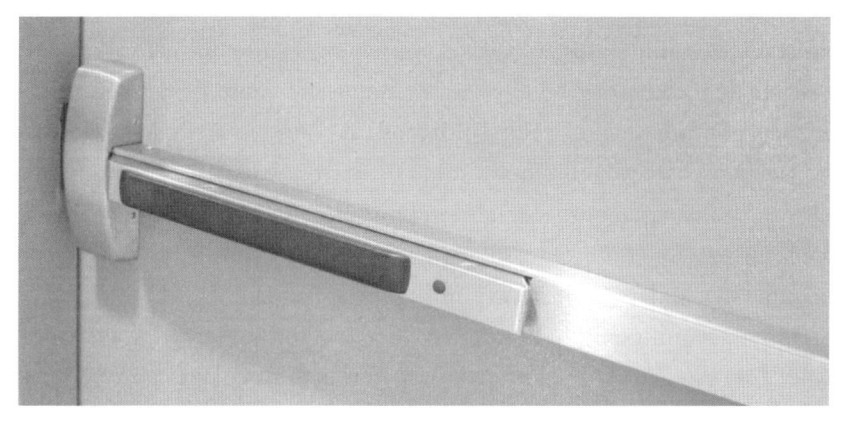

FIGURA 2.5 Barras antipânico nas portas. Pessoas morreriam tentando escapar de um incêndio caso se deparassem com portas de saída que abrissem para dentro, porque continuariam tentando empurrá-las para fora, e, quando isso não acontecesse, só empurrariam com mais força. O design adequado, agora exigido por lei em muitos lugares, é trocar o sistema de abertura das portas de modo que abram ao serem empurradas. Aqui está um exemplo: uma excelente estratégia de design para lidar com o comportamento real das pessoas através do uso de *affordances* adequadas, junto com um significante elegante, a barra preta, que indica onde empurrar. (Foto do autor no Ford Design Center, na Northwestern University.)

Alguns estudos mostram que é aconselhável subestimar — isto é, dizer que uma operação demorará mais tempo do que realmente demorará. Quando o sistema calcula a quantidade de tempo, ele consegue computar uma gama de tempos possíveis. Nesse caso, deverá exibir o intervalo entre eles; se apenas um tempo for desejável, mostrar o mais longo. Dessa forma, as expectativas podem ser superadas, levando a um resultado satisfatório.

Quando é complicado determinar a causa de uma dificuldade, em que situamos a culpa pelo fracasso? É comum as pessoas usarem seus próprios modelos conceituais do mundo para determinar a relação causal percebida entre o objeto de culpa e o resultado. A palavra *percebido* é de importância crucial: a relação causal não precisa existir; a pessoa só precisa pensar que ela está lá. Por vezes, atribuímos a causa a coisas que nada têm a ver com a ação.

Suponhamos que eu tente usar um objeto do dia a dia, mas não consiga. Onde está a culpa: na minha ação ou no objeto? Costumamos culpar a nós mesmos, principalmente se outras pessoas conseguem usar o objeto em questão. Suponhamos que a culpa, na realidade, esteja no aparelho, e que várias pessoas enfrentem os mesmos problemas. Como todos acham que a responsabilidade é sua, ninguém quer admitir a dificuldade. Isso cria uma conspiração de silêncio, mantendo os sentimentos de culpa e a impotência entre os usuários.

De maneira bastante interessante, a tendência comum de nos responsabilizarmos por falhas em objetos cotidianos vai contra as atribuições normais que fazemos sobre nós mesmos e sobre os outros. Todos agem de uma maneira que pode parecer esquisita, bizarra ou simplesmente incorreta e inapropriada às vezes. Ao fazermos isso, tendemos a atribuir nosso comportamento ao ambiente e o das outras pessoas às suas personalidades.

Apresento um exemplo hipotético. Imagine Tom, o terror do escritório. Hoje, Tom chegou tarde ao trabalho, gritou com os colegas porque o café tinha acabado e bateu a porta da sala. "Ah", dizem seus colegas e os outros funcionários, "lá vai ele de novo."

Agora considere o ponto de vista de Tom. "Hoje, tive um dia realmente difícil", explica ele. "Acordei tarde porque meu despertador não tocou. Não tive tempo nem de tomar café da manhã. Não consegui encontrar um lugar para estacionar perto do trabalho, porque cheguei tarde. E não havia mais café na máquina do escritório; nem uma gota. Nada disso foi minha culpa — passei por uma sucessão de acontecimentos desagradáveis. Sim, fui meio ríspido com meus colegas, mas quem não agiria assim nas mesmas circunstâncias?"

Mas os colegas de Tom não têm acesso a seus pensamentos íntimos, nem mesmo às suas atividades matinais. Tudo o que veem é que Tom gritou com eles simplesmente porque a cafeteira do escritório estava vazia. E isso faz com que eles se lembrem de outra ocasião semelhante. "Ele faz isso o tempo todo", concluem, "sempre explode diante dos menores contratempos." Quem tem razão? Tom ou os colegas? Os acontecimentos podem ser vistos sob dois pontos de vista e duas interpretações diferentes: respostas comuns aos percalços da vida ou o resultado de uma personalidade explosiva e geniosa.

Parece natural para as pessoas atribuir a responsabilidade de seus infortúnios ao mundo ao redor. E parece tão natural quanto atribuir a responsabilidade dos infortúnios de outras pessoas à personalidade delas. A propósito, é exatamente a atribuição oposta que é feita quando as coisas correm bem. Quando tudo dá certo, as pessoas creditam isso às suas habilidades e inteligência. Os observadores fazem o inverso. Quando veem as coisas darem certo para alguém, em geral, creditam ao ambiente, ou à sorte.

Em todos os casos, seja uma pessoa assumindo de forma inapropriada a culpa pela incapacidade de fazer objetos simples funcionarem, seja atribuindo o comportamento ao ambiente ou à personalidade, um modelo conceitual errôneo está operando.

O desamparo aprendido ou assimilado

O fenômeno chamado *desamparo aprendido ou assimilado* pode explicar a atribuição de culpa a si próprio. Ele se refere à situação em que as pessoas passam pela experiência de fracassar várias vezes ao tentar cumprir uma tarefa. A consequência é que decidem que a tarefa não pode ser executada, pelo menos não por elas: sentem-se incapazes, desamparadas. Param de tentar. Se esse sentimento engloba várias tarefas, o resultado pode ser uma grande dificuldade em lidar com a vida. Em casos extremos, esse desamparo aprendido ou assimilado resulta em depressão e na crença de que a pessoa não tem condições de lidar com a vida cotidiana. Por vezes, tudo o que é preciso para gerar esse sentimento são algumas poucas experiências que não deram certo. O fenômeno tem sido estudado com mais frequência como um precursor do problema clínico da depressão, mas eu já vi acontecer em consequência de algumas experiências negativas com objetos do cotidiano.

Será que as fobias comuns em relação à tecnologia e à matemática resultam de um tipo de desamparo aprendido ou assimilado? Poderiam alguns casos de fracasso, em situações que parecem ser simples e objetivas, se generalizarem, de modo a abranger todo objeto tecnológico, todo problema matemático? Talvez. De fato, o projeto de design dos objetos do cotidiano (e o projeto de cursos de matemática) parece quase determinado a causar isso. Poderíamos chamar a esse fenômeno de desamparo ensinado.

Quando as pessoas têm dificuldade em usar a tecnologia, sobretudo quando acreditam (mesmo que de forma incorreta) que mais ninguém está tendo os mesmos problemas, elas se sentem culpadas. Ou pior, quanto mais elas têm problemas, mais incapazes se sentem, acreditando que devem ser tecnicamente inaptas. Isso é exatamente o oposto da situação mais comum, em que as pessoas atribuem a culpa das suas próprias dificuldades ao ambiente. Essa falsa culpa é sobretudo irônica, porque o culpado aqui é, em geral, o design ruim da tecnologia, e portanto culpar o ambiente (a tecnologia) seria completamente apropriado.

Considere o currículo normal de matemática, que segue seu caminho implacavelmente, cada nova aula presumindo pleno conhecimento e compreensão de tudo que foi dado antes. Embora cada ponto possa parecer simples, uma vez que você fica para trás, é difícil recuperar o atraso. Resultado: fobia de matemática. Não porque a matéria seja difícil, mas porque é ensinada de tal modo que a dificuldade em um estágio impede o progresso mais adiante. O problema é que, uma vez que a deficiência começa, ela logo se generaliza por toda a matemática, por meio da atribuição de culpa a si mesmo. Processos semelhantes ocorrem com a tecnologia. O círculo vicioso começa: se você falha em alguma coisa, acha que a culpa é sua. Portanto, pensa que não é capaz de executar aquela tarefa. Como resultado, da próxima vez em que precisa executá--la, acreditando não ser capaz, nem sequer tenta. Por consequência, você não consegue, exatamente como pensava.

Você se torna prisioneiro de uma falsa profecia autorrealizável.

Psicologia positiva

Assim como aprendemos a desistir após repetidos fracassos, podemos aprender respostas otimistas e positivas à vida. Durante anos, os psicólogos concentraram-se na história sombria de como as pessoas falharam, nos limites das capacidades humanas e nas psicopatologias — depressão, mania, paranoia, e assim por diante. Mas o século XXI explora uma nova abordagem: concentrar-se em uma psicologia positiva, uma cultura de pensamento positivo, de sentir-se bem consigo mesmo. Na verdade, o estado emocional normal da maioria das pessoas é positivo. Quando algo não funciona, pode ser considerado um desafio interessante, ou talvez apenas uma experiência de aprendizagem positiva.

Precisamos retirar a palavra *fracasso* do nosso vocabulário, substituindo-a por *experiência de aprendizagem*. Falhar é aprender: aprendemos mais com os fracassos do que com os sucessos. Com o sucesso ficamos satisfeitos, claro, mas muitas vezes não temos ideia do motivo pelo qual obtivemos êxito. Com o fracasso, muitas vezes é possível descobrir o porquê, para garantir que nunca mais aconteça de novo.

Os cientistas sabem disso. Eles fazem experimentos para aprender como o mundo funciona. Às vezes, seus experimentos saem conforme o esperado, mas muitas vezes não. São fracassos? Não, são experiências de aprendizagem. Muitas das descobertas científicas mais importantes resultaram desses supostos fracassos.

O fracasso pode ser uma ferramenta de aprendizagem tão poderosa que muitos designers se orgulham dos fracassos que vivenciaram enquanto um produto ainda estava em desenvolvimento. Uma empresa de design, a IDEO, tem como lema: "Fracasse com frequência, fracasse rápido", dizem as pessoas que trabalham lá, pois sabem que cada fracasso ensina muito sobre o que fazer certo. Os designers precisam fracassar, assim como os pesquisadores. Há tempos acredito — e encorajo isso em meus alunos e funcionários — que os fracassos são uma parte essencial da exploração e da criatividade. Se os designers e os pesquisadores não fracassarem de vez em quando, é sinal de que não estão se esforçando o suficiente — não estão tendo os grandes pensamentos criativos que proporcionarão avanços na forma como fazemos as coisas. É possível evitar o fracasso, estar sempre em uma zona de segurança. Mas esse também é o caminho para uma vida monótona e desinteressante.

Os designs dos nossos produtos e serviços também devem seguir essa filosofia. Portanto, para os designers que estão lendo este livro, permitam-me dar alguns conselhos:

- Não culpem as pessoas quando elas falharem em usar corretamente os produtos que vocês projetaram.
- Entendam as dificuldades das pessoas como significantes de como o produto pode ser melhorado.
- Eliminem todas as mensagens de erro dos sistemas eletrônicos ou de computador. Em vez disso, forneçam ajuda e orientação.
- Tornem possível corrigir problemas diretamente a partir de mensagens de ajuda e orientação. Permitam que as pessoas sigam com a sua tarefa: não impeçam o progresso, ajudem a torná-lo agradável e contínuo. Nunca façam as pessoas recomeçarem do zero.
- Presumam que as ações das pessoas estão parcialmente corretas, e se não, forneçam a orientação que lhes permita corrigir o problema e seguir com a execução.
- Pensem positivo, sobre si mesmos e sobre as pessoas com quem interagem.

CULPANDO FALSAMENTE A SI MESMO

Estudo há muito tempo pessoas cometendo erros — por vezes, graves — com aparelhos mecânicos, interruptores de luz e fusíveis, sistemas operacionais de computadores e processadores de texto, e até mesmo aviões e usinas nucleares. Sem exceção, as pessoas se sentem culpadas e tentam esconder o erro ou culpam a si mesmas pela "estupidez" ou "falta de jeito". Muitas vezes tenho dificuldade em obter permissão para assistir: ninguém gosta de ser visto tendo um desempenho ruim. Saliento que o design é defeituoso e que outras pessoas cometem os mesmos erros, mas, quando a tarefa parece simples ou trivial, as pessoas sentem culpa. É quase como se sentissem um orgulho perverso ao se considerarem mecanicamente incompetentes.

Certa vez, uma grande empresa de informática me pediu para avaliar um produto inédito. Passei um dia aprendendo a usá-lo e estudando-o diante de vários problemas. Ao utilizar o teclado para inserir os dados, era necessário diferenciar entre a tecla Retorno e a tecla Enter. Se a tecla errada fosse pressionada, os últimos minutos de trabalho eram irrevogavelmente perdidos.

Relatei esse problema ao designer, explicando que eu mesmo havia cometido esse erro com frequência, e que minhas análises indicavam que era um erro frequente e provável entre os usuários. A primeira resposta do designer foi:

— Por que você cometeu esse erro? Você não leu o manual? — Ele começou a explicar as diferentes funções das duas teclas.

— Sim, sim — expliquei. — Compreendo as duas teclas, simplesmente as confundo. Elas têm funções semelhantes, estão localizadas em locais semelhantes no teclado e, como digitador habilidoso que sou, muitas vezes pressiono Retorno automaticamente, sem pensar. Certamente outras pessoas tiveram problemas parecidos.

— Não! — respondeu ele. Alegou que eu era a única pessoa que havia reclamado e que os funcionários da empresa usavam o sistema havia muitos meses. Eu estava cético, então fomos juntos até alguns funcionários e perguntamos se eles já haviam pressionado a tecla Retorno quando deveriam ter pressionado Enter e se, por consequência, haviam perdido o trabalho em algum momento.

— Ah, sim — responderam. — Fazemos isso direto.

E como ninguém nunca mencionou isso? Afinal, eles foram incentivados a relatar todos os problemas do sistema. O motivo era simples: quando o sistema parava de funcionar ou fazia algo estranho, eles relatavam de forma obediente como um problema. Mas, quando eles mesmos cometiam o erro entre as teclas Retorno e Enter, eles culpavam a si mesmo. Afinal, haviam sido informados sobre como usar o sistema. Tinham simplesmente cometido um engano.

A ideia de que a culpa é da pessoa quando algo dá errado está muito arraigada na sociedade. É por isso que culpamos os outros e até a nós mesmos. Infelizmente, a ideia de que a culpa é da pessoa está inserida no sistema jurídico. Quando acidentes graves ocorrem, são criados inquéritos nos tribunais para avaliar a culpa. Cada vez mais, a culpa é atribuída ao "erro humano". A pessoa envolvida pode ser multada, punida ou demitida. Talvez os procedimentos de treinamento sejam revisados. A lei se mantém, sem alterações. Mas, na minha experiência, o erro humano em geral é resultado de um design ruim: deveria ser chamado de erro de sistema. Os humanos cometem erros o tempo todo;

é parte intrínseca da nossa natureza. O projeto do sistema deve levar isso em consideração. Atribuir a culpa à pessoa pode ser uma maneira confortável de proceder, mas por que o sistema foi concebido de modo que um único ato de uma pessoa possa causar uma calamidade? Pior ainda, pois culpar a pessoa sem corrigir a causa raiz não resolve o problema: é provável que o mesmo erro seja repetido por outra pessoa. Voltarei a esse tópico do erro humano no Capítulo 5.

É claro que as pessoas cometem erros. Dispositivos complexos sempre exigirão alguma instrução, e alguém que os utilize sem conhecimento cometerá erros e ficará confuso. Mas os designers devem ter um cuidado especial para que cometer erros tenha o menor impacto possível. Aqui está o meu manifesto sobre os erros:

> Elimine o termo *erro humano*. Em vez disso, fale sobre comunicação e interação: o que chamamos de erro geralmente é uma comunicação ou interação ruim. Quando as pessoas colaboram umas com as outras, a palavra "erro" nunca é usada para caracterizar a expressão de outra pessoa. Isso porque cada pessoa tenta compreender e responder ao outro, e, quando algo não é compreendido ou parece inadequado, é questionado e esclarecido, a colaboração continua. Por que a interação entre uma pessoa e uma máquina não pode ser considerada uma colaboração?
>
> Máquinas não são pessoas. Elas não conseguem se comunicar e compreender da mesma forma que nós. Isso significa que os designers de máquinas têm uma obrigação especial em garantir que o comportamento das máquinas seja compreensível para as pessoas que interagem com elas. A verdadeira colaboração exige que cada parte faça algum esforço para se adequar e compreender a outra. Quando colaboramos com máquinas, são sempre as pessoas que devem se adaptar. Por que a máquina não pode ser mais amigável? A máquina deveria aceitar o comportamento humano normal, mas, assim como as pessoas muitas vezes avaliam subconscientemente a precisão das coisas que são ditas, as máquinas deviam julgar a qualidade da informação que lhes é dada, neste caso, para ajudar seus operadores a evitar erros graves devido a simples deslizes (explorados no Capítulo 5). Hoje, insistimos que as pessoas tenham um desempenho anormal para se adaptarem às demandas peculiares das máquinas, o que inclui sempre

fornecer informações específicas e precisas. Os seres humanos são particularmente ruins nisso, mas, quando não conseguem satisfazer os requisitos arbitrários e desumanos das máquinas, chamamos de erro humano. Não, isso é um erro de design.

Os designers devem se esforçar para minimizar a chance de ações inadequadas em primeiro lugar, usando *affordances*, significantes, um bom mapeamento e restrições para orientar as ações. Se uma pessoa executa uma ação inadequada, o design deve maximizar a chance de que isso possa ser descoberto e corrigido. Isto requer um feedback bom e inteligível, aliado a um modelo conceitual simples e claro. Quando as pessoas compreendem o que aconteceu, em que estado se encontra o sistema e qual é o conjunto de ações mais apropriado, podem realizar as suas atividades de forma mais eficaz.

As pessoas não são máquinas. As máquinas não precisam lidar com interrupções contínuas; as pessoas, sim. Como resultado, muitas vezes ficamos alternando entre tarefas, tendo que recuperar em que ponto estávamos, o que estávamos fazendo e o que estávamos pensando quando voltamos a uma tarefa anterior. Não é à toa que, muitas vezes, esquecemos onde tínhamos parado quando voltamos à tarefa original, seja pulando ou repetindo um passo, seja retendo de forma imprecisa a informação que estávamos prestes a inserir.

Nossos pontos fortes são nossa flexibilidade e criatividade, nossa capacidade de encontrar soluções para novos problemas. Somos criativos e imaginativos, não mecânicos e precisos. As máquinas exigem precisão e exatidão; as pessoas, não. E somos particularmente ruins em fornecer informações precisas e exatas. Então por que somos sempre obrigados a fazer isso? Por que colocamos os requisitos das máquinas acima dos das pessoas?

Quando as pessoas interagem com as máquinas, as coisas nem sempre correm bem. Isso deve ser esperado. Portanto, os designers deveriam prever esse acontecimento. É fácil projetar dispositivos que funcionem bem quando tudo ocorre conforme o planejado. A parte difícil do design é fazer com que tudo funcione bem mesmo quando as coisas não saem de acordo com os planos.

Como a tecnologia pode se adequar ao comportamento humano

No passado, o custo impedia muitos fabricantes de fornecer um feedback útil que ajudasse as pessoas a formular modelos conceituais precisos. O custo de telas coloridas, grandes e flexíveis o suficiente para fornecer as informações necessárias era proibitivo para aparelhos pequenos e baratos. Mas, à medida que o custo dos sensores e telas diminuiu, tornou-se possível fazer muito mais.

Graças às telas, os telefones estão mais fáceis de usar do que nunca, por isso minhas críticas extensas aos telefones encontradas na edição anterior deste livro foram excluídas. Aguardo com expectativa grandes melhorias em todos os nossos dispositivos agora que a importância desses princípios de design está se tornando reconhecida, e a maior qualidade e os custos mais baixos das telas tornam possível a implementação dessas ideias.

FORNECENDO UM MODELO CONCEITUAL PARA UM TERMOSTATO DOMÉSTICO

Meu termostato, por exemplo (projetado pela Nest Labs), tem uma tela colorida que normalmente fica desligada, ligando-se apenas quando detecta minha presença. Em seguida, o aparelho me informa a temperatura daquele ambiente, a temperatura que está definida e se está aquecendo ou resfriando o cômodo (a cor do fundo da tela muda de preto — quando está estabilizado — para laranja — quando está aquecendo — ou para azul — quando está resfriando). O aparelho aprende os meus padrões diários, por isso muda a temperatura automaticamente, baixando-a na hora de dormir, aumentando-a de novo pela manhã e entrando no modo "ausente" quando detecta que não há ninguém em casa. O tempo todo, o sistema fornece explicações sobre o que está fazendo. Dessa forma, quando tem que alterar substancialmente a temperatura ambiente (seja porque alguém inseriu uma alteração manual, seja porque decidiu que está na hora de mudar), ele dá uma previsão: "Agora a temperatura está 24ºC, chegará a 22ºC em vinte minutos." Além disso, o Nest pode ser conectado sem fio a dispositivos inteligentes que permitem a operação remota do termostato, e também a telas maiores para fornecer uma análise detalhada do seu desempenho,

FIGURA 2.6 Um termostato com um modelo conceitual explícito. Este termostato, fabricado pela Nest Labs, ajuda as pessoas a formarem um bom modelo conceitual do seu funcionamento. A foto A mostra o termostato. O fundo, azul, indica que a casa, neste momento, está sendo resfriada. A temperatura atual é de 75ºF (24ºC), e a temperatura que se deseja atingir é de 72ºF (22ºC), o que deve levar vinte minutos. A foto B mostra o uso de um smartphone para fornecer um resumo de suas configurações e do consumo de energia da casa. A e B se unem para ajudar o morador a desenvolver modelos conceituais do termostato e do consumo de energia da casa. (As fotos são cortesia da Nest Labs, Inc.)

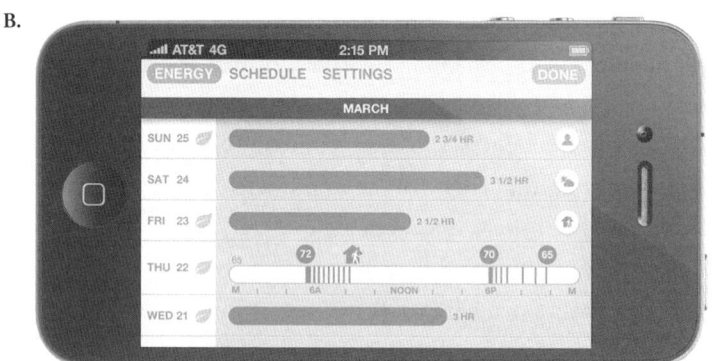

auxiliando o morador a desenvolver um modelo conceitual tanto do aparelho quanto do consumo de energia da casa. O Nest é perfeito? Não, mas é uma melhoria marcante na interação colaborativa entre as pessoas e os aparelhos do dia a dia.

INSERINDO DATAS, HORÁRIOS E NÚMEROS DE TELEFONE

Muitas máquinas são programadas para serem extremamente exigentes quanto à forma de entrada das informações de que necessitam, mas a exigência não é um requisito da máquina em si, e sim fruto da falta de consideração das pessoas que fizeram o projeto de design do software. Em outras palavras: programação inadequada. Considere os exemplos a seguir.

Muitos de nós passamos horas preenchendo formulários em computadores — que exigem nomes, datas, endereços, números de telefone, quantias monetárias e outras informações em um formato fixo e rígido. Pior ainda, muitas vezes nem sequer informam o formato correto até que um erro seja cometido. Por que não descobrir as diversas maneiras que uma pessoa pode preencher um formulário e se adequar a todas elas? Algumas empresas têm feito um excelente trabalho nessa área, por isso, celebremos os seus avanços.

Pense no programa de calendário da Microsoft. Nele, é possível especificar as datas da maneira que desejar: "23 de novembro de 2015", " 23 nov. 2015" ou "23/11/15". Ele aceita até frases como "uma semana a partir de quinta-feira", "amanhã", "uma semana a partir de amanhã" ou "ontem". O mesmo acontece com a hora. Você pode inserir o horário da maneira que quiser: "3h45", "3:35", "uma hora", "duas horas e meia". O mesmo ocorre com os números de telefone: deseja começar com um sinal + (para indicar o código internacional)? Sem problemas. Gostaria de separar os campos numéricos com espaços, travessões, parênteses, barras, pontos? Tudo certo. Contanto que o programa consiga decifrar a data, hora ou número de telefone em um formato legal, ele será aceito. Espero que a equipe que trabalhou nisso tenha recebido bônus, promoções e aumentos de salário.

Embora eu destaque a Microsoft por ser a pioneira na aceitação de uma ampla variedade de formatos, isso agora está se tornando uma prática padrão. Quando você ler isto, espero que todos os programas permitam qualquer formato inteligível para nomes, datas, números de telefone, endereços, e assim por diante, transformando tudo o que for inserido em qualquer formato que a programação interna necessite. Mas prevejo que, mesmo no século XXII, ainda vamos nos deparar com formulários que exijam formatos precisos (mas arbitrários) sem razão alguma, exceto pela preguiça da equipe de programação. Talvez nos anos que se passarem entre a publicação deste livro e o momento em que você estiver lendo-o, grandes melhorias já tenham sido feitas. Se tivermos sorte, esta seção estará bastante desatualizada. Espero que sim.

OS SETE ESTÁGIOS DA AÇÃO: SETE PRINCÍPIOS FUNDAMENTAIS DO DESIGN

O modelo de sete estágios do ciclo da ação pode ser uma ferramenta valiosa de concepção, pois fornece uma lista básica de perguntas a responder. Em geral, cada estágio da ação requer as suas próprias estratégias de concepção especiais e, por sua vez, proporciona a sua própria oportunidade de desastre. A Figura 2.7 resume as perguntas:

1. O que eu quero realizar?
2. Quais são as sequências de ação alternativas?
3. Que ação posso executar agora?
4. Como faço isso?
5. O que aconteceu?
6. O que isso significa?
7. Deu tudo certo? Alcancei meu objetivo?

FIGURA 2.7 Os sete estágios de ação como auxílios de design. Cada um dos sete estágios indica uma área em que a pessoa que utiliza o sistema tem uma dúvida. As sete perguntas apresentam sete temas de design. Como o design deve transmitir as informações necessárias para responder à pergunta do usuário? Através de restrições e mapeamentos, significantes e modelos conceituais, feedback e visibilidade. A informação que ajuda a responder às perguntas de execução (ação) é chamada de *feedforward*. A informação que ajuda a entender o que aconteceu é o *feedback*.

Qualquer pessoa que utilize um produto deve sempre ser capaz de responder a todas as sete perguntas. Isso coloca sobre o designer a responsabilidade de garantir que, em cada estágio, o produto forneça as informações necessárias para responder a cada pergunta.

A informação que ajuda a responder às questões de execução (ação) é o *feedforward*. A informação que ajuda a entender o que aconteceu é o *feedback*. Todo mundo sabe o que é feedback, ele avalia o que já passou. Mas como você pode saber o que fazer? Esse é o papel do feedforward, um termo emprestado da teoria do controle.

O feedforward é realizado através do uso apropriado de significantes, restrições e mapeamentos. O modelo conceitual desempenha um papel importante. O feedback é realizado por meio de informações explícitas sobre o impacto da ação. Mais uma vez, o modelo conceitual desempenha um papel essencial.

Tanto o feedback quanto o feedforward precisam ser apresentados de uma forma que sejam prontamente interpretados pelos usuários do sistema. A apresentação deve corresponder à forma como as pessoas veem o objetivo que estão tentando alcançar e às suas expectativas. A informação deve corresponder às necessidades humanas.

Os insights dos sete estágios de ação nos levam a sete princípios fundamentais de design:

1. **Capacidade de descoberta.** É possível determinar quais ações são possíveis e o estado atual do dispositivo.
2. **Feedback.** Há informações completas e contínuas sobre os resultados das ações e o estado atual do produto ou serviço. Após a execução de uma ação, é fácil determinar o novo estado.
3. **Modelo conceitual.** O design projeta todas as informações necessárias para criar um bom modelo conceitual do sistema, levando à compreensão e à sensação de controle. O modelo conceitual melhora a capacidade de descoberta e a avaliação dos resultados.
4. *Affordances.* As *affordances* adequadas existem para tornar possíveis as ações desejadas.
5. **Significantes.** O uso eficaz de significantes garante a capacidade de descoberta e que o feedback seja bem comunicado e inteligível.
6. **Mapeamentos.** A relação entre os controles e suas ações segue os princípios de um bom mapeamento, aprimorado ao máximo por meio do layout espacial e da contiguidade temporal.
7. **Restrições.** Fornecer restrições físicas, lógicas, semânticas e culturais orienta as ações e facilita a interpretação.

Da próxima vez que você não conseguir descobrir de imediato como regular o chuveiro num quarto de hotel ou enfrentar problemas para usar a televisão ou um aparelho doméstico desconhecido, lembre-se de que o problema está no design. Pergunte a si mesmo onde está o problema. Em qual dos sete estágios de ação ele falha? Quais princípios de design estão faltando?

Mas é fácil encontrar as falhas: a chave é ser capaz de fazer melhor. Pergunte a si mesmo como surgiu a dificuldade. Perceba que muitos grupos diferentes de pessoas podem ter se envolvido, cada um com possíveis razões inteligentes e sensatas para suas respectivas ações. Por exemplo, um chuveiro problemático foi projetado por pessoas que não sabiam como ele seria instalado; em seguida, os controles podem ter sido selecionados por um empreiteiro para se adequar aos planos residenciais fornecidos por outra pessoa. Por fim, um encanador, que pode não ter tido contato com nenhuma das outras pessoas, fez a instalação. Onde surgiram os problemas? Pode ter ocorrido em qualquer um (ou em vários) desses estágios. O resultado pode parecer um design ruim, mas na verdade pode ter ocorrido uma comunicação ineficiente.

Uma das regras que determinei para mim mesmo é: "Não critique, a menos que possa fazer melhor." Tente entender como o projeto equivocado pode ter ocorrido: tente identificar como isso poderia ter sido feito de outra forma. Pensar nas causas e possíveis soluções para um design ruim vai fazer com que você aprecie melhor um bom design. Então, da próxima vez que se deparar com um objeto bem projetado, que consiga usar sem problemas nem esforços logo de primeira, pare e faça uma análise. Pense no quão bem aplicados foram os sete estágios de ação e os princípios do design. Reconheça que a maioria das nossas interações com produtos são, na verdade, interações com um sistema complexo: um bom design requer a consideração de todo o sistema para garantir que os requisitos, intenções e desejos em cada estágio sejam fielmente compreendidos e respeitados em todos os outros estágios.

CAPÍTULO TRÊS

CONHECIMENTO NA CABEÇA E NO MUNDO

Um amigo gentilmente me emprestou seu carro, um Saab clássico antigo. Pouco antes de eu estar a ponto de partir, descobri um bilhetinho para mim: "Eu deveria ter mencionado que, para poder tirar a chave da ignição, o carro precisa estar em marcha a ré." O carro precisa estar em marcha a ré! Se eu não tivesse visto o bilhete, jamais poderia ter imaginado isso. Não havia qualquer indicação física no carro: o conhecimento necessário para esse macete tinha que existir na cabeça do motorista. Se ele não dispõe desse conhecimento, a chave fica na ignição para sempre.

Todos os dias somos confrontados com inúmeros objetos, dispositivos e serviços, e cada um exige comportamentos e ações específicos. No geral, nos viramos muito bem. Nosso conhecimento é muitas vezes bastante incompleto, ambíguo ou até mesmo errado, mas isso não importa: ainda conseguimos viver sem problemas. Como conseguimos fazer isso? Combinamos o conhecimento que está dentro da nossa cabeça com o conhecimento do mundo. Por que fazemos isso? Porque nenhum dos dois sozinho será suficiente.

É fácil mostrar a natureza falha do conhecimento e da memória humanos. Os psicólogos Ray Nickerson e Marilyn Adams mostraram que as pessoas não se lembram da aparência das moedas comuns (Figura 3.1). Embora o exemplo seja da moeda estadunidense de um cêntimo, ou centavo, a conclusão é verdadeira para as moedas do mundo inteiro. Mas, apesar da nossa ignorância sobre a aparência das moedas, usamos nosso dinheiro de forma adequada.

Por que a aparente discrepância entre a precisão do comportamento e a imprecisão do conhecimento? Porque nem todo conhecimento exigido para um comportamento preciso tem de estar na cabeça. Ele pode ser distribuído — parte fica na cabeça, parte no mundo e parte nas restrições do mundo.

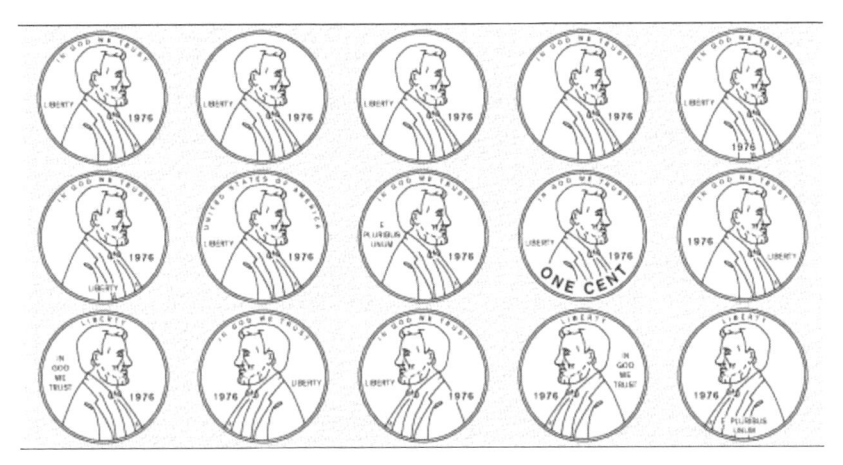

FIGURA 3.1 Qual dessas é a moeda de um cêntimo dos Estados Unidos, equivalente a um centavo? Menos da metade dos estudantes universitários estadunidenses que receberam esse conjunto de desenhos e foram solicitados a selecionar a imagem correta conseguiu fazê-lo. Um desempenho bastante ruim, exceto que os alunos não têm dificuldade alguma em usar o dinheiro. Na vida normal, temos que distinguir entre o centavo e as outras moedas, e não entre várias versões de uma denominação. Embora esse seja um estudo antigo com moedas estadunidenses, os resultados ainda são válidos hoje, usando moedas de qualquer país. (De Nickerson & Adams, 1979, *Cognitive Psychology*, 11 [3]. Reproduzido com permissão da Academic Press via Copyright Clearance Center.)

O COMPORTAMENTO PRECISO VEM DO CONHECIMENTO IMPRECISO

O comportamento preciso pode surgir do conhecimento impreciso por quatro motivos:

1. **O conhecimento está tanto na cabeça quanto no mundo.** Tecnicamente, o conhecimento pode estar apenas na cabeça, uma vez que exige

interpretação e compreensão, mas, uma vez interpretada e compreendida a estrutura do mundo, ela conta como conhecimento. Muito do conhecimento que uma pessoa precisa para realizar uma tarefa pode derivar das informações do mundo. O comportamento é determinado pela combinação do conhecimento da cabeça com o do mundo. Neste capítulo, usarei o termo "conhecimento" tanto para o que está na cabeça quanto para o que está no mundo. Apesar de tecnicamente impreciso, simplifica a discussão e a compreensão.

2. **Não se requer grande precisão.** A precisão, exatidão e integralidade do conhecimento raramente são necessárias. Haverá um comportamento perfeito se a combinação do conhecimento da cabeça e do mundo for suficiente para que se identifique a escolha correta entre todas as outras.

3. **As restrições naturais estão presentes no mundo.** O mundo tem muitas restrições naturais e físicas que limitam os comportamentos possíveis: tal como a ordem em que as partes componentes podem se encaixar e as maneiras pelas quais um objeto pode ser movido, levantado ou manipulado em geral. Este é o conhecimento do mundo. Cada objeto tem características físicas — projeções, depressões, filetes de rosca, apêndices — que limitam seu relacionamento com outros objetos, as operações que podem ser desempenhadas, o que pode ser anexado a ele, e assim por diante.

4. **O conhecimento das restrições e convenções culturais estão presentes na memória.** As restrições e convenções culturais são restrições artificiais aprendidas sobre o comportamento que reduzem o conjunto de ações prováveis, em muitos casos deixando apenas uma ou duas possibilidades. Isso é o conhecimento na cabeça. Uma vez aprendidas, essas restrições aplicam-se a uma ampla variedade de circunstâncias.

Considerando que o comportamento é determinado pela combinação de conhecimentos e restrições internos e externos, as pessoas podem minimizar o volume de conhecimento que precisam aprender, assim como a integralidade, precisão, exatidão ou profundidade do aprendizado. Também podem deliberadamente organizar o ambiente para dar apoio ao seu comportamento.

É possível que analfabetos disfarcem sua inabilidade, mesmo em situações em que seu trabalho exigia conhecimento de leitura. Pessoas com deficiência auditiva (ou com audição normal, mas em ambientes barulhentos) aprendem a usar outros sinais. Muitos de nós somos bem-sucedidos quando enfrentamos situações novas e confusas, nas quais não sabemos o que se espera de nós. Como fazemos isso? Organizamos as coisas de modo que não precisemos ter conhecimento total ou confiamos no conhecimento das pessoas ao nosso redor, copiando seu comportamento ou fazendo com que executem as ações exigidas. Na verdade, é surpreendente o quanto conseguimos esconder nossa própria ignorância, passar por situações sem compreendê-las ou mesmo sem muito interesse no assunto.

Embora seja melhor quando as pessoas têm conhecimento e experiência consideráveis no uso de um determinado produto — conhecimento na cabeça —, o designer pode inserir dicas suficientes no design — conhecimento no mundo — para que um bom desempenho ocorra, mesmo na ausência de conhecimento prévio. Combine os dois, conhecimento na cabeça e conhecimento no mundo, e o desempenho será ainda melhor. Como o designer pode inserir conhecimento no dispositivo em si?

Os Capítulos 1 e 2 introduziram uma ampla gama de princípios fundamentais de design derivados de pesquisas sobre cognição e emoção humanas. Este capítulo vai mostrar como o conhecimento no mundo se une ao conhecimento na cabeça. O conhecimento na cabeça é o conhecimento no sistema humano de memória, portanto este capítulo contém uma breve revisão sobre os aspectos cruciais da memória necessários para o design de produtos utilizáveis. Enfatizo que, para fins práticos, não precisamos conhecer os detalhes das teorias científicas, mas sim aproximações mais simples, mais gerais e mais úteis. Modelos simplificados são a chave para uma aplicação bem-sucedida. O capítulo termina com uma discussão sobre como os mapeamentos naturais apresentam informações no mundo de uma maneira facilmente interpretável e utilizável.

O conhecimento está no mundo

Sempre que o conhecimento necessário para desempenhar uma tarefa estiver facilmente disponível no mundo, nossa necessidade de aprendê-lo diminui. Por exemplo, falta-nos conhecimento a respeito de moedas comuns, embora as reconheçamos muito bem (Figura 3.1). Para sabermos como é a nossa moeda, não precisamos saber todos os detalhes, apenas o suficiente para distinguir o valor de cada uma. Apenas uma pequena minoria precisa saber o suficiente para distinguir dinheiro falsificado de dinheiro legítimo.

Consideremos a datilografia. Muitos datilógrafos não memorizaram o teclado. Geralmente cada letra está identificada, de modo que quem não é datilógrafo pode procurar e ir "catando" letra por letra, contando com o conhecimento que está no mundo e minimizando o tempo necessário para aprender. O problema é que esse tipo de procedimento é lento e difícil. Com experiência, é claro, aqueles que "catam milho" aprendem as posições de muitas das letras no teclado, mesmo sem instrução, e a velocidade de sua datilografia aumenta de maneira notável, rapidamente superando a velocidade de escrever à mão; alguns alcançam níveis bastante respeitáveis. A visão periférica e o toque no teclado oferecem alguma informação sobre a localização das teclas. As teclas usadas com muita frequência tornam-se completamente aprendidas, as utilizadas com pouca frequência não são bem assimiladas, e as outras são parcialmente aprendidas. Mas, enquanto o datilógrafo precisar olhar para o teclado, a velocidade será limitada. O conhecimento está principalmente no mundo, não na cabeça.

Se uma pessoa precisa digitar grandes volumes de material regularmente, vale a pena um investimento adicional: um curso, um livro ou um programa de computador interativo. O importante é saber o posicionamento dos dedos no teclado, aprender a digitar sem olhar e levar o conhecimento sobre o teclado do mundo para dentro da cabeça. Isso leva várias semanas para aprender o sistema e muitos meses de prática para se tornar um especialista. Mas a contrapartida de todo esse esforço é uma velocidade muito maior de digitação, maior precisão e menor carga mental e esforço na hora de datilografar.

Precisamos apenas reter conhecimento suficiente para que consigamos realizar nossas tarefas. Como há tanto conhecimento disponível no ambiente, é surpreendente o quão pouco precisamos aprender. Este é um dos motivos pelos quais as pessoas conseguem funcionar bem no seu ambiente e ainda assim serem incapazes de descrever o que fazem.

As pessoas funcionam por meio do uso de dois tipos de conhecimento: o saber *que* e o saber *como*. O saber *que* — que os psicólogos chamam de *conhecimento declarativo* — inclui o conhecimento de fatos e regras. "Pare no sinal vermelho." "A cidade de Nova York fica a norte de Roma." "A China possui o dobro da população da Índia." "Para tirar a chave da ignição de um Saab, o carro tem de estar em marcha a ré." O conhecimento declarativo é fácil de escrever e de ensinar. Observe que o conhecimento das regras não significa que elas sejam seguidas. Os motoristas em várias cidades, muitas vezes, conhecem bem as leis oficiais de trânsito, mas não necessariamente lhes obedecem. Além disso, o conhecimento não precisa ser verdadeiro. A cidade de Nova York fica, na verdade, ao sul de Roma. A China tem a população apenas um pouco maior do que a da Índia (cerca de dez por cento maior). As pessoas podem saber muitas coisas: isso não significa que sejam verdadeiras.

O saber *como* — que os psicólogos chamam de *conhecimento procedural* — é o conhecimento que permite que uma pessoa seja um músico talentoso, devolva um belo saque de tênis ou mova a língua corretamente ao dizer *casa suja, chão sujo*. O conhecimento procedural é difícil ou quase impossível de ser descrito em texto, e complicado de ensinar. É melhor ensinado por meio da demonstração e melhor aprendido por meio da prática. Mesmo os melhores professores em geral não conseguem descrever o que estão fazendo. O conhecimento procedural é principalmente subconsciente e está presente no nível comportamental de processamento.

O conhecimento no mundo é, de modo geral, fácil de adquirir. Significantes, restrições físicas e mapeamentos naturais são todos sinais perceptíveis que atuam como conhecimento no mundo. Esse tipo de conhecimento é tão comum que mal o consideramos. Está em todo lugar: nas letras do teclado do computador; nas luzes e etiquetas nos controles que nos lembram de sua finalidade e fornecem informações sobre o estado atual do dispositivo. Os equipamentos industriais são repletos de luzes de sinalização, indicadores e outros lembretes. Nós fazemos amplo uso de anotações escritas. Colocamos objetos em lugares específicos para servirem de lembretes. Em geral, as pessoas organizam o ambiente de modo que ele forneça uma quantidade considerável de informações necessárias para que alguma coisa seja lembrada.

Muitas pessoas organizam suas vidas no mundo de forma espacial, criando uma pilha aqui, uma pilha lá, cada uma indicando alguma atividade a ser feita, algum acontecimento em progresso. Provavelmente todo mundo usa esse tipo de estratégia. Olhe ao seu redor para a variedade de maneiras como as pessoas arrumam seus quartos e suas mesas de trabalho. Muitos estilos de organização são possíveis, mas a disposição física e a visibilidade dos itens com frequência transmitem informações sobre a importância relativa.

Quando a precisão é inesperadamente necessária

Normalmente, as pessoas não necessitam de precisão em seus julgamentos. Só é necessário a combinação de conhecimentos no mundo e na cabeça para tornar as decisões inequívocas. Tudo funciona bem, a menos que o ambiente mude de forma que o conhecimento combinado não seja mais suficiente: isto pode causar alguns estragos. No mínimo, três países descobriram esse fato da forma mais dura: os Estados Unidos, quando introduziram a moeda de um dólar estampada com Susan B. Anthony; a Grã-Bretanha, quando introduziu a moeda de uma libra (antes da mudança para a moeda decimal); e a França, quando introduziu a moeda de dez francos (antes da adoção do euro). A nova moeda americana de um dólar era confundida com a já existente de 25 centavos, e a moeda britânica de uma libra era confundida com a moeda existente de cinco *pence*, que tinha o mesmo diâmetro. Eis o que aconteceu na França:

> PARIS *Com grande fanfarra, o governo francês pôs em circulação a nova moeda de dez francos (valendo pouco mais de 1,50 dólar) no dia 22 de outubro [de 1986]. O público olhou para ela, pesou a moeda e começou a confundi-la tão rapidamente com a moeda de meio franco (que vale apenas oito centavos de dólar) que um crescendo de fúria e ridicularização se abateu sobre o governo e a moeda.*

Cinco semanas depois, o ministro da Fazenda Edouard Balladur suspendeu a circulação da moeda. Depois de mais quatro semanas, ele a cancelou por completo.

Em retrospecto, a decisão francesa parece tão tola que é difícil compreender como poderia ter sido tomada. Depois de muito estudo, designers apresentaram uma moeda cor de prata, feita de níquel e ostentando um desenho modernista, feito pelo artista Joaquim Jimenez, de um galo gaulês de um lado e da Marianne, símbolo feminino da república francesa, do outro. A moeda era leve, trazia ranhuras especiais em suas bordas laterais para facilitar sua leitura por máquinas de venda eletrônica e parecia difícil de falsificar.

Mas os designers e burocratas evidentemente estavam tão empolgados com sua criação que ignoraram ou se recusaram a aceitar a semelhança da nova moeda com centenas de milhões de moedas de meio franco de cor prateada, feitas de níquel, em circulação... [cujo] tamanho e peso eram perigosamente semelhantes. (Stanley Meisler. Copyright © 1986, *Los Angeles Times*. Reimpresso com autorização.)

A confusão provavelmente ocorreu porque os usuários de moedas formaram representações em seus sistemas de memória que eram precisas o suficiente apenas para distinguir entre as moedas que eles estavam acostumados a usar. Pesquisas de psicologia sugerem que só armazenamos descrições parciais das coisas a serem lembradas. Nos três exemplos das novas moedas introduzidas nos Estados Unidos, na Grã-Bretanha e na França, as descrições formadas para distinguir entre as moedas antigas não eram precisas o suficiente para diferenciar entre a nova moeda e pelo menos uma das antigas.

Suponhamos que eu mantenha todas as minhas anotações em um pequeno bloco vermelho. Se esse for meu único bloco de anotações, posso descrevê-lo simplesmente como "meu bloco de anotações". Se eu comprar vários outros blocos de anotações, a primeira descrição não funcionará mais. Agora terei de chamar o primeiro de pequeno ou vermelho, ou talvez de pequeno e vermelho, qualquer alternativa que me permita distingui-lo dos demais. Mas e se eu comprar vários blocos vermelhos pequenos? Precisarei encontrar algum outro meio de descrever o primeiro bloco, acrescentando maior riqueza à descrição e, desse modo, à sua capacidade de se destacar entre os vários itens similares.

As descrições só precisam discriminar entre as escolhas que tenho diante de mim, mas o que funciona para um objetivo pode não funcionar para outro.

Nem todos os itens de aparência semelhante causam confusão. Ao atualizar esta edição do livro, procurei se poderia haver exemplos mais recentes de confusões envolvendo moedas. Encontrei esta informação interessante no site Wikicoins.com:

> *Algum dia, um importante psicólogo poderá opinar sobre uma das questões mais desconcertantes do nosso tempo: Se o público americano estava constantemente confundindo o dólar Susan B. Anthony com o quarto de dólar de tamanho aproximadamente semelhante, como também não confundiu a nota de $20 com a nota de $1 de tamanho idêntico?* (James A. Capp, "Susan B. Anthony Dollar", em www.wikicoins.com. Acessado em 29 de maio de 2012.)

Aqui está a resposta. Por que não há confusão? Aprendemos a distinguir entre as coisas procurando características diferentes. Nos Estados Unidos, o tamanho é um aspecto importante na distinção entre moedas, mas não entre o dinheiro em notas. Todas as notas têm o mesmo tamanho, então os estadunidenses ignoram o tamanho e olham para os números e imagens impressos. Consequentemente, muitas vezes confundimos moedas estadunidenses de tamanhos semelhantes, mas raramente confundimos notas estadunidenses de tamanhos semelhantes. Mas as pessoas que vêm de um país que utiliza o tamanho e a cor da sua nota para distinguir entre os montantes (por exemplo, a Grã-Bretanha ou qualquer país que utilize o euro) aprenderam a usar o tamanho e a cor para distinguir entre as notas e, portanto, ficam invariavelmente confusas ao lidar com as notas de dinheiro nos Estados Unidos.

Mais provas confirmatórias vêm do fato de que, embora os residentes de longa data da Grã-Bretanha reclamassem de terem confundido a moeda de uma libra com a de cinco *pence*, os recém-chegados (e as crianças) não fizeram a mesma confusão. Isso porque os residentes mais antigos estavam usando seu conjunto original de descrições, que não incluía facilmente as distinções entre essas duas moedas. Os recém-chegados, no entanto, começaram sem preconceitos e, portanto, formaram um conjunto de descrições para distinguir entre todas as moedas; nessa situação, a moeda de uma libra não apresentava nenhum problema específico. Nos Estados Unidos, a moeda de dólar Susan B. Anthony nunca se tornou popular e já não é mais produzida, e portanto, observações equivalentes não podem ser feitas.

O que se mostra confuso depende muito da história: dos aspectos que nos permitiram distinguir os objetos no passado. Quando as regras relativas à distinção mudam, as pessoas podem ficar confusas e cometer erros. Com o tempo, elas se adaptam e aprendem a diferenciar perfeitamente, e poderão até esquecer o período inicial de confusão. O problema é que, em muitas circunstâncias, em especial em uma situação politicamente relevante como o tamanho, a forma e a cor da moeda, a indignação do público impede uma discussão calma e não permite nenhum tempo de adaptação.

Considere esse um exemplo dos princípios de design interagindo com a praticidade confusa do mundo real. O que parece bom em princípio pode, por vezes, falhar quando apresentado ao mundo. Às vezes, produtos ruins dão certo e produtos bons fracassam. O mundo é complexo.

As restrições simplificam a memória

Antes da ampla alfabetização da população, especialmente antes do advento dos dispositivos de gravação de som, artistas viajavam de aldeia em aldeia recitando longos poemas épicos com milhares de versos. Essa tradição ainda existe em algumas sociedades. Como as pessoas memorizam quantidades tão grandes de material? Será que algumas pessoas têm uma imensa quantidade de conhecimento em suas cabeças? Na verdade, não. O que se passa é que as restrições externas exercem controle sobre a escolha possível de palavras, reduzindo muito a carga da memória. Um dos segredos vem das poderosas restrições da poesia.

Considere as restrições impostas pela rima. Se você quiser rimar uma palavra com outra, geralmente existem muitas alternativas. Mas se precisar de uma palavra com um significado específico e que rime com outra, a combinação das restrições de significado e rima pode causar uma redução drástica no número de possibilidades, muitas vezes chegando a uma única palavra. Às vezes, não há nem uma palavra sequer. Por isso é tão mais fácil memorizar poemas do que criá-los. Os poemas podem ter muitas formas diferentes, mas todos possuem restrições formais em sua construção. As baladas e os contos recitados pelos viajantes contadores de histórias usavam múltiplas restrições poéticas, incluindo rima, ritmo, métrica, assonância, aliteração e onomatopeia, ao mesmo tempo que permaneciam consistentes com a história contada.

Pense nesses dois exemplos a seguir:

> *Primeiro: Estou pensando em três palavras: uma significa "um ser de outro mundo", a segunda é "o nome de um material de construção" e a terceira é "uma unidade de tempo". Que palavras eu tenho em mente?*
>
> *Agora outro exemplo: Procure palavras que rimem. Estou pensando em três palavras: uma que rima com "asma", a segunda com "laço" e a terceira com "pano". Em que palavras estou pensando?* (Rubin & Wallace, 1989.)

Nos dois exemplos, ainda que você tenha encontrado respostas, provavelmente não seriam as mesmas três palavras que eu tinha em mente. Simplesmente não existem restrições suficientes. Mas suponha que eu agora diga que as palavras que estou querendo são as mesmas em ambas as tarefas: Qual é a palavra que significa um ser de outro mundo e que rima com "*asma*"? Qual é a palavra que é o nome de um material de construção e rima com "*laço*"? E qual é a palavra que é uma unidade de tempo e rima com "*pano*"? Agora a tarefa é fácil: a especificação conjunta das palavras restringe completamente a seleção. Quando os psicólogos David Rubin e Wanda Wallace estudaram esses exemplos, as pessoas quase nunca adivinhavam os significados e rimas corretos nas primeiras duas tarefas, mas a maioria respondia corretamente "*fantasma*", "*aço*" e "*ano*" na tarefa combinada.

O estudo clássico de memória para poesia épica foi feito por Albert Bates Lord. Ele viajou pela antiga Iugoslávia (hoje, diversos países separados e independentes) em meados do século XX e encontrou pessoas que ainda seguiam a tradição oral. Demonstrou que o "cantor de contos", a pessoa que aprende poemas épicos e vai de aldeia em aldeia recitando-os, na verdade, os está recriando, compondo poesia de improviso, de tal modo que obedeça à rima, ao tema, ao enredo da história, à estrutura e a outras características do poema. Esse é um feito prodigioso, mas não é um exemplo de memória rotineira de repetição.

O poder de múltiplas restrições permite que um cantor ouça outro cantor declamar uma longa história recitada uma única vez e depois, após um intervalo de algumas horas ou dias, recite "a mesma canção, palavra por palavra, verso por verso". De fato, como Lord ressalta, a declamação original e a nova não são iguais palavra por palavra, mas tanto o ouvinte como o cantor as perceberiam como sendo iguais, mesmo se a segunda versão fosse duas vezes mais longa que a primeira. Elas são iguais nas maneiras que importam para o ouvinte: contam a mesma história, expressam as mesmas ideias e seguem a mesma rima e métrica. Elas são iguais em todos os sentidos que importam para a cultura. Lord mostra exatamente como a combinação de memória para poesia, tema e estilo se juntam a estruturas culturais no que ele chama de uma "fórmula" para produzir um poema percebido como idêntico às declamações anteriores.

A ideia de que alguém deveria ser capaz de recitar palavra por palavra é relativamente moderna. Essa noção só pode ser sustentada depois que os textos impressos se tornaram disponíveis; de outro modo, como seria possível julgar a exatidão da declamação? Talvez, e mais importante, quem se importaria?

Tudo isso não tem qualquer intenção de depreciar a proeza. Aprender e recitar um poema épico tal como a *Odisseia* ou a *Ilíada* de Homero é muito difícil, é claro, mesmo se o cantor o estiver recriando: a versão escrita tem 27 mil versos. Lord salienta que essa extensão é excessiva, provavelmente produzida apenas durante as circunstâncias especiais em que Homero (ou algum outro cantor) ditou a história lenta e repetidamente à pessoa que a escreveu pela primeira vez. Em geral, a duração era variada para acomodar os caprichos do público, e nenhum público normal conseguiria aguentar vinte e sete mil linhas declamadas. Mas, mesmo com um terço do tamanho, nove mil versos, a capacidade de recitar o poema é impressionante: com um segundo por linha, os versos levariam duas horas e meia para serem recitados. É chocante, mesmo sabendo que o poema foi recriado em vez de memorizado, pois nem o cantor nem o público esperam precisão palavra por palavra (e nem teriam qualquer forma de verificar esse fato).

A maioria de nós não aprende poemas épicos. Mas fazemos uso de fortes restrições que servem para simplificar o que deve ser mantido na memória.

Considere um exemplo de um domínio bem diferente: desmontar e remontar um artefato mecânico. Objetos típicos do lar que uma pessoa curiosa poderia tentar consertar incluem uma tranca de porta, uma torradeira e uma máquina de lavar. O objeto ou aparelho com toda a probabilidade terá dezenas de peças. O que precisa ser lembrado de modo a poder remontar as peças na ordem correta? Não tanto quanto poderia parecer numa análise inicial. Em casos extremos, se houver dez peças, existem 10! (fatorial de 10) maneiras diferentes de remontá-las — um pouco mais de 3,5 milhões de opções.

Mas apenas poucas dessas combinações serão possíveis: haverá um número considerável de restrições físicas no arranjo das peças. Alguns componentes devem ser montados antes que seja possível montar outros. Algumas partes componentes são fisicamente impossíveis de se encaixar em pontos reservados para outras: parafusos têm de se encaixar em buracos de diâmetro e profundidade apropriados; porcas e arruelas têm de combinar com parafusos e pinos de tamanhos apropriados; e arruelas sempre têm de ser postas antes das porcas. Existem até restrições culturais: giramos parafusos no sentido horário para apertá-los e no sentido anti-horário para afrouxá-los; as cabeças de parafusos tendem a ficar na parte visível (da frente ou superior) de uma peça, e os pinos ficam na parte menos visível (embaixo, na lateral ou no interior); parafusos para madeira e de máquinas têm aspectos diferentes e são inseridos em tipos de materiais distintos. No final, o número aparentemente grande de decisões fica reduzido a apenas algumas escolhas que deveriam ter sido assimiladas ou observadas e registradas durante a desmontagem. As restrições por si só com frequência não são suficientes para determinar a remontagem apropriada do artefato — erros, sem dúvida, são cometidos —, mas as restrições reduzem o volume do que deve ser aprendido a uma quantidade razoável de informação. As restrições são ferramentas poderosas para o designer: serão examinadas em detalhes no Capítulo 4.

MEMÓRIA É CONHECIMENTO NA CABEÇA

Um antigo conto popular árabe, "Ali Babá e os quarenta ladrões", conta como o pobre lenhador Ali Babá descobriu a caverna secreta de um bando de ladrões. Ali

Babá ouviu os ladrões entrando na caverna e aprendeu as palavras secretas que abriram a caverna: "Abre-te, Sésamo." (*Sésamo* significa "gergelim" em persa.) Seu cunhado, Kasim, obrigou-o a revelar o segredo. Kasim foi até a caverna.

> *Quando ele chegou à entrada da caverna, pronunciou as palavras: "Abre-te, Sésamo!"*
>
> *A porta imediatamente se abriu e, depois que ele entrou, fechou-se às suas costas. Enquanto examinava a caverna, ficou admiradíssimo por encontrar muito mais tesouros do que havia esperado pelo relato de Ali Babá.*
>
> *Ele rapidamente carregou para junto da porta da caverna todas as sacas de ouro que suas dez mulas poderiam carregar, mas seus pensamentos agora estavam tão dominados pela enorme riqueza que possuiria que não conseguia lembrar-se das palavras necessárias para fazer a porta se abrir. Em vez de "Abre-te, Sésamo!", disse "Abre-te, Cevada!". E ficou muito espantado ao perceber que a porta continuava fechada. Disse o nome de vários tipos de grãos, mas ainda assim a porta não se abria.*
>
> *Kasim nunca havia esperado que ocorresse um incidente desse tipo e ficou tão alarmado com o perigo que estava correndo que quanto mais se esforçava para se lembrar da palavra Sésamo, mais sua memória ficava confusa, e ele a esqueceu como se nunca a tivesse ouvido.*
>
> *Kasim nunca saiu de lá. Os ladrões voltaram, cortaram sua cabeça e esquartejaram seu corpo.* (*The Arabian Nights*, edição de 1953.)

A maioria de nós não terá a cabeça decepada se não conseguir se lembrar de um código secreto, mas mesmo assim isso pode ser algo muito difícil de fazer. Uma coisa é memorizar um ou dois códigos secretos: uma combinação, ou uma senha, ou o segredo para abrir uma porta. Mas, quando o número de códigos secretos se torna grande demais, a memória falha. Parece haver uma conspiração calculada para destruir nossa sanidade ao sobrecarregar nossa memória. Muitos códigos, como códigos postais e números de telefone, existem principalmente para facilitar a vida das máquinas e dos seus designers, sem qualquer consideração pelo fardo que recai sobre os usuários. Felizmente, a tecnologia permite que a maioria de nós não precise se lembrar desse conhecimento arbitrário, e sim que ela mesma faça isso por nós: números de telefone, endereços e códigos postais, endereços de sites e de e-mails são todos recuperáveis de forma automática, por isso não precisamos mais memorizá-los. Mas os códigos de segurança são uma questão diferente, e, na interminável e crescente batalha entre os mocinhos e os vilões, o número de códigos arbitrários que devemos lembrar ou de dispositivos de segurança especiais que precisamos carregar conosco continua a aumentar tanto em número quanto em complexidade.

Muitos desses números e códigos devem ser mantidos em segredo. Não há qualquer possibilidade de decorarmos todos esses números ou frases. Depressa: qual era a frase mágica que Kasim estava tentando lembrar para abrir a porta da caverna?

Como a maioria das pessoas lida com isso? Elas usam senhas simples. Estudos mostram que cinco das senhas mais comuns são: "senha", "123456", "12345678", "qwerty" (a sequência de seis letras da primeira linha do teclado) e "abc123". Todas essas senhas são claramente escolhidas por serem fáceis de lembrar e de digitar. E, portanto, todas são fáceis de serem descobertas por um ladrão ou alguém de má-fé. A maioria das pessoas (e eu me incluo aqui) tem um número reduzido de senhas que usa no maior número possível de sites diferentes. Até mesmo os profissionais de segurança admitem isso, violando assim, de maneira hipócrita, suas próprias regras.

Muitos dos requisitos de segurança são desnecessários e descabidamente complexos. Então, por que são exigidos? Por muitas razões. Uma delas é que existem problemas reais: os criminosos falsificam identidades para roubar dinheiro e bens das pessoas. As pessoas invadem a privacidade dos outros, para fins nefastos ou mesmo inofensivos. Professores precisam guardar questões e notas de provas com segurança. Para empresas e nações, é importante manter segredos. Existem muitos motivos para informações serem mantidas atrás de portas trancadas ou paredes protegidas por senhas. O problema é a falta de compreensão adequada das habilidades humanas.

Nós precisamos, sim, de proteção, mas a maioria das pessoas que aplicam os requisitos de segurança nas escolas, nas empresas e no governo são tecnólogas ou possivelmente agentes da lei. Eles entendem o crime, mas não o comportamento humano. Acreditam que são necessárias senhas "fortes", difíceis de adivinhar, e que devem ser alteradas com frequência. Eles não parecem reconhecer que agora precisamos de tantas senhas — mesmo as mais fáceis — que é difícil lembrar qual corresponde a qual requisito. Isso cria uma nova camada de vulnerabilidade.

Quanto mais complexos forem os requisitos de senha, menos seguro será o sistema. Por quê? Porque as pessoas, incapazes de lembrar todas essas combinações, anotam. E, então, onde armazenam esse conhecimento valioso e privado? Na carteira, ou colado no teclado do computador, ou onde for fácil de encontrar, porque é usado com muita frequência. Assim, um ladrão só precisa roubar a carteira ou encontrar a lista, e todas as senhas serão reveladas. A maioria dessas pessoas são trabalhadoras honestas e preocupadas, e são esses indivíduos os mais prejudicados pelos sistemas de segurança complexos, que os impedem de realizar o seu trabalho. Como resultado, muitas vezes é o funcionário mais dedicado que viola as regras de segurança e enfraquece o sistema geral.

Quando eu estava fazendo a pesquisa para este capítulo, encontrei vários exemplos de senhas seguras que obrigam as pessoas a usar dispositivos de memória inseguros para acessá-las. Uma postagem no fórum "Mail Online" do jornal britânico *Daily Mail* descrevia a técnica:

> *Quando eu trabalhava para uma organização governamental local, nós TÍNHAMOS que mudar nossas senhas a cada três meses. Para garantir que eu conseguiria me lembrar, eu costumava escrevê-las em um papel e colá-lo em cima da minha mesa.*

Como podemos nos lembrar de todas essas coisas? A maioria de nós não consegue. Mesmo com o uso de auxílios mnemônicos para fazer algum sentido de tanto material sem sentido. Livros e cursos para aprimorar a memória podem funcionar, mas os métodos são laboriosos de aprender e precisam de prática contínua para se manterem. De modo que nós botamos a memória no mundo, escrevendo coisas em livros, em pedacinhos de papel ou até mesmo na palma da mão. Mas as disfarçamos para enganar os possíveis ladrões. Isso cria outro problema: como as disfarçaremos, como as esconderemos e como nos lembraremos de qual era o disfarce ou onde as pusemos? Ah, as fraquezas da memória...

Onde você deveria esconder alguma coisa para que mais ninguém encontre? Em lugares improváveis, certo? O dinheiro no congelador, as joias no armário de remédios ou dentro de sapatos no armário. A chave para a porta da frente fica escondida debaixo do capacho ou logo abaixo do peitoril da janela. A chave do carro fica no para-lama. As cartas de amor estão num vaso de flores. O problema é que não existem muitos lugares improváveis numa casa. Você pode não se lembrar de onde estão escondidas as cartas de amor ou as chaves, mas o ladrão que vem roubar sua casa sabe. Dois psicólogos que examinaram a questão descreveram o problema da seguinte maneira:

> *Com frequência, existe uma lógica envolvida na escolha de lugares improváveis. Por exemplo, uma companhia de seguros exigiu que uma amiga nossa comprasse um cofre se quisesse pôr no seguro suas pedras preciosas. Admitindo que poderia se esquecer da combinação do cofre, ela refletiu cuidadosamente onde poderia guardar a combinação. A solução que encontrou foi escrever em sua agenda de telefones pessoal sob a letra C, ao lado de Sr. e Sra. Cofre, como se fosse um número de telefone. Aqui existe uma lógica clara e evidente: guarde informações numéricas junto com outras informações numéricas. Ela ficou horrorizada, contudo, quando ouviu um ladrão reformado participando de um programa de entrevistas na televisão dizer que, sempre que encontrava um cofre, seguia direto para o caderno de telefones, porque muitas pessoas mantinham a combinação lá.* (Winograd & Soloway, 1986, "On Forgetting the Locations of Things Stored in Special Places". Reproduzido com autorização.)

Todas essas coisas arbitrárias das quais precisamos lembrar resultam em uma tirania oculta. Está na hora de uma revolta. Mas, antes de nos revoltarmos, é importante sabermos a solução. Conforme observado anteriormente, uma das minhas regras autoimpostas é: "Nunca critique, a menos que tenha uma alternativa melhor." Neste caso, não está claro qual seria o melhor sistema.

Algumas coisas só podem ser resolvidas através de mudanças culturais em grande escala, o que provavelmente significa que nunca serão resolvidas. Por exemplo, tomemos o problema de identificar as pessoas pelos seus nomes. Os nomes das pessoas evoluíram ao longo de milhares de anos, em sua origem, só para distinguir pessoas dentro de famílias e grupos que viviam juntos. O uso de múltiplos nomes (nomes e sobrenomes) é relativamente recente, e mesmo esses não são capazes de distinguir uma pessoa de outras sete bilhões que existem no mundo. Escrevemos primeiro o nome ou o sobrenome? Depende do país em que você está. Quantos nomes uma pessoa tem? Quantos caracteres em cada nome? Quais caracteres são aceitos? Por exemplo, um nome pode incluir um dígito? (Conheço pessoas que tentaram usar nomes como "h3nriqu3". Conheço uma empresa chamada "Autonom3".)

Como um nome é traduzido de um alfabeto para outro? Alguns dos meus amigos coreanos possuem nomes idênticos quando escritos no alfabeto coreano, Hangul, mas que são diferentes quando transliterados para o inglês.

Muitas pessoas mudam de nome quando se casam ou se divorciam e, em algumas culturas, quando passam por acontecimentos significativos na vida. Uma rápida pesquisa na internet revela muitas perguntas de pessoas na Ásia confusas sobre como preencher formulários de passaporte americanos ou europeus porque seus nomes não correspondem aos requisitos solicitados.

E o que acontece quando um ladrão rouba a identidade de uma pessoa, fazendo-se passar por outro indivíduo, e utiliza seu dinheiro e crédito? Nos Estados Unidos, esses ladrões de identidade também podem solicitar ressarcimento do imposto de renda e obtê-lo, e, quando os contribuintes legítimos tentam obter seu reembolso, são informados de que já o receberam.

Certa vez, participei de uma reunião de especialistas em segurança realizada no campus corporativo do Google. O Google, como a maioria das grandes corporações, protege muito seus processos e projetos de pesquisa avançada, por isso a maioria dos prédios estava trancado e vigiado. Os participantes da reunião de segurança não tiveram o acesso permitido (exceto aqueles que trabalhavam no Google, é claro). Nossas reuniões aconteciam numa sala de conferências no espaço público de um prédio seguro. Mas os banheiros ficavam todos dentro de uma área de segurança. Como fazíamos? Essas autoridades mundialmente famosas e líderes em segurança descobriram uma solução: encontraram um tijolo e usaram-no para manter aberta a porta que dava para a área protegida. Lá se foi a segurança: torne uma coisa segura demais, e ela acabará se tornando *menos* segura.

Como resolvemos esses problemas? Como garantimos o acesso das pessoas aos seus próprios registros, contas bancárias e sistemas de informática? Quase todos os esquemas que você possa imaginar já foram propostos, estudados e apresentam defeitos. Marcadores de biometria (padrões de íris ou retina, impressões digitais, reconhecimento de voz, tipo de corpo, DNA)? Todos podem ser falsificados, ou os bancos de dados dos sistemas podem ser manipulados. Depois que alguém consegue enganar o sistema, qual recurso resta? Não é possível alterar os marcadores biométricos, por isso, uma vez que apontam para a pessoa errada, as alterações são extremamente difíceis de fazer.

A força de uma senha é, na verdade, bastante irrelevante, pois a maioria das senhas é obtida por meio de "key loggers" ou é roubada. Um key logger é um software oculto no sistema do seu computador que registra o que você digita e envia para os bandidos. Quando sistemas de computador são invadidos, milhões de senhas podem ser roubadas, e, mesmo que passem por criptografia, os bandidos muitas vezes conseguem descriptografá-las. Em ambos os casos, por mais segura que seja a senha, os bandidos saberão qual é.

Os métodos mais seguros exigem múltiplos identificadores, os mais comuns exigem pelo menos dois tipos diferentes: "algo que você tem" mais "algo que você sabe". O "algo que você tem" é muitas vezes um identificador físico, como um cartão ou uma chave, talvez até algo implantado sob a pele ou um identificador biométrico, como impressão digital ou padrão da íris do olho. O "algo que você sabe" seria o conhecimento na cabeça, provavelmente algo memorizado. O item memorizado não precisa ser tão seguro quanto as senhas atuais porque não funcionaria sem o "algo que você tem". Alguns sistemas permitem uma segunda senha de alerta, de modo que, se bandidos tentarem forçar alguém a inserir uma senha em um sistema, o indivíduo usará a senha de alerta, que avisará as autoridades sobre um acesso ilegal.

A segurança apresenta grandes problemas de design, que envolvem tecnologia complexa e comportamento humano. Existem dificuldades profundas e fundamentais. Há alguma solução? Não, ainda não. Provavelmente ficaremos presos a essas complexidades por bastante tempo.

A ESTRUTURA DA MEMÓRIA

Diga em voz alta os números 1, 7, 4, 2, 8. Em seguida, sem olhar de volta, repita-os. Tente de novo se precisar, talvez fechando os olhos, para "ouvir" melhor o som ainda ecoando em sua atividade mental. Peça a alguém que leia uma frase aleatória para você. Quais eram as palavras? A memória do que acabou de acontecer está disponível imediatamente, clara e completa, sem esforço mental.

O que você comeu no jantar três dias atrás? Agora, a sensação é diferente. Leva mais tempo para lembrar a resposta, que não é tão clara nem tão completa quanto a lembrança do que acabou de acontecer, e é provável que a recuperação exija um esforço mental considerável. A restauração do passado difere da do presente recente. Exige mais esforço, resulta em menos clareza. Na verdade, o "passado" nem precisa ser tão distante. Sem olhar de novo, quais eram aqueles números? Para algumas pessoas, essa recuperação agora exigirá tempo e esforço. (*Learning and Memory*, Norman, 1982.)

Os psicólogos fazem distinção entre duas classes principais de memória: memória de curto prazo (MCP) ou memória de trabalho e memória de longo prazo (MLP). As duas são bastante diferentes, com implicações distintas para o design.

Memória de curto prazo ou memória de trabalho

A memória de curto prazo (MCP) retém as experiências ou os materiais mais recentes que estão sendo computados na mente. É a lembrança do que acabou de acontecer. A informação fica registrada nela de forma automática e é recuperada sem esforço; mas a quantidade de informações que pode ser registrada dessa maneira é extremamente limitada. Algo em torno de cinco a sete itens é o limite da MCP, com o número subindo para dez ou doze se o material for repetido continuamente, o que os psicólogos chamam de "ensaio".

Multiplique 27 vezes 293 na cabeça. Se você tentar fazer isso da mesma forma que faria com papel e caneta, é quase certo que não consiga manter todos os dígitos e respostas intermediárias na MCP. Você vai falhar. O método tradicional de multiplicação é otimizado para papel e caneta. Não há necessidade de minimizar a carga sobre a memória de trabalho porque os números escritos no papel cumprem essa função (conhecimento no mundo), portanto a carga sobre a MCP, sobre o conhecimento na cabeça, é bastante limitada. Existem maneiras de fazer multiplicação mental, mas os métodos são bastante diferentes daqueles que utilizam papel e caneta e requerem muito treinamento e prática.

A memória de curto prazo é de valor inestimável para o desempenho de tarefas do cotidiano, ao nos permitir lembrar palavras, nomes, frases e partes de tarefas: daí seu nome alternativo, memória de trabalho. Mas o material retido na MCP é bastante frágil. Se você é distraído por alguma outra atividade, o material na MCP desaparece. Ela é capaz de registrar um código postal de cinco dígitos ou um número de telefone de sete do momento em que você os consulta até o instante em que são usados — desde que não ocorram distrações. Algarismos de nove a dez dígitos causam dificuldade, e quando o número começa a exceder isso... nem tente. Escreva-os ou divida-os em vários segmentos mais curtos, transformando o número extenso em segmentos menores significativos.

Os especialistas em memória usam técnicas especiais, chamadas *mnemônicas*, para lembrar quantidades surpreendentemente grandes de material, muitas vezes após um único acesso a essa informação. Um método é transformar os dígitos em segmentos significativos (um estudo famoso mostrou como um atleta pensava nas sequências de dígitos como tempos de corrida e, após refinar o método durante um longo período, poderia aprender sequências incrivelmente longas de uma só vez). Um método tradicional usado para codificar longas sequências de dígitos é primeiro transformar cada dígito em uma consoante e, em seguida, transformar a sequência de consoantes em uma frase memorável. Uma tabela-padrão de conversão de dígitos em consoantes existe há centenas de anos, projetada com habilidade para ser fácil de aprender, pois as consoantes podem derivar do formato dos dígitos. Assim, "1" é traduzido como "T" (ou o som semelhante "D"), "2" torna-se "N", "3" vira "M", "4" vira "R" e "5" se transforma em "L" (assim como o 50 em algarismos romanos). A tabela completa e os mnemônicos para aprender os pares são facilmente encontrados na internet, basta pesquisar por "mnemônico de consoante numérica".

Usando a transformação de consoante numérica, a sequência 713792770 traduz-se nas letras CDMCPNQCS, que por sua vez podem virar: "café da manhã com panquecas." A maioria das pessoas não é especialista em decorar longas sequências arbitrárias de qualquer coisa; portanto, embora seja interessante observar truques de memória, seria errado projetar sistemas que presumissem esse nível de proficiência.

A capacidade da MCP é surpreendentemente difícil de medir, pois a quantidade de informação que pode ser retida depende da familiaridade com o material. Além disso, a retenção parece ser de itens significativos, e não de alguma medida mais simples, como segundos ou sons ou letras individuais. A retenção é afetada pelo tempo e pelo número de itens, sendo o segundo mais importante que o primeiro, pois cada novo item diminui a probabilidade de lembrar todos os itens anteriores. Chamamos de itens porque as pessoas conseguem lembrar aproximadamente o mesmo número de dígitos e palavras, e quase o mesmo número de frases simples de três a cinco palavras. Como isso é possível? Suspeito que a MCP contenha algo semelhante a um ponteiro já codificado na memória de longo prazo, o que significa que a capacidade da memória é o número de ponteiros que ela consegue reter. Isso explicaria o fato da extensão ou complexidade ter pouco impacto — é simplesmente o número de itens que importa. Isso não explica totalmente o fato de cometermos erros acústicos na MCP, a menos que os ponteiros sejam mantidos em uma espécie de memória acústica. Este continua sendo um tópico aberto para exploração científica.

As medidas tradicionais da MCP variam de cinco a sete itens, mas, de um ponto de vista prático, é melhor pensar nela contendo apenas de três a cinco itens. Parece um número muito pequeno? Bem, quando você conhece uma pessoa nova, você sempre se lembra do nome dela? Quando você quer ligar para alguém, precisa olhar para o número de telefone várias vezes enquanto o digita? Mesmo pequenas distrações podem eliminar aquilo que tentamos manter na MCP.

Quais são as implicações para o design? Não conte com muita retenção na MCP. Os sistemas de computador muitas vezes aumentam as frustrações das pessoas quando as coisas dão errado, apresentando informações cruciais em uma mensagem que desaparece da tela justamente quando a pessoa precisa usar aquela informação. Então, como as pessoas podem se lembrar das informações fundamentais? Não fico surpreso quando as pessoas batem, chutam ou atacam seus computadores de outras formas.

Já vi enfermeiras anotarem nas mãos informações médicas importantes sobre seus pacientes, porque tais informações desapareceriam se elas se distraíssem por um instante com alguém fazendo uma pergunta. Os sistemas eletrônicos de registros médicos se desconectam automaticamente quando entendem que não estão em uso. Por quê? Para proteger a privacidade do paciente. A causa pode ter bons motivos, mas a ação impõe graves desafios aos enfermeiros que são continuamente interrompidos no seu trabalho por médicos, colegas de trabalho ou demandas de pacientes. Enquanto eles atendem à interrupção, o sistema os desconecta, e eles precisam começar tudo de novo. Não é de admirar que essas pessoas anotassem a informação à mão, embora isso negasse muito do valor do sistema informático na minimização de erros de escrita. Mas o que mais elas poderiam fazer? De que outra forma poderiam obter as informações cruciais? Elas não conseguiam se lembrar de tudo: por isso tinham computadores.

Os limites dos nossos sistemas de memória de curto prazo causados por tarefas interferentes podem ser atenuados por diversas técnicas. Uma delas é através do uso de múltiplas modalidades sensoriais. A informação visual não interfere muito na auditiva, as ações não interferem muito no material auditivo ou escrito. A sensação tátil (o toque) também interfere minimamente. Para maximizar a eficiência da memória de trabalho, é melhor apresentar informações diferentes em modalidades distintas: visão, som, toque (tátil), audição, localização espacial e gestos. Os automóveis devem utilizar a apresentação auditiva das instruções de direção e a vibração tátil do lado apropriado do banco ou do volante do motorista para avisar quando os motoristas saem de suas faixas, ou quando há outros veículos à esquerda ou à direita, de modo a não interferir no processamento visual das informações de condução. A direção é principalmente visual, portanto o uso de modalidades auditivas e táteis minimiza a interferência na tarefa visual.

Memória de longo prazo

A memória de longo prazo (MLP) é a lembrança do passado. Via de regra, é preciso algum tempo para que o material seja armazenado na MLP, e esforço para recuperá-lo. O sono parece desempenhar um papel importante no fortalecimento das memórias das experiências de cada dia. Observe que não nos lembramos de nossas experiências como um registro exato, mas como fragmentos que são reconstruídos e interpretados cada vez que recuperamos as memórias, o que significa que estão todas sujeitas às distorções e mudanças que o mecanismo explicativo humano impõe à vida. O quão bem poderemos recuperar experiências e conhecimentos da MLP depende muito de como o material foi interpretado em primeiro lugar. O que está armazenado na MLP sob uma determinada interpretação não poderá ser encontrado mais tarde, se procurado sob alguma outra interpretação. Quanto ao tamanho da memória, ninguém sabe ao certo: gigaitens ou teraitens. Nem sabemos que tipos de unidades devem ser usadas. Seja qual for o tamanho, é tão grande que não impõe qualquer limite prático.

O papel do sono no fortalecimento da MLP ainda não foi compreendido por completo, mas existem inúmeros trabalhos que investigam o tema. Um mecanismo possível é o do ensaio. Há muito se sabe que o ensaio do material — revisá-lo mentalmente enquanto ainda está ativo na memória de trabalho (MCP) — é um componente importante da formação de traços da memória de longo prazo. "O que quer que você ensaie durante o sono vai determinar o que você lembrará mais tarde e, da mesma forma, o que você esquecerá", diz o professor Ken Paller, da Northwestern University, um dos autores de um estudo recente sobre o assunto (Oudiette, Antony, Creery e Paller, 2013). Mas, embora o ensaio durante o sono fortaleça as memórias, ele também pode falsificá-las: "As memórias no nosso cérebro mudam o tempo todo. Às vezes, você melhora o armazenamento da memória ensaiando todos os detalhes, então talvez mais tarde você se lembre melhor — ou talvez pior, se tiver embelezado demais o ensaio."

Você se lembra de como respondeu a essa pergunta do Capítulo 2?

Na casa em que você morou três casas antes da atual, quando você entrava pela porta da frente, a maçaneta ficava no lado esquerdo ou direito?

Para a maioria das pessoas, a pergunta exige um esforço considerável simplesmente para lembrar qual é a casa em questão, além de uma das técnicas especiais descritas no Capítulo 2 que envolvem voltar à cena e reconstruir a resposta. Esse é um exemplo de memória processual, de como fazemos as coisas, em oposição à memória declarativa, para informações e fatos. Em ambos os casos, pode ser necessário bastante tempo e esforço para chegar à resposta. Além disso, a resposta não é recuperada diretamente de maneira análoga à forma como lemos respostas em livros ou sites, ela é uma reconstrução do conhecimento, por isso está sujeita a preconceitos e distorções. O conhecimento na memória é significativo, e, no momento da recuperação, a pessoa pode sujeitá-lo a uma interpretação significativa diferente daquela que é totalmente precisa.

Uma grande dificuldade na MLP está na organização. Como encontramos as coisas que estamos tentando lembrar? A maioria das pessoas já viveu a experiência da "ponta da língua" ao tentar lembrar um nome ou uma palavra: há uma sensação de saber, mas o conhecimento não está disponível de forma consciente. Algum tempo depois, quando estiver envolvido em alguma atividade diferente, o nome pode surgir de repente na mente consciente. A forma como as pessoas recuperam o conhecimento necessário ainda é desconhecida, mas provavelmente envolve alguma forma de mecanismo de correspondência de padrões, além de um processo de confirmação que verifica a consistência com o conhecimento solicitado. É por isso que, ao procurar uma palavra e recuperar a palavra errada de novo e de novo, você sabe que ela está errada. Como essa falsa recuperação impede a recuperação correta, você precisa recorrer a alguma outra atividade para permitir que o processo de recuperação da memória subconsciente se reinicie.

A recuperação é um processo reconstrutivo, e por isso pode ser errôneo. Podemos reconstruir os acontecimentos da forma como preferiríamos lembrá-los, em vez da forma como os vivenciamos. É relativamente fácil influenciar as pessoas para que formem memórias falsas, "lembrando-se" de acontecimentos das suas vidas com grande clareza, mesmo que nunca tenham ocorrido. Essa é uma das razões pelas quais o depoimento de testemunhas oculares em tribunais é tão problemático: essas testemunhas são notoriamente pouco confiáveis. Um grande número de experimentos psicológicos mostra como é fácil implantar memórias falsas na mente das pessoas de forma tão convincente que elas se recusam a admitir que a memória seja de um evento que nunca aconteceu.

A memória humana é essencialmente o conhecimento na cabeça ou o conhecimento interno. Se examinarmos como as pessoas usam a memória e como recuperam o conhecimento, descobrimos uma variedade de categorias. Duas são importantes para nós agora:

1. *Memória para coisas arbitrárias.* Os itens a serem armazenados são arbitrários, sem qualquer significado e nenhuma relação específica entre si ou com coisas já conhecidas.
2. *Memória para coisas significativas.* Os itens a serem armazenados formam relações significativas entre si ou com outras coisas já conhecidas.

Memória para coisas arbitrárias e significativas

O conhecimento arbitrário pode ser classificado como o simples lembrar-se das coisas, sem nenhum significado ou estrutura subjacente. Um bom exemplo é a memória das letras do alfabeto e sua respectiva ordem, dos nomes das pessoas e de um vocabulário estrangeiro, nos quais parece não haver nenhuma estrutura óbvia do material. Isso também se aplica ao aprendizado das sequências de senhas, comandos, gestos e procedimentos arbitrários da maior parte da nossa tecnologia moderna: Isso é aprendizagem mecânica, a perdição da existência moderna.

Algumas coisas requerem aprendizagem mecânica: as letras do alfabeto, por exemplo; mas mesmo nesse caso acrescentamos estrutura à lista de letras que seria sem sentido de outra forma, transformando o alfabeto em uma canção, usando as restrições naturais da rima e do ritmo para criar alguma estrutura.

A aprendizagem mecânica cria problemas. Primeiro, porque o que está sendo aprendido é arbitrário, o aprendizado é difícil, pode custar tempo e esforço consideráveis. Segundo, quando surge um problema, a sequência memorizada de ações não dá qualquer indicação do que deu errado, nem qualquer sugestão do que pode ser feito para corrigir o problema. Embora algumas coisas sejam apropriadas para serem aprendidas mecanicamente (as letras do alfabeto, por exemplo), a maioria não é. Infelizmente, esse ainda é o método dominante de instrução em muitos sistemas escolares, e até mesmo para grande parcela da formação de adultos. É assim que se ensina algumas pessoas a usar computadores ou a cozinhar. É assim que precisamos aprender a usar algumas das novas engenhocas (mal projetadas) da nossa tecnologia.

Aprendemos associações ou sequências arbitrárias fornecendo estrutura a elas de maneira artificial. A maioria dos livros e cursos sobre métodos para melhorar a memória (mnemônicos) usa uma variedade de métodos-padrão para fornecer estrutura, mesmo para coisas que possam parecer completamente arbitrárias, como listas de compras ou a correspondência de nomes de pessoas com sua aparência. Como vimos na discussão desses métodos para MCP, até mesmo sequências de dígitos podem ser lembradas se puderem ser associadas a estruturas significativas. As pessoas que não receberam esse treinamento, ou que não inventaram elas próprias algum método, muitas vezes tentam fabricar alguma estrutura artificial, mas ela com frequência é insatisfatória, e é por isso que esse aprendizado é tão ruim.

A maioria das coisas no mundo tem uma estrutura sensata e que simplifica e muito a tarefa da memória. Quando as coisas fazem sentido, elas correspondem a conhecimentos que já possuímos, de modo que o novo material pode ser compreendido, interpretado e integrado com o material adquirido anteriormente. Agora podemos usar regras e restrições para nos ajudar a compreender que tipos de coisas combinam com outras. A estrutura significativa pode organizar o caos e a arbitrariedade aparentes.

Você se recorda da apresentação de modelos conceituais no Capítulo 1? Parte do poder de um bom modelo conceitual está na sua capacidade de fornecer significado às coisas. Vamos examinar um exemplo, para mostrar como uma interpretação significativa transforma uma tarefa aparentemente arbitrária em uma tarefa natural. Observe que a interpretação apropriada pode não ser evidente num primeiro momento; ela também é conhecimento e tem de ser descoberta.

Um colega japonês, o professor Yutaka Sayeki, da Universidade de Tóquio, tinha dificuldade para se lembrar de como usar o comando das setas indicadoras de mudança de direção no lado esquerdo do guidão de sua motocicleta. Mover o comando para a frente sinalizava uma curva para a direita; para trás, uma curva para a esquerda. O significado do comando era claro e não ambíguo, mas a direção para a qual deveria ser movido não era. Sayeki sempre pensava que, porque o comando ficava no lado esquerdo do guidão, o empurrar para a frente deveria sinalizar uma curva à esquerda. Isto é, ele estava tentando mapear a ação "empurrar o comando esquerdo para a frente" como a intenção de "virar à esquerda", o que estava errado. Como resultado, ele tinha dificuldade para lembrar que direção do comando deveria ser usada para indicar curva com mudança de direção para cada um dos lados. A maioria das motocicletas tem o comando da seta indicadora de mudança de direção montado de maneira diferente, com giro em um ângulo de 90º, de modo que o mover para a esquerda sinaliza uma curva à esquerda e movê-lo para a direita sinaliza uma curva à direita. Esse mapeamento é fácil de aprender (e é um exemplo de mapeamento natural, discutido no final deste capítulo). Mas o comando indicador de mudança de direção da motocicleta de Sayeki se movia para a frente e para trás, não para a esquerda e para a direita. Como ele poderia aprendê-lo?

Sayeki resolveu o problema ao reinterpretar a ação. Examine com atenção a maneira como giram os manetes de guidão de motocicletas. Para fazer uma curva à esquerda, o manete do guidão da esquerda se move para trás. Para uma curva à direita, o manete do guidão da esquerda se move para a frente. Os movimentos exigidos do comando de mudança de direção copiavam exatamente os deslocamentos do guidão. Se a tarefa for reformulada e concebida como sinalizando a direção do movimento do manete do guidão em vez da direção da motocicleta, o movimento do comando pode mimetizar o movimento desejado; finalmente temos um mapeamento natural.

Quando o movimento do comando parecia arbitrário, era difícil de lembrar. Depois que o professor Sayeki inventou uma relação significativa, passou a achar fácil se lembrar da operação correta do comando. (Motociclistas experientes dirão que esse modelo conceitual está errado: para fazer uma curva com a motocicleta, primeiro é preciso virar o guidão na direção oposta da curva. Isso é discutido no Exemplo 3 da próxima seção, "Modelos aproximados").

As implicações para o design são claras: forneça estruturas significativas. Talvez a melhor solução seja tornar a memória desnecessária: colocar as informações exigidas no mundo. Este é o poder da interface gráfica de usuário tradicional, com sua estrutura de menu antiquada. Na dúvida, é sempre possível examinar todos os itens do menu até encontrar o desejado. Mesmo os sistemas que não utilizam menu precisam fornecer alguma estrutura: restrições apropriadas e funções obrigatórias, um bom mapeamento natural e todas as ferramentas de feedforward e feedback. A maneira mais eficaz de ajudar as pessoas a se lembrarem é tornar a memória desnecessária.

MODELOS APROXIMADOS: A MEMÓRIA NO MUNDO REAL

O pensamento consciente exige tempo e recursos mentais. As competências bem aprendidas ultrapassam a necessidade de supervisão e controle conscientes: o controle consciente só é necessário para a aprendizagem inicial e para lidar com situações inesperadas. A prática contínua automatiza o ciclo de ação, minimizando a quantidade de pensamento consciente e de resolução de problemas necessários para agir. A maioria dos comportamentos especializados e habilidosos funciona dessa forma, seja jogando tênis, seja tocando um instrumento musical, fazendo matemática ou ciência. Os especialistas minimizam a necessidade de raciocínio consciente. O filósofo e matemático Alfred North Whitehead declarou esse princípio há mais de um século:

> *É um truísmo profundamente equivocado, repetido por todos os livros e pessoas eminentes quando fazem discursos, que devemos cultivar o hábito de pensar no que estamos fazendo. O exato oposto é o caso. A civilização avança ampliando o número de operações importantes que podemos realizar sem pensar.* (Alfred North Whitehead, 1911.)

Uma forma de simplificar o pensamento é utilizar modelos simplificados, aproximações do verdadeiro estado subjacente das coisas. A ciência lida com a verdade, a prática lida com aproximações. A prática não precisa da verdade: precisa de resultados relativamente rápidos que, embora inexatos, sejam "bons o suficiente" para o propósito a que serão aplicados. Considere os exemplos a seguir:

Exemplo 1: Convertendo temperaturas entre Fahrenheit e Celsius

Neste momento, faz 55ºF do lado de fora da minha casa na Califórnia. Qual é a temperatura em graus Celsius? Rápido, faça a conversão na sua cabeça sem usar nenhuma tecnologia. Qual é a resposta?

Tenho certeza de que todos se lembram da fórmula de conversão:

$$ºC = (ºF - 32) \times 5 / 9$$

Insira na fórmula 55 no lugar de ºF, e fica ºC = (55-32) x 5 / 9 = 12,8º. Mas a maioria das pessoas não consegue fazer isso sem papel e caneta, pois há muitos números intermediários para manter na MCP.

Quer um jeito mais simples? Tente essa aproximação — você consegue fazer de cabeça, sem precisar escrever:

$$ºC = (ºF-30) / 2$$

Insira 55 no lugar de ºF, e fica ºC = (55-30) / 2 = 12,5º. A equação é uma conversão exata? Não, mas a resposta aproximada de 12,5 é próxima o suficiente do valor correto de 12,8. Afinal de contas, eu só queria saber se deveria pegar um casaco. Qualquer valor com menos de º5F de diferença do valor real funcionaria para esse propósito.

As respostas aproximadas costumam ser suficientes, mesmo que tecnicamente incorretas. Esse método de aproximação simples para conversão de temperatura é "bom o suficiente" para temperaturas internas e externas na faixa normal: está dentro de uma margem de 3ºF (ou 1,7ºC) na faixa de -5º a 25ºC (20º a 80ºF). Fica mais distante em temperaturas mais baixas ou altas, mas para o uso diário é maravilhoso. As aproximações são boas o suficiente para uso prático.

Exemplo 2: Um modelo da memória de curto prazo

Segue aqui um modelo aproximado para MCP:

> *Existem cinco espaços disponíveis na memória de curto prazo. Cada vez que um novo item é adicionado, ele ocupa um espaço, eliminando tudo o que estava ali antes.*

Este modelo é verdadeiro? Não, nem um único pesquisador de memória no mundo inteiro acredita que esse seja um modelo preciso de MCP. Mas é bom o suficiente para aplicações. Use esse modelo e seus designs serão mais utilizáveis.

Exemplo 3: Conduzindo uma motocicleta

Na seção anterior, aprendemos como o professor Sayeki mapeou a troca de direção da sua motocicleta para suas setas de mudança de direção, permitindo-lhe lembrar-se do seu uso correto. Mas, então, eu salientei que o modelo conceitual estava errado.

Por que o modelo conceitual para dirigir uma motocicleta é útil, mesmo sendo errado? Dirigir uma moto é contraintuitivo: para virar à esquerda, o guidão deve primeiro ser girado para a direita. Isto é chamado de contradireção, e viola os modelos conceituais da maioria das pessoas. Por que isso é verdade? Não deveríamos girar o guidão para a esquerda para fazer uma curva para a esquerda? O componente mais importante para virar um veículo de duas rodas é a inclinação: quando a moto vira à esquerda, o motociclista inclina-se para a esquerda. A contradireção faz com que o piloto se incline adequadamente: quando o guidão é girado para a direita, as forças resultantes sobre o piloto fazem com que o corpo se incline para a esquerda. Essa mudança de peso faz com que a motocicleta vire para a esquerda.

Motociclistas experientes muitas vezes fazem as operações corretas de forma inconsciente, sem perceber que iniciam uma curva girando o guidão na direção oposta à pretendida, violando assim seus próprios modelos conceituais. Os cursos de treinamento de motociclistas precisam realizar exercícios especiais para convencer os condutores de que é isso o que estão fazendo.

Você pode testar esse conceito contraintuitivo em uma bicicleta ou motocicleta atingindo uma velocidade confortável, colocando a palma da mão na extremidade esquerda do guidão e empurrando-o suavemente para a frente. O guidão e a roda dianteira girarão para a direita e o seu corpo se inclinará para a esquerda, fazendo com que a bicicleta — e o guidão — gire para a esquerda.

O professor Sayeki estava plenamente consciente dessa contradição entre o seu esquema mental e a realidade, mas queria que o seu auxílio à memória correspondesse ao seu modelo conceitual. Os modelos conceituais são dispositivos explicativos poderosos, úteis em diversas circunstâncias. Eles não precisam ser precisos, desde que levem ao comportamento correto na situação desejada.

Exemplo 4: A aritmética do "bom o suficiente"

A maioria de nós não é capaz de multiplicar dois números grandes na cabeça: esquecemos em que parte do cálculo estamos ao longo do processo. Especialistas em memória conseguem fazer isso depressa e sem muito esforço, surpreendendo o público com suas habilidades. Além disso, os números saem da esquerda para a direita, da forma como os usamos, e não da direta para a esquerda, à medida que os escrevemos enquanto usamos laboriosamente papel e caneta para calcular as respostas. Esses especialistas usam técnicas especiais que minimizam a carga na memória de trabalho, mas ao custo de aprender vários métodos específicos para diferentes tipos e formas de problemas.

Isso não é algo que todos deveríamos aprender? Por que os sistemas escolares não ensinam essas técnicas? Minha resposta é simples: para que tanto trabalho? Posso estimar a resposta na minha cabeça com uma precisão razoável, muitas vezes boa o suficiente para o propósito. Quando necessito de precisão e exatidão... Bem, é para isso que servem as calculadoras.

Você se lembra do meu exemplo anterior, multiplicar 27 vezes 293 de cabeça? Por que alguém precisaria saber essa resposta exata? Uma resposta aproximada é boa o suficiente e muito fácil de obter. Mude 27 para 30 e 293 para 300. Ou seja, 30 x 300 = 9.000 (3 x 3 = 9, e adicione de novo os três zeros). A resposta exata é 7.911, portanto, a estimativa de 9.000 é apenas 14% maior. Em muitos casos, isso é bom o suficiente. Quer um pouco mais de precisão? Mudamos o 27 para 30 para facilitar a multiplicação. Então depois subtraia 3 x 300 da resposta (9.000 - 900). Agora temos 8.100, que tem margem de precisão de 2%.

É raro precisarmos saber as respostas de problemas aritméticos complexos com muita precisão: quase sempre, uma estimativa é suficiente. Quando a precisão for necessária, use uma calculadora. É para isso que servem as máquinas: para fornecer precisão. Para a maioria dos propósitos, as estimativas são boas o suficiente. As máquinas deveriam se concentrar na resolução de problemas aritméticos. As pessoas deveriam se concentrar em questões de nível superior, como o motivo pelo qual a resposta era necessária.

A não ser que sua ambição seja se tornar um artista performático e surpreender pessoas com grandes habilidades de memória, aqui vai uma maneira mais simples de melhorar drasticamente sua memória e precisão: anote as coisas. Escrever é uma tecnologia poderosa: por que não usá-la? Use um bloco de papel ou as costas das mãos. Escreva ou digite. Use um telefone ou um computador. Dite. É para isso que serve a tecnologia.

A mente sem ajuda é surpreendentemente limitada. São as coisas que nos tornam inteligentes. Use-as a seu favor.

Teoria científica *versus* prática cotidiana

A ciência busca pela verdade. Como resultado, os cientistas estão sempre debatendo, discutindo e discordando uns com os outros. O método científico envolve debates e conflitos. Somente as ideias que passam pelo exame crítico de vários outros cientistas sobrevivem. Este desacordo eterno muitas vezes parece estranho para quem não é da área, pois parece que eles não sabem nada. Escolha praticamente qualquer tópico e você descobrirá que os cientistas que trabalham nessa área estão continuamente discordando.

Mas as divergências são ilusórias, ou seja, a maioria dos cientistas geralmente concorda sobre os detalhes gerais: as divergências estão nos pequenos detalhes que são importantes para distinguir entre duas teorias concorrentes, mas que podem ter pouco impacto no mundo real da prática e das aplicações.

No mundo real e prático, não precisamos de verdades absolutas: modelos aproximados funcionam muito bem. O modelo conceitual simplificado de direção da motocicleta do professor Sayeki permitiu-lhe lembrar para que lado mover o comando para sinalizar a curva; a equação simplificada para conversão de temperatura e o modelo simplificado de aritmética aproximada permitiram respostas "suficientemente boas" de cabeça. O modelo simplificado de MCP fornece orientações úteis para o design, mesmo que seja cientificamente errado. Cada uma dessas aproximações está errada, mas todas são valiosas para minimizar o pensamento, resultando em respostas rápidas e fáceis, cuja precisão é "suficientemente boa".

CONHECIMENTO NA CABEÇA

O conhecimento no mundo, o conhecimento externo, é uma ferramenta muito valiosa para a memória, mas só está disponível se você estiver presente no momento certo, na situação apropriada. Do contrário, precisamos usar o conhecimento que está na cabeça, na mente. Um ditado popular captura muito bem essa ideia: "O que os olhos não veem, o coração não sente." A memória efetiva usa todas as pistas disponíveis: o conhecimento no mundo e na cabeça, juntando o mundo com a mente. Nós já vimos como essa combinação nos permite funcionar bem no mundo, mesmo que somente uma das fontes de conhecimento, sozinha, seja insuficiente.

Como os pilotos conseguem lembrar o que o controle de tráfego aéreo diz

Os pilotos de avião precisam ouvir comandos do controle de tráfego aéreo, que chegam em um ritmo veloz, e respondê-los com precisão. Suas vidas dependem da capacidade de seguir instruções com exatidão. Um site, ao debater o problema, deu esse exemplo de um piloto prestes a decolar em um voo:

> *Frasca 141, liberado para o aeroporto de Mesquite, virando à esquerda rumo a 090, radar vetores para o aeroporto de Mesquite. Suba e mantenha 2.000. Espere 3.000 dez minutos após a partida. Frequência de partida 124,3, transponder 5270.*
> (Típica sequência de controle de tráfego aéreo, normalmente falada extremamente rápido. Texto da "ATC Phraseology", em diversos sites, sem crédito de autor.)

"Como podemos nos lembrar disso tudo quando estamos tentando decolar?", perguntou um piloto novato. Boa pergunta. A decolagem é um procedimento conturbado e perigoso, com muita coisa acontecendo, tanto dentro quanto fora do avião. Como os pilotos fazem para lembrar? Eles têm memórias superiores às nossas?

Os pilotos usam três técnicas principais:

1. Escrevem as informações cruciais.
2. Registram-nas no equipamento assim que as ouvem, portanto, uma memória mínima é exigida.
3. Eles se lembram de partes como frases significativas.

Apesar de, para o observador externo, todas as instruções e números parecerem aleatórios e confusos, para os pilotos são nomes e números familiares. Como apontou um dos comentários, esses são números comuns e um padrão familiar para uma decolagem. "Frasca 141" é o nome do avião, anunciando o destinatário pretendido das instruções. O primeiro item importante a lembrar é virar à esquerda na direção 090 da bússola e depois subir até uma altitude de 2.000 pés. Escreva esses dois números. Insira a frequência 124,3 no rádio, conforme solicitado na mensagem — mas, na maioria das vezes, essa frequência é sabida com antecedência, então provavelmente o rádio já está configurado nela. Tudo o que você precisa fazer é olhar para o aparelho e confirmar se está configurado corretamente. Da mesma forma, definir o "transponder em 5270" é o código especial que o avião envia sempre que é atingido por um sinal de radar, identificando o avião para os controladores de tráfego aéreo. Escreva ou insira no equipamento no momento em que é dito. Quanto ao item restante, "Espere 3.000 dez minutos após a partida", nada precisa ser feito. Isso é apenas uma garantia de que, em dez minutos, provavelmente, o Frasca 141 será aconselhado a subir a 3.000 pés, mas, se for o caso, haverá um novo comando para isso.

Como os pilotos se lembram disso tudo? Eles transformam os novos conhecimentos que acabaram de receber em memória no mundo, ora escrevendo, ora utilizando o equipamento do avião.

E onde entra o design? Quanto mais fácil for inserir a informação no equipamento relevante à medida que é ouvida, menor será a probabilidade de erro de memória. O sistema de controle de tráfego aéreo está evoluindo para ajudar. As instruções dos controladores serão enviadas digitalmente, de forma que possam permanecer exibidas em uma tela pelo tempo que o piloto desejar. A transmissão digital também facilita que os equipamentos automatizados se ajustem aos parâmetros corretos. Contudo, a transmissão digital dos comandos do controlador tem algumas desvantagens. Outras aeronaves não ouvirão os comandos, o que reduz a consciência do piloto sobre o que todos os aviões nas proximidades vão fazer. Pesquisadores em controle de tráfego aéreo e segurança da aviação estão investigando essas questões. Sim, é uma questão de design.

Lembrar-se: a memória prospectiva

As expressões *memória prospectiva* ou *memória para o futuro* podem parecer contraintuitivas, ou quem sabe até o título de um romance de ficção científica, mas, para os pesquisadores da memória, a primeira expressão denota simplesmente a tarefa de fazer alguma atividade num momento futuro. A segunda denota a capacidade de planejamento, a capacidade de imaginar cenários futuros. Ambas estão intimamente relacionadas.

Pense na necessidade de se lembrar. Suponha que você tenha marcado de encontrar alguns amigos em um café na quarta-feira às 15h30. O conhecimento está na sua cabeça, mas como você vai se lembrar dele na hora certa? Você precisa ser lembrado disso. Este é um exemplo claro de memória prospectiva, mas a sua capacidade de fornecer as pistas necessárias envolve também algum aspecto da memória para o futuro. Onde você estará na quarta-feira pouco antes do horário do encontro? Em que você pode pensar agora que irá ajudá-lo a se lembrar do encontro na hora?

Existem muitas estratégias para lembrar. Uma é simplesmente manter a informação em sua cabeça, confiando em si mesmo para se recordar na hora certa. Se o acontecimento for importante o suficiente, você pode contar que ele virá à sua mente. Seria bastante esquisito programar um alarme que apontasse "Vou me casar às 15h".

Mas confiar na memória na cabeça pode não ser uma boa técnica para eventos mais corriqueiros. Você já se esqueceu de um encontro com amigos? Acontece muito. E muitas vezes você se lembra do encontro, mas e dos detalhes, por exemplo, que você combinou de emprestar um livro para um deles? Para fazer compras, muitas vezes você se lembra de parar no supermercado a caminho de casa, mas será que se lembrará de todos os itens que precisa comprar?

Se o acontecimento não tiver uma importância pessoal para você e só ocorrer depois de vários dias, seria melhor você transferir parte da carga de se lembrar para o mundo: recados, alarmes de calendário, um lembrete especial no celular ou no computador. Você pode pedir a um amigo que lhe lembre. Aqueles que têm secretárias transferem o fardo para elas. Elas, por sua vez, fazem anotações, incluem o acontecimento em agendas ou ativam alarmes no computador.

Por que transferir o fardo para outras pessoas se você pode deixar o fardo na tarefa em si? Eu quero me lembrar de levar um livro para um colega? Ponho o livro onde não possa deixar de vê-lo quando sair de casa. Um bom lugar é encostado na porta da frente, assim não conseguirei sair sem tropeçar nele. Ou posso colocar a chave do carro em cima dele e, quando for sair, certamente me lembrarei. Mesmo se eu esquecer e sair para o carro, não poderei abri-lo sem a chave. (Melhor ainda, posso colocar a chave debaixo do livro, pois em cima talvez eu ainda possa esquecê-lo.)

Há dois aspectos diferentes de um lembrete: o sinal e a mensagem. Apenas ao executar uma ação podemos distinguir entre saber *o que* pode ser feito e *como* fazê-lo, ao nos recordarmos temos de distinguir entre o *sinal* — saber que alguma coisa deve ser lembrada — e a *mensagem* — a informação em si. A maioria dos artefatos mnemônicos populares fornece apenas um desses dois aspectos críticos. O famoso truque de amarrar um barbante no dedo fornece apenas o sinal. Ele não dá qualquer indicação do que deve ser lembrado. Escrever uma anotação para si mesmo fornece a mensagem, mas não faz você se lembrar de olhá-la. O lembrete ideal precisa ter os dois componentes ao mesmo tempo: o sinal de que algo tem de ser lembrado e, depois, a mensagem do que é.

O sinal de que algo precisa ser lembrado pode ser uma dica suficiente de memória se ocorrer na hora e no local corretos. Ser lembrado cedo ou tarde demais é tão inútil quanto não se lembrar. Mas, se o lembrete vier na hora e local certos, a dica pode ser suficiente para fornecer conhecimento bastante para ajudar na recuperação do item a ser lembrado. Lembretes baseados em tempo podem ser eficazes: o barulho do celular me lembra do próximo compromisso. Lembretes baseados em localização podem ser eficazes para fornecer dicas no local exato onde serão necessárias. Todo o conhecimento necessário pode residir no mundo, na nossa tecnologia.

A necessidade de lembretes convenientes, em tempo oportuno, criou pilhas de produtos que tornam mais fácil pôr o conhecimento no mundo — relógios despertadores, agendas, calendários. A necessidade de lembretes eletrônicos já é sabida, assim como a proliferação de aplicativos para smartphones, tablets e outros dispositivos portáteis demonstra. No entanto, supreendentemente, nessa era de dispositivos com telas, as ferramentas em papel ainda são extremamente populares e eficazes, como as agendas e post-its.

O grande número de diferentes métodos de lembrete também indica que há, de fato, uma enorme necessidade de assistência para nos lembrarmos das coisas, mas nenhum dos muitos esquemas e dispositivos é totalmente satisfatório. Afinal, se algum deles fosse, não precisaríamos de tantos. Os menos eficazes desapareceriam e novos não seriam continuamente inventados.

A COMPENSAÇÃO ENTRE O CONHECIMENTO NO MUNDO E NA CABEÇA

O conhecimento no mundo e o conhecimento na cabeça são essenciais nas funções do nosso dia a dia. Mas até certo ponto podemos optar por confiar mais em um ou no outro. Essa escolha exige uma troca — obter as vantagens do conhecimento no mundo significa perder as vantagens do conhecimento na cabeça (Tabela 3.1).

O conhecimento no mundo atua como seu próprio lembrete. Pode nos ajudar a recuperar estruturas que, de outra forma, esqueceríamos. O conhecimento na cabeça é eficiente: não é necessária busca ou interpretação do ambiente externo. A desvantagem é que, para usar o nosso conhecimento na cabeça, temos que ser capazes de armazená-lo e recuperá-lo, o que pode exigir uma quantidade considerável de aprendizagem. O conhecimento no mundo não requer aprendizagem, mas pode ser mais difícil de usar. E depende fortemente da presença física contínua do conhecimento; mude o ambiente, e o conhecimento pode ser perdido. O desempenho depende da estabilidade física do ambiente da tarefa a ser executada.

Como acabamos de falar, os lembretes fornecem um bom exemplo das compensações relativas entre o conhecimento no mundo e na cabeça. O conhecimento no mundo é acessível, é autorreferencial, está sempre lá, esperando para ser usado.

É por isso que estruturamos nossos escritórios e locais de trabalho com tanto cuidado. Colocamos pilhas de papéis onde possam ser vistas, ou, se gostamos de uma mesa livre, colocamos os papéis em locais padronizados e nos acostumamos (conhecimento na cabeça) a olhar esses locais padronizados com frequência. Usamos relógios, calendários e bilhetes. O conhecimento na cabeça é efêmero: está aqui agora, mas desaparece depois. Não podemos contar com a presença de algo na mente num determinado momento, a menos que o conhecimento seja desencadeado por algum evento externo ou que o mantenhamos deliberadamente em mente através da repetição constante (o que nos impede de ter outros pensamentos conscientes). O que os olhos não veem, o coração não sente.

TABELA 3.1 Compensações entre o conhecimento no mundo e na cabeça

Conhecimento no mundo	Conhecimento na cabeça
A informação está disponível e facilmente acessível sempre que necessária.	O material na memória de trabalho está prontamente disponível. Caso contrário, podem ser necessários esforço e pesquisa consideráveis.
A interpretação substitui a aprendizagem. A facilidade de interpretar o conhecimento no mundo depende da habilidade do designer.	Exige aprendizado, que pode ser elevado. A aprendizagem é facilitada se houver significado ou estrutura no material, ou se houver um bom modelo conceitual.
É retardado pela necessidade de encontrar e interpretar o conhecimento.	Pode ser eficiente, especialmente se for tão bem aprendido que seja automatizado.
A facilidade de uso no primeiro contato é alta.	A facilidade de uso no primeiro contato é baixa.
Pode ser feio e deselegante, principalmente se houver necessidade de manter muito conhecimento. Isso pode causar desordem. É aqui que as habilidades dos designers gráficos e industriais desempenham um papel importante.	Nada precisa ficar visível, o que dá mais liberdade ao designer. Isto leva a uma aparência mais limpa e agradável — ao custo da facilidade de uso no primeiro contato, aprendizado e lembrança.

À medida que nos afastamos de auxílios em formato físico, como livros e revistas impressos, lembretes de papel e calendários, muito do que usamos hoje como conhecimento no mundo se tornará invisível. Sim, tudo estará disponível em telas, mas, a não ser que elas sempre mostrem esse material, teremos aumentado a carga da memória na cabeça. Talvez não tenhamos que nos lembrar de todos os detalhes da informação armazenada, mas teremos que lembrar que ela está lá, que precisa ser exibida no momento certo do uso ou do lembrete.

A MEMÓRIA EM MÚLTIPLAS CABEÇAS, EM MÚLTIPLOS DISPOSITIVOS

Se o conhecimento e a estrutura do mundo podem se juntar ao conhecimento na cabeça para melhorar o desempenho da memória, por que não utilizar o conhecimento em múltiplas cabeças ou em múltiplos dispositivos?

A maioria de nós já experimentou o poder de múltiplas mentes colaborando para se lembrar de coisas. Você está com um grupo de amigos tentando lembrar o nome de um filme, ou talvez de um restaurante, e não consegue. Mas outras pessoas tentam ajudar. A conversa segue mais ou menos assim:

— O lugar novo onde assam a carne na churrasqueira.
— Ah, o churrasco coreano na Quinta Avenida?
— Não, não é coreano, é da América do Sul.
— Ah, sim, brasileiro. Qual é mesmo o nome?
— Sim, esse mesmo!
— Pampas alguma coisa.
— Sim, Pampas Chewy… Pampas Churras…
— Churrascaria! Pampas Churrascaria.

Quantas pessoas estão envolvidas? Pode ser qualquer número, mas a questão é que cada uma acrescenta um pouquinho de conhecimento, lentamente restringindo as opções, recuperando algo que uma pessoa só não conseguiria sozinha. Daniel Wegner, um professor de psicologia de Harvard, chamou isso de "memória transativa".

É claro que, com frequência, recorremos a ajudas tecnológicas para responder às nossas perguntas, indo aos aplicativos inteligentes para pesquisar entre os nossos recursos eletrônicos e a internet. Quando passamos do estágio de busca de ajuda de outras pessoas para a busca de ajuda nas tecnologias, o que Wegner chama de "cibermente", o princípio é basicamente o mesmo. A cibermente nem sempre traz a resposta, mas pode fornecer pistas suficientes para que possamos gerar a resposta. Mesmo quando a tecnologia produz a resposta, muitas vezes ela está enterrada numa lista de respostas em potencial, e por isso temos que usar nosso próprio conhecimento — ou o conhecimento dos nossos amigos — para determinar qual das opções é a correta.

O que acontece quando confiamos demais no conhecimento externo, seja ele no mundo, de amigos ou fornecido pela tecnologia? Por um lado, não existe "demais". Quanto mais aprendermos a usar esses recursos, melhor será o nosso desempenho. O conhecimento externo é uma ferramenta poderosa para aumentar nossa inteligência. Por outro lado, o conhecimento externo é muitas vezes errôneo: vide as dificuldades em confiar nas fontes on-line e as controvérsias que surgem em relação às páginas da Wikipédia. Não importa de onde o conhecimento venha, o que importa é a qualidade do resultado final.

Em um livro anterior a este, *Things That Make Us Smart*, argumentei que essa combinação de tecnologia e pessoas cria seres superpoderosos. A tecnologia não nos torna mais inteligentes. As pessoas não tornam a tecnologia inteligente. É a combinação dos dois, a pessoa mais o artefato, que é inteligente. Juntos, com nossas ferramentas, somos uma combinação poderosa. Por outro lado, se de repente ficarmos sem esses dispositivos externos, não nos sairemos muito bem. De muitas maneiras, nos tornaremos menos inteligentes.

Acabe com a calculadora, e muitas pessoas não conseguirão fazer contas. Retire o sistema de GPS, e as pessoas não poderão mais se locomover, mesmo em suas próprias cidades. Esconda a agenda do telefone ou do computador, e as pessoas não conseguirão mais entrar em contato com seus amigos (no meu caso, não consigo lembrar nem meu próprio número de telefone). Sem teclado, não consigo escrever. Sem o corretor ortográfico, não consigo soletrar.

O que tudo isso significa? Isso é bom ou ruim? Não é fenômeno novo. Corte nosso fornecimento de gás e serviço elétrico e poderemos morrer de fome. Tire nossas moradias e roupas e poderemos congelar. Dependemos de comércio, transportes e serviços governamentais para nos fornecer o essencial para viver. Isso é ruim?

A parceria entre a tecnologia e as pessoas nos torna mais inteligentes, mais fortes e mais capazes de viver no mundo moderno. Tornamo-nos dependentes da tecnologia e não conseguimos mais funcionar sem ela. A dependência é ainda mais forte hoje do que nunca, incluindo coisas mecânicas e físicas, como habitação, vestuário, aquecimento, preparação e armazenamento de alimentos e transporte. Agora, essa gama de dependências estende-se também aos serviços de informação: comunicação, notícias, entretenimento, educação e interação social. Quando as coisas funcionam, ficamos informados, confortáveis e eficazes. Quando as coisas quebram, podemos não ser mais capazes de funcionar. Essa dependência da tecnologia é muito antiga, mas a cada década o impacto abrange mais e mais atividades.

MAPEAMENTO NATURAL

O mapeamento, um tópico do Capítulo 1, fornece um bom exemplo do poder de combinar o conhecimento no mundo com o na cabeça. Você já ligou ou desligou a boca errada do fogão? Podemos pensar que essa é uma tarefa fácil. Um simples controle liga a boca, controla a temperatura e permite desligar a boca de novo. Na verdade, a tarefa parece ser tão simples que, quando as pessoas fazem algo errado, o que acontece com mais frequência do que se imagina, elas se culpam: "Como eu pude ser tão idiota a ponto de fazer essa tarefa tão simples de forma errada?", elas pensam consigo mesmas. Pois bem, não é tão simples assim, e a culpa não é das pessoas: mesmo um aparelho tão simples quanto um fogão de cozinha do dia a dia é com frequência mal concebido, de forma que garante que nós vamos cometer erros.

A maioria dos fogões tem somente quatro bocas e quatro botões de controle, em uma correspondência de um para um. Por que é tão difícil se lembrar de quatro coisas? Em princípio, deveria ser fácil lembrar a relação entre os botões e as bocas. Na prática, entretanto, é quase impossível. Por quê? Devido aos mapeamentos inadequados entre os botões e as bocas. Veja a Figura 3.2, que mostra quatro mapeamentos possíveis entre as quatro bocas e seus respectivos botões. As Figuras 3.2A e B mostram como não mapear uma dimensão em duas. As Figuras 3.2C e D mostram duas maneiras de fazer isso corretamente: organizar botões em duas dimensões (C) ou escalonar as bocas (D), para que possam ser ordenados da esquerda para a direita.

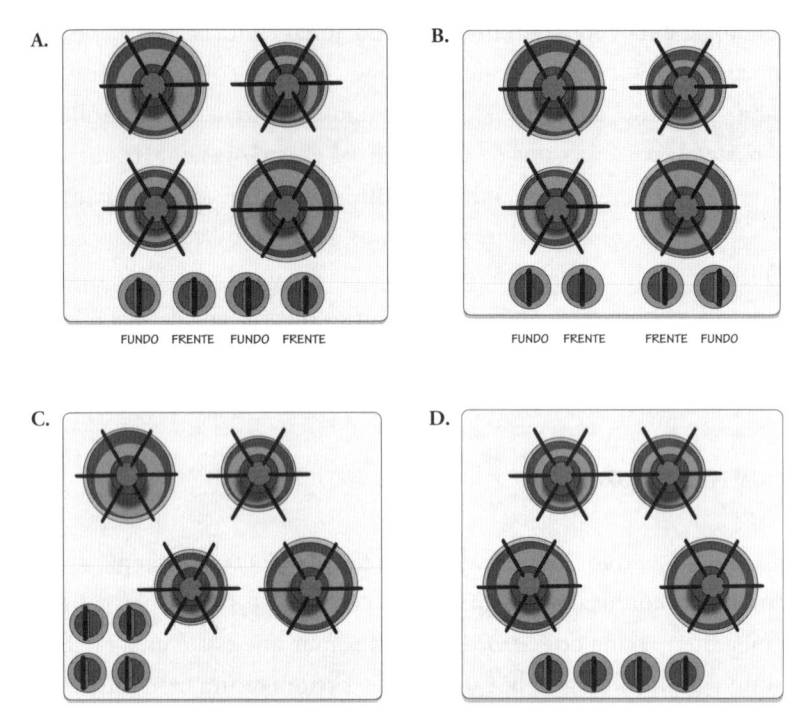

FIGURA 3.2 Mapeamentos das bocas e dos botões do fogão. Com a disposição tradicional das bocas do fogão mostrada nas Figuras A e B, as bocas estão dispostas em retângulo e os botões em linha reta. Geralmente, há um mapeamento natural parcial, com os dois botões da esquerda operando as bocas da esquerda e os dois botões da direita operando as bocas da direita. Mesmo assim, existem quatro mapeamentos possíveis dos botões para as bocas, todos de uso comum em fogões comerciais. A única maneira de saber qual botão regula qual boca é lendo os rótulos. Mas, se os botões também estivessem em um retângulo (Figura C) ou as bocas escalonadas (Figura D), nenhuma etiqueta seria necessária. Aprender seria fácil; os erros seriam reduzidos.

Para piorar a situação, os fabricantes de fogões não conseguem chegar a um acordo sobre qual deveria ser o mapeamento. Se todos os fogões usassem o mesmo arranjo de botões, mesmo que não fosse natural, todos poderiam aprender de uma vez por todas depois de acertar uma vez. Como mostra a legenda da Figura 3.2, mesmo que o fabricante do fogão seja gentil o suficiente para garantir que cada par de botões opere o par de bocas do mesmo lado, ainda assim existem quatro mapeamentos possíveis. Todos os quatro são de uso comum. Alguns fogões organizam os botões em linha vertical, proporcionando ainda mais mapeamentos possíveis. Cada fogão parece ser diferente.

Não surpreende que as pessoas tenham dificuldade, fazendo com que a comida fique crua e, nos piores casos, causando um incêndio.

Os mapeamentos naturais são aqueles em que a relação entre os controles e o objeto a ser controlado (as bocas, neste caso) é óbvia. Dependendo das circunstâncias, os mapeamentos naturais empregarão pistas espaciais. Aqui estão três níveis de mapeamento, organizados em eficácia decrescente como auxiliares de memória:

- Melhor mapeamento: os controles são montados diretamente no item a ser controlado.
- Segundo melhor mapeamento: os controles estão o mais próximo possível do objeto a ser controlado.
- Terceiro melhor mapeamento: os controles estão organizados na mesma configuração espacial dos objetos a serem controlados.

No mapeamento ideal e no segundo melhor, eles são claros e objetivos.

Quer excelentes exemplos de mapeamento natural? Pense nas torneiras, dispensadores de sabonete e secadores de mão controlados por gestos. Coloque as mãos sob a torneira ou sob a saboneteira e a água ou o sabonete cairão. Passe a mão na frente do dispensador de papel e uma folha de papel nova sairá; ou no caso de secadores de mãos controlados por gestos, simplesmente coloque as mãos embaixo ou dentro do aparelho e o ar para secagem é acionado. Veja bem, embora os mapeamentos desses dispositivos sejam adequados, eles apresentam problemas. Primeiro, muitas vezes carecem de significantes, portanto, carecem de capacidade de descoberta. Os comandos às vezes são invisíveis, por isso colocamos as mãos debaixo das torneiras esperando que a água saia e nada acontece: são torneiras mecânicas que exigem que o mecanismo seja girado. Ou a água abre e depois para, e nós sacudimos as mãos para cima e para baixo, na esperança de encontrar o local exato de acionamento. Quando aceno minha mão na frente do dispensador de papel, mas não sai papel algum, não sei se isso significa que o dispensador está quebrado ou se está sem papel; ou que acenei errado ou no lugar errado; ou que talvez isso não funcione com gestos, e sim empurrando, puxando ou virando algum botão. A falta de significantes é um obstáculo real. Esses dispositivos não são perfeitos, mas pelo menos acertaram no mapeamento.

No caso dos botões do fogão, obviamente não é possível colocá-los diretamente nas bocas. Na maioria dos casos, também é perigoso colocar os botões ao lado das bocas, não só por medo de queimar a pessoa que utiliza o fogão, mas também porque interferiria na utilização dos utensílios de cozinha. Os botões do fogão normalmente estão situados no painel lateral, traseiro ou frontal do fogão, e neste caso devem ser dispostos em harmonia espacial com as bocas, conforme as Figuras 3.2C e D.

Com um bom mapeamento natural, a relação dos botões com as bocas fica completamente contida no mundo; a carga na memória humana é muito reduzida. Com um mapeamento ruim, entretanto, a carga é colocada sobre a memória, resultando em mais esforço mental e uma maior chance de erro. Sem um bom mapeamento, as pessoas não familiarizadas com o fogão não podem determinar facilmente qual boca acende com qual botão, e até mesmo usuários frequentes ainda cometerão erros ocasionais.

Por que os designers de fogões insistem em organizar as bocas em um padrão retangular bidimensional e os botões em uma linha unidimensional? Há cerca de um século, sabemos o quanto essa disposição é ruim. Às vezes, o fogão vem com pequenos diagramas inteligentes que indicam qual botão acende qual boca. Às vezes existem etiquetas. Mas o mapeamento natural adequado não requer diagramas, nem etiquetas, nem instruções.

A ironia do design do fogão é que não é difícil fazer o que é certo. Os manuais de ergonomia, fatores humanos, psicologia e engenharia industrial demonstram tanto os problemas como as soluções há mais de cinquenta anos. Alguns fabricantes de fogões usam bons designs. Mas o estranho é que, às vezes, os melhores e os piores designs são fabricados pelas mesmas empresas e ilustrados lado a lado em seus catálogos. Por que os usuários ainda compram fogões que causam tantos problemas? Por que não se revoltar e se recusar a comprá-los, a menos que os botões tenham uma relação inteligente com as bocas?

O problema do fogão pode parecer trivial, mas existem problemas de mapeamento semelhantes em muitas situações, incluindo ambientes comerciais e industriais, onde a seleção do botão, do seletor ou da alavanca errados pode levar a um grande impacto econômico ou mesmo a fatalidades.

Em ambientes industriais, um bom mapeamento é de importância especial, quer se trate de um avião pilotado remotamente, de um grande guindaste de construção onde o operador está distante dos objetos manipulados, ou mesmo de um automóvel em que o motorista pode desejar controlar a temperatura ou as janelas enquanto dirige em alta velocidade ou em ruas movimentadas. Nestes casos, os melhores controles geralmente são mapeamentos espaciais para os itens controlados. Vemos isso sendo feito corretamente na maioria dos automóveis, onde o motorista pode operar os vidros por meio de interruptores dispostos em correspondência espacial com as janelas.

A usabilidade nem sempre é considerada durante o processo de compra. A não ser que você realmente teste diversas unidades em um ambiente realista, executando tarefas típicas, provavelmente não notará a facilidade ou a dificuldade de uso. Se você simplesmente olhar para alguma coisa, ela parece simples, e a variedade de características maravilhosas parece ser uma virtude. Você pode não perceber que não conseguirá descobrir como usar esses recursos. Recomendo que experimente os produtos antes de adquiri-los. Antes de comprar um fogão novo, finja que está cozinhando uma refeição. Faça isso na loja mesmo. Não tenha medo de cometer erros ou de fazer perguntas bobas. Lembre-se de que qualquer problema que você tiver, provavelmente, é culpa do design, não sua.

Um grande obstáculo é que muitas vezes o comprador não é o usuário. Os eletrodomésticos podem já estar na casa quando a pessoa se muda. No escritório, o departamento de compras encomenda equipamentos com base em fatores como preço, relacionamento com o fornecedor e talvez confiabilidade: a usabilidade raramente é considerada. Por fim, mesmo quando o comprador é o usuário final, às vezes é necessário trocar uma característica desejável por uma indesejável. No caso do fogão da minha família, não gostamos da disposição dos botões, mas compramos o fogão mesmo assim: trocamos a disposição das bocas por outra característica de design que era mais importante para nós e só estava disponível em um único fabricante. Mas por que deveríamos ter que fazer essa troca? Não seria difícil que todos os fabricantes de fogões utilizassem mapeamentos naturais ou, pelo menos, padronizassem seus mapeamentos.

CULTURA E DESIGN: MAPEAMENTOS NATURAIS PODEM VARIAR EM CADA CULTURA

Eu estava na Ásia, dando uma palestra. Meu computador estava conectado a um projetor, e eu havia recebido um controle remoto para passar os slides de ilustração conforme ia falando. Ele tinha dois botões, um em cima e um embaixo. O título já estava na tela, portanto, quando comecei, eu só precisava passar para a primeira foto na minha apresentação, mas quando apertei o botão de cima, para minha surpresa, a apresentação voltou um slide em vez de avançar.

"Como isso aconteceu?", perguntei a mim mesmo. Para mim, o botão de cima significa avançar; o de baixo, voltar. O mapeamento era claro e óbvio. Se os botões estivessem lado a lado, aí sim o controle seria ambíguo: qual vem primeiro, o da direita ou o da esquerda? Esse controle parecia usar o mapeamento adequado de cima e de baixo. Por que estava funcionando ao contrário? Será que esse era mais um exemplo de mapeamento ruim?

Resolvi perguntar à plateia. Mostrei a eles o controle e perguntei: "Para passar para minha próxima imagem, devo pressionar o botão de cima ou o de baixo?" Para minha grande surpresa, a plateia ficou dividida. Muitos achavam que deveria ser o botão de cima, assim como eu havia pensado. Mas um grande número de pessoas achava que deveria ser o botão de baixo.

Qual era a resposta correta? Resolvi perguntar para o meu público ao redor do mundo. Descobri que eles também tinham opiniões divididas: algumas pessoas acreditavam piamente que era o botão de cima, e algumas estavam igualmente firmes na opinião de que era o botão de baixo. Todo mundo fica surpreso ao perceber que outra pessoa pode pensar diferente.

Eu fiquei confuso, até me dar conta de que era uma questão de ponto de vista, muito semelhante à maneira como as diferentes culturas enxergam o tempo. Em algumas culturas, o tempo é representado mentalmente como se fosse uma estrada que se estende à frente da pessoa. Conforme a pessoa avança no tempo, ela avança ao longo da linha do tempo. Outras culturas usam a mesma representação, só que a pessoa está fixa e é o tempo que se move: um acontecimento no futuro move-se em direção à pessoa.

Isso era exatamente o que estava acontecendo com o controle. Sim, o botão superior faz com que algo avance, mas a questão é: o que está se movendo? Algumas pessoas pensaram que a pessoa iria se mover pelas imagens, enquanto outras pensaram que as imagens se moveriam. As pessoas que pensavam ter percorrido as imagens queriam que o botão superior indicasse a imagem seguinte. As pessoas que pensavam que eram as imagens que se moviam iriam para a imagem seguinte pressionando o botão inferior, fazendo com que as imagens se movessem em direção a elas.

Algumas culturas representam a linha do tempo de forma vertical: para cima, o futuro; para baixo, o passado. Outras têm pontos de vista bastante diferentes. Por exemplo, o futuro está à frente ou atrás? Para a maioria de nós, a pergunta não faz sentido: é claro que o futuro está à frente — o passado ficou para trás. Falamos assim, discutindo a "chegada" do futuro; ficamos aliviados por muitos acontecimentos infelizes do passado terem sido "deixados para trás".

Mas por que o passado não poderia estar à nossa frente e o futuro, atrás? Isso parece estranho? Por quê? Podemos ver o que está à nossa frente, mas não o que está atrás, assim como podemos lembrar o que aconteceu no passado, mas não podemos lembrar o futuro. Não só isso, mas podemos recordar acontecimentos recentes com muito mais clareza do que acontecimentos há muito tempo passados, captados com nitidez pela metáfora visual em que o passado se alinha diante de nós, sendo os acontecimentos recentes os mais próximos, de modo que são claramente percebidos (lembrados), enquanto os acontecimentos distantes são lembrados e percebidos com dificuldade. Ainda parece estranho? É assim que o grupo indígena sul-americano, os aimarás, representa o tempo. Quando falam do futuro, usam a expressão "tempos passados" e muitas vezes gesticulam para trás. Pense nisso: é uma forma perfeitamente lógica de ver o mundo.

Se o tempo for exibido ao longo de uma linha horizontal, ele vai da esquerda para a direita ou da direita para a esquerda? Qualquer uma das respostas está correta, pois a escolha é arbitrária, assim como a escolha de se o texto deve ser colocado ao longo da página da esquerda para a direita ou da direita para a esquerda. A escolha da direção do texto também corresponde à preferência das pessoas pela direção temporal. Pessoas cuja língua nativa é o árabe ou o hebraico preferem que o tempo flua da direita para a esquerda (sendo o futuro para a esquerda), enquanto aqueles que usam um sistema de escrita da esquerda para a direita têm o tempo fluindo na mesma direção, então o futuro é para a direita.

Mas espere: não acaba por aí. A linha do tempo é relativa à pessoa ou ao ambiente? Em algumas sociedades aborígenes australianas, o tempo se move em relação ao meio ambiente com base na direção em que o sol nasce e se põe. Dê às pessoas dessa comunidade um conjunto de fotografias estruturadas no tempo (por exemplo, fotografias de uma pessoa em diferentes idades ou de uma criança comendo um alimento) e peça-lhes que ordenem as fotografias de acordo com o tempo. Pessoas de culturas tecnológicas ordenariam as fotos da esquerda para a direita, a foto mais recente para a direita ou para a esquerda, dependendo de como a linguagem escrita fosse impressa. Mas as pessoas dessas comunidades australianas ordenavam as fotos de leste para oeste, sendo a mais recente para o oeste. Se a pessoa estivesse voltada para o sul, a foto seria ordenada da esquerda para a direita. Se a pessoa estivesse voltada para o norte, as fotos seriam ordenadas da direita para a esquerda. Se a pessoa estivesse voltada para o oeste, as fotos seriam ordenadas ao longo de uma linha vertical que se estende do corpo para fora, sendo a mais recente a mais distante. E, claro, se a pessoa estivesse voltada para o leste, as fotos também estariam em uma linha saindo do corpo, mas com a foto mais recente mais próxima ao corpo.

A escolha da metáfora determina o desenho adequado da interação. Problemas semelhantes aparecem em outros domínios. Considere o problema-padrão de rolar o texto na tela de um computador. O controle de rolagem deve mover o texto ou a janela? Este foi um debate acirrado nos primeiros anos dos terminais de exibição, muito antes do desenvolvimento dos sistemas de computador modernos. Em determinado momento, houve um acordo mútuo de que as teclas de seta do cursor — e mais tarde, o mouse — seguiriam a metáfora da janela móvel. Mover a janela para baixo para ver mais texto na parte inferior da tela. O que isso significa na prática é que para ver mais texto na parte inferior da tela, mova o mouse para baixo, o que move a janela para baixo, para que o texto suba: o mouse e o texto se movem em direções opostas. Com a metáfora do texto em movimento, o mouse e o texto se movem na mesma direção: mova o mouse para cima e o texto sobe. Por mais de duas décadas, todos moveram as barras de rolagem e o mouse para baixo para fazer o texto subir.

Mas então surgiram os displays inteligentes com telas sensíveis ao toque. Tornou-se natural tocar o texto com os dedos e movê-lo diretamente para cima, para baixo, para a direita ou para a esquerda: o texto se movia na mesma direção dos dedos. A metáfora do texto em movimento tornou-se predominante. Na verdade, já não era pensado como uma metáfora: era real. Mas, à medida que as pessoas alternavam entre os sistemas de computador tradicionais que usavam a metáfora da janela móvel e os sistemas de tela sensível ao toque que usavam o modelo de texto em movimento, a confusão reinou. Como resultado, um grande fabricante tanto de computadores quanto de telas inteligentes, a Apple, mudou tudo para o modelo de texto móvel, mas nenhuma outra empresa seguiu o exemplo da Apple. Enquanto escrevo isto, a confusão ainda existe. Como vai acabar? Prevejo o fim da metáfora da janela móvel: as telas sensíveis ao toque e os painéis de controle dominarão, o que fará com que o modelo de texto em movimento assuma o controle. Todos os sistemas moverão os ponteiros ou controles na mesma direção em que desejam que as imagens da tela se movam. Prever a tecnologia é relativamente fácil em comparação às previsões de comportamento humano ou, neste caso, à adoção de convenções sociais. Essa previsão é verdade? Você será capaz de julgar por si só.

Problemas semelhantes ocorreram na aviação com o indicador de altitude do piloto, o display que indica a orientação do avião (*roll* ou *bank* e *pitch*). O instrumento mostra uma linha horizontal para indicar o horizonte com a silhueta de um avião visto de trás. Se as asas estiverem niveladas e alinhadas com o horizonte, o avião está em um voo nivelado. Suponha que o avião vire para a esquerda e incline-se para a esquerda. Como deve ser a exibição? Deveria mostrar um avião inclinado para a esquerda contra um horizonte fixo, ou um avião fixo contra um horizonte inclinado para a direita? A primeira opção é correta do ponto de vista de quem observa o avião por trás, onde o horizonte é sempre horizontal: esse tipo de exibição é chamado de *fora para dentro*. A segunda opção está correta do ponto de vista do piloto, onde o avião está sempre estável e fixo, de modo que, quando o avião inclina, o horizonte se inclina: esse tipo de exibição é denominado de *dentro para fora*.

Em todos esses casos, todos os pontos de vista estão corretos. Tudo depende do que você considera estar se movendo. O que tudo isso significa para o design? O que é natural depende do ponto de vista, da escolha da metáfora e, portanto, da cultura. As dificuldades de design ocorrem quando há uma mudança nas metáforas. Os pilotos de avião têm de passar por treinamento e testes antes de serem autorizados a mudar de um conjunto de instrumentos (aqueles com uma metáfora de fora para dentro, por exemplo) para outro (aqueles com uma metáfora dentro para fora). Quando os países decidiram mudar o lado da estrada em que os carros circulariam, a confusão temporária resultante foi perigosa. (A maioria dos locais mudou a condução do lado esquerdo para o direito, mas alguns lugares, como Okinawa, Samoa e Timor Leste, mudaram da direita para a esquerda.) Em todos esses casos de mudança de convenção, as pessoas acabaram se adaptando. É possível quebrar convenções e mudar as metáforas, mas há um período de confusão até que as pessoas se adaptem ao novo sistema.

CAPÍTULO QUATRO

SABER O QUE FAZER: RESTRIÇÕES, CAPACIDADE DE DESCOBERTA E FEEDBACK

Como podemos determinar a maneira de operar um objeto que nunca vimos antes? Não temos outra escolha a não ser unir o conhecimento no mundo com o que está na nossa cabeça. O conhecimento no mundo inclui *affordances* percebidas e significantes, os mapeamentos entre as partes que parecem ser controles ou locais a manipular e as ações resultantes, e as restrições físicas que limitam o que pode ser feito. O conhecimento na cabeça inclui modelos conceituais; restrições culturais, semânticas e lógicas de comportamento; e analogias entre a situação vivenciada no momento e as experiências prévias com outras situações. O Capítulo 3 foi dedicado à discussão de como adquirir o conhecimento e utilizá-lo. Nele, a maior ênfase estava no conhecimento na cabeça. O Capítulo 4 vai focar no conhecimento no mundo: como os designers podem fornecer informações cruciais que permitam que as pessoas saibam o que fazer, mesmo quando estiverem diante de um dispositivo ou situação sem familiaridade.

Permitam-me ilustrar isso com um exemplo: construir uma motocicleta a partir de um conjunto de peças Lego (um brinquedo de montar). A motocicleta Lego que aparece na ilustração 4.1 é um brinquedo simples construído com 15 peças, algumas bastante especializadas. Das 15, apenas duas se repetem — retângulos com a palavra *police* escrita neles e as duas mãos do policial. Outras peças combinam em tamanho e forma, mas têm cores diferentes. De modo que há dois conjuntos de três peças nos quais quaisquer das três são intercambiáveis — ou seja, as restrições físicas não são suficientes para identificar onde se encaixam —, o papel apropriado de cada peça individual da motocicleta é determinado de forma absolutamente inequívoca. Como? Combinando as restrições culturais, semânticas e lógicas com as físicas. Como resultado, é possível construir a motocicleta sem quaisquer instruções ou assistência.

FIGURA 4.1 Motocicleta de Lego. A motocicleta de Lego aparece montada (A) e com as peças espalhadas (B). São quinze peças construídas de forma tão inteligente que até um adulto consegue montá-las. O design explora restrições para especificar quais peças cabem onde. As restrições físicas limitam as alternativas de encaixe. As restrições culturais e semânticas fornecem as pistas necessárias para decisões futuras. Por exemplo, as restrições culturais determinam a colocação das três luzes (vermelha, azul e amarela), e restrições semânticas impedem o usuário de colocar a cabeça ao contrário no corpo ou as peças com o escrito "*police*" de cabeça para baixo.

Na verdade, eu mesmo fiz o experimento. Pedi a algumas pessoas para juntar as partes; elas nunca tinham visto a estrutura finalizada e não foram informadas de que era uma motocicleta (embora não demorasse muito até que percebessem). Ninguém teve nenhuma dificuldade.

As *affordances* visíveis das peças foram importantes para determinar exatamente como elas se encaixariam umas nas outras. Os cilindros e buracos característicos dos brinquedos Lego sugeriam a regra principal de construção. Os tamanhos e formas das peças sugeriam sua operação. Restrições físicas limitavam as peças que se encaixariam umas nas outras. Restrições culturais e semânticas forneciam fortes limitações no que faria sentido para quase todas as peças restantes, com uma única exceção, e com somente uma peça e uma possibilidade restantes, a simples lógica ditava o local de encaixe. Essas quatro classes de restrições — física, cultural, semântica e lógica — aparentemente são universais, apresentando-se numa ampla variedade de situações.

As restrições são dicas poderosas, limitando o conjunto de ações possíveis. O uso consciente de restrições no design permite que as pessoas determinem rapidamente o curso adequado das ações, mesmo em uma situação nova.

QUATRO TIPOS DE RESTRIÇÃO: FÍSICA, CULTURAL, SEMÂNTICA E LÓGICA

Restrições físicas

As limitações físicas restringem as operações possíveis. Desse modo, um pino grande não pode se encaixar num buraco pequeno. O para-brisa da motocicleta Lego só se encaixava em um único lugar. O valor das restrições físicas é que elas se apoiam nas propriedades do mundo físico para sua operação; nenhum treinamento especial é necessário. Com o uso apropriado de restrições físicas deveria haver apenas um número limitado de ações possíveis — ou, pelo menos, as ações desejadas podem se tornar óbvias, em geral por serem especialmente evidentes.

As restrições físicas tornam-se mais eficientes e úteis se forem fáceis de ver e de interpretar, pois assim o conjunto de ações é limitado antes de qualquer coisa ter sido feita. Por outro lado, as restrições físicas impedem a ação errada de dar certo somente depois de ela ter sido tentada.

A tradicional pilha AA, que aparece na Figura 4.2A, carece de restrições físicas suficientes. Pode ser colocada nos compartimentos de duas maneiras: uma correta, e outra que pode danificar o equipamento. As instruções na Figura 4.2B mostram que a polaridade é importante, mas os significantes inferiores dentro do compartimento da pilha tornam muito difícil determinar a orientação adequada.

Por que não projetar uma pilha com a qual seria impossível cometer erros? Basta usar restrições físicas para que a pilha só caiba se estiver devidamente encaixada. Ou projetar a pilha ou os contatos elétricos de forma que a orientação não importe.

A Figura 4.3 mostra uma pilha que foi projetada de forma que a orientação é irrelevante. Ambas as extremidades são idênticas, com os terminais positivo e negativo sendo os anéis central e intermediário, respectivamente. A polaridade positiva é projetada para entrar em contato somente com o anel central. Da mesma forma, a polaridade negativa entra em contato somente com o anel intermediário. Embora isso pareça resolver o problema, só vi esse único exemplo de pilha: elas não estão amplamente disponíveis nem são amplamente usadas.

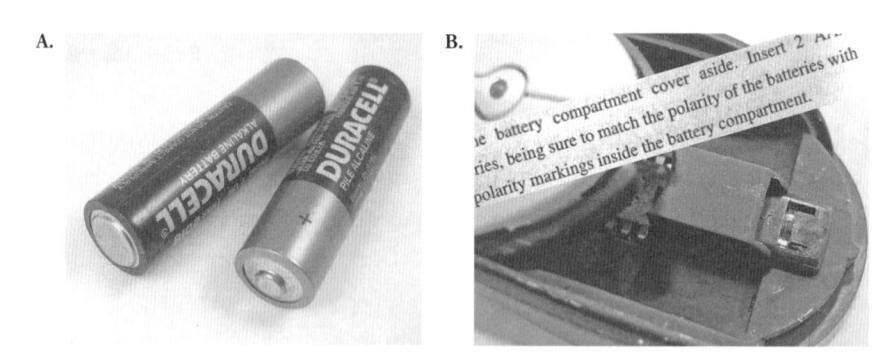

FIGURA 4.2 Pilha cilíndrica: onde as restrições são necessárias. A Figura A mostra a pilha tradicional que necessita de orientação correta no equipamento para funcionar adequadamente (e evitar danos ao equipamento). Mas observe a Figura B, que mostra onde duas pilhas serão instaladas. As instruções do manual são mostradas em sobreposição à foto. Parece simples, mas você consegue ver dentro da fenda escura para descobrir qual extremidade de cada pilha se encaixa? Não. As letras são pretas em um fundo preto: formas levemente elevadas no plástico escuro.

FIGURA 4.3 Tornando a orientação da pilha irrelevante. Esta foto mostra uma pilha cuja orientação não importa; ela pode ser inserida no equipamento em qualquer direção. Como? Cada extremidade da pilha possui os mesmos três anéis concêntricos, sendo o central em ambas as extremidades o terminal positivo e o intermediário, o negativo.

A alternativa é inventar contatos de pilha que permitam que nossas pilhas tradicionais sejam inseridas em qualquer direção, e ainda assim funcionem corretamente: a Microsoft inventou esse tipo de contato, que chama de InstaLoad, e está tentando convencer os fabricantes de equipamentos a usá-lo.

Uma terceira alternativa é projetar o formato da pilha de modo que ela caiba apenas de uma maneira. A maioria dos componentes de plug-in faz isso muito bem, usando formas, entalhes e saliências para restringir a inserção a uma única orientação. Então, por que as nossas pilhas do dia a dia não podem ser assim também?

Por que o design deselegante persiste por tanto tempo? Isso é chamado de *problema de legado* e será abordado diversas vezes neste livro. Muitos dispositivos usam o padrão existente — esse é o legado. Se a pilha cilíndrica simétrica fosse trocada, também teria que haver uma grande mudança em um número enorme de produtos. As novas pilhas não funcionariam em equipamentos mais antigos, nem as pilhas antigas em equipamentos novos. O design dos contatos da Microsoft permitiria que continuássemos a utilizar as mesmas pilhas a que estamos habituados, mas os produtos teriam de mudar para os contatos novos. Dois anos após o lançamento do InstaLoad da Microsoft, apesar da cobertura de imprensa positiva, não consegui encontrar nenhum produto que o utilizasse — nem mesmo os produtos da própria Microsoft.

Fechaduras e chaves sofrem do mesmo problema. Embora normalmente seja fácil distinguir a parte superior lisa de uma chave da sua parte inferior irregular, é difícil dizer pela fechadura qual orientação da chave é necessária, principalmente em ambientes escuros. Muitos plugues e tomadas elétricas e eletrônicas apresentam o mesmo problema. Apesar de terem restrições físicas para evitar a inserção inadequada, muitas vezes é extremamente difícil perceber sua orientação correta, especialmente quando os buracos da fechadura e as tomadas eletrônicas estão em locais de difícil acesso e pouca iluminação. Alguns dispositivos, como plugues USB, são restritos, mas a restrição é tão sutil que é preciso muito esforço para encontrar a orientação correta. Por que todos esses dispositivos não são insensíveis à orientação?

Não é difícil projetar chaves e plugues que funcionem independentemente de como sejam inseridos. As chaves de automóveis que não exigem orientação já existem há muito tempo, mas nem todos os fabricantes as utilizam. Por que a resistência? Parte disso é resultado das preocupações sobre os custos de grandes mudanças. Mas a maior parte parece ser um exemplo clássico de pensamento corporativo: "É assim que sempre fizemos as coisas. Não nos importamos com o consumidor." É bem verdade que a dificuldade em inserir chaves, pilhas ou plugues não é um problema suficientemente grande a ponto de afetar a decisão de comprar algo, mas, ainda assim, a falta de atenção às necessidades do consumidor, mesmo em coisas simples, é muitas vezes sintomática de questões maiores, com um impacto maior.

Observe que uma solução superior seria resolver a necessidade fundamental — resolver a raiz do problema. Afinal de contas, não nos importamos realmente com as chaves e fechaduras: o que precisamos é de alguma forma de garantir que apenas pessoas autorizadas tenham acesso ao que quer que esteja sendo trancado. Em vez de refazer os formatos das chaves físicas, torne-as irrelevantes. Uma vez reconhecido esse fato, surge todo um conjunto de soluções: fechaduras de código que não precisam de chave, ou fechaduras sem chave que só podem ser operadas por pessoas autorizadas. Um método é através de um dispositivo eletrônico sem fio, como crachás de identificação que destrancam portas quando chegam perto de um sensor; ou chaves de carro que podem ficar no bolso ou dentro da bolsa. Os dispositivos de biometria podem identificar a pessoa por reconhecimento facial ou de voz, impressões digitais ou outras medidas biométricas, como padrões de íris. Essa abordagem é discutida no Capítulo 3, página 111.

Restrições culturais

Cada cultura tem um conjunto de ações permissíveis para situações sociais. Desse modo, sabemos como nos comportar em um restaurante, mesmo se nunca tivermos ido nele antes. É por isso que conseguimos lidar com uma situação desconfortável quando nosso anfitrião nos deixa sozinhos naquela sala desconhecida, naquela festa desconhecida, com aquelas pessoas desconhecidas. E esse é o motivo pelo qual algumas vezes nos sentimos frustrados, tão incapazes de agir, quando nos vemos diante de um restaurante ou com um grupo de pessoas de uma cultura que não nos é familiar, no qual nosso comportamento normalmente aceito é claramente inapropriado e objeto de censura ou crítica. As questões culturais estão na raiz de muitos problemas que temos com novas máquinas: até o momento não existem convenções ou costumes aceitos para lidar com elas.

Aqueles entre nós que se dedicam ao estudo dessas questões são de opinião que as instruções para comportamentos culturais estão representadas na mente por meio de esquemas, estruturas de conhecimento que contêm as regras gerais e informações necessárias para interpretar as situações e orientar o comportamento. Em algumas situações estereotípicas (por exemplo, num restaurante), os esquemas podem ser muito especializados. Os cientistas cognitivos Roger Schank e Bob Abelson formularam a hipótese de que nesses casos nós seguimos "roteiros" que podem guiar a sequência do comportamento. O sociólogo Erving Goffman chama as restrições sociais sobre comportamento aceitável de "enquadramentos" (*frames*) e mostra como eles governam o comportamento mesmo quando a pessoa está numa situação ou numa cultura novas. O perigo espera aqueles que deliberadamente infringem os enquadramentos de uma cultura.

Na próxima vez em que você estiver em um elevador, tente violar as normas culturais e veja como isso deixará você e as outras pessoas desconfortáveis. Não precisa fazer nada muito mirabolante: fique virado de costas para a porta. Ou olhe no fundo dos olhos de quem estiver lá dentro junto com você. Em um ônibus, ceda seu assento para uma pessoa em excelente forma (será ainda mais efetivo se você for uma pessoa idosa, se estiver grávida ou for uma pessoa com deficiência).

No caso da motocicleta Lego da Figura 4.1, as restrições culturais determinam a localização das três luzes da motocicleta, que são também fisicamente intercambiáveis. Vermelho é o padrão cultural definido para a luz de freio, colocada na parte traseira. Em um veículo policial, geralmente há uma luz azul piscando na parte de cima. Quanto à peça amarela, é um exemplo interessante de mudança cultural: poucas pessoas hoje se lembram que o amarelo costumava ser uma cor padrão para faróis na Europa e em alguns outros locais (o Lego é um brinquedo de origem dinamarquesa). Hoje, os padrões europeus e norte-americanos exigem faróis brancos. Com isso, descobrir que a peça amarela representa um farol na frente da motocicleta não é mais tão fácil quanto antes. As restrições culturais provavelmente mudarão com o tempo.

Restrições semânticas

A semântica é o estudo do significado. As restrições semânticas são aquelas que dependem do significado da situação para controlar o conjunto de ações possíveis. No caso da motocicleta, existe apenas um local significativo para o condutor, que deve sentar-se virado para a frente. O objetivo do para-brisa é proteger o rosto do piloto, por isso ele deve ficar na frente da moto. As restrições semânticas dependem do nosso conhecimento da situação e do mundo. Esse conhecimento pode ser uma pista poderosa e importante. Mas, assim como as restrições culturais podem mudar com o tempo, o mesmo ocorre com as semânticas. Os esportes radicais ultrapassam os limites do que consideramos significativo e sensato. As novas tecnologias mudam o significado das coisas. E as pessoas criativas mudam continuamente a forma como interagimos com nossas tecnologias e entre nós. Quando os carros se tornarem totalmente automatizados, comunicando-se entre si por meio de redes sem fio, qual será o significado das luzes vermelhas na traseira do automóvel? Que o carro está freando? Mas a quem se destinaria essa sinalização? Os outros carros já saberiam dessa informação. A luz vermelha perderia o sentido e poderia ser removida ou redefinida para indicar alguma outra condição. Os significados de hoje podem não ser os significados do futuro.

Restrições lógicas

A luz azul da motocicleta Lego apresenta um problema específico. Muita gente não tinha conhecimentos que pudessem ajudar, mas, depois que todas as outras peças foram montadas na motocicleta, só sobrou uma peça, somente um lugar possível onde poderia se encaixar. A luz azul foi restringida pela lógica.

As restrições lógicas são frequentemente utilizadas por moradores que realizam consertos em casa. Suponha que você desmonte uma torneira que está com um vazamento para substituir uma arruela, mas, quando você monta de novo a torneira, descobre que sobrou uma peça. Caramba, obviamente houve um erro: a peça deveria ter sido instalada junto às outras. Este é um exemplo de restrição lógica.

Os mapeamentos naturais abordados no Capítulo 3 funcionam ao fornecer restrições lógicas. Não existem princípios físicos ou culturais nesses casos; em vez disso, há um relacionamento lógico entre o layout espacial ou funcional dos componentes e as coisas que eles afetam ou pelas quais são afetados. Se dois interruptores de luz controlam duas luzes, o controle da esquerda deve operar a luz da esquerda, e o interruptor à direita, a luz da direita. Se as luzes estiverem montadas de uma forma e os interruptores de outra, o mapeamento natural estará destruído.

Normas, convenções e padrões culturais

Toda cultura tem suas próprias convenções. Você dá um beijo ou aperta a mão quando encontra alguém? Se dá um beijo, em qual bochecha, e quantas vezes? É um beijo no ar ou na bochecha? Ou talvez faça uma reverência, começando pela pessoa mais jovem, que faz a reverência mais baixa. Ou ergue as mãos, ou talvez pressione uma contra a outra. Uma cheirada? É possível passar horas na internet explorando as diferentes formas de saudação utilizadas por diferentes culturas. Também é divertido observar a consternação quando pessoas de países mais frios e formais conhecem pela primeira vez pessoas de países calorosos e menos formais, enquanto uma tenta se curvar e apertar a mão, a outra tenta abraçar e beijar até mesmo desconhecidos. Não é tão divertido ser uma dessas pessoas: ser abraçado ou beijado enquanto se tenta apertar a mão ou fazer uma reverência. Ou o contrário. Experimente beijar a bochecha de alguém três vezes (esquerda, direita, esquerda) quando a pessoa espera apenas um beijo. Ou pior, quando ela espera somente um aperto de mão. A violação das convenções culturais pode perturbar completamente uma interação.

As convenções são, na verdade, uma forma de restrição cultural, geralmente associada à forma como as pessoas se comportam. Algumas convenções determinam quais atividades devem ser realizadas; outras proíbem ou desencorajam ações. Mas, em todos os casos, elas proporcionam restrições poderosas ao comportamento daqueles que conhecem a cultura.

Por vezes, essas convenções são codificadas em normas internacionais, às vezes em leis, e às vezes em ambas. Antigamente, em ruas muito movimentadas, seja por cavalos, charretes ou automóveis, ocorriam congestionamentos e acidentes. Com o tempo, foram desenvolvidas convenções sobre o lado da rua em que se deveria seguir, com diferentes convenções em diferentes países. Quem tinha preferência nos cruzamentos? A primeira pessoa a chegar? O veículo ou pessoa à direita, ou a pessoa com maior status social? Todas essas convenções foram aplicadas em algum momento. Hoje, os padrões mundiais regem muitas situações de trânsito: dirija apenas de um lado da rua. O primeiro carro a chegar a um cruzamento tem a preferência. Se ambos chegarem ao mesmo tempo, o carro da direita (ou da esquerda) tem a preferência. Ao afunilar duas pistas em uma, alterne os carros — um de uma pista, outro de outra. A última regra é mais uma convenção informal: não faz parte de nenhum livro de regras que eu conheça, e embora seja muito respeitada nas ruas da Califórnia por onde eu dirijo, o próprio conceito poderia parecer estranho em algumas partes do mundo.

Às vezes, as convenções entram em conflito. No México, quando dois carros se aproximam de uma ponte estreita de faixa única, vindos de direções opostas, se um carro piscar os faróis, isso significa: "Cheguei aqui primeiro e vou passar pela ponte." Na Inglaterra, se um carro pisca o farol, isso significa: "Estou vendo você. Por favor, vá primeiro." Os dois sinais são igualmente apropriados e úteis, mas não se os dois motoristas seguirem convenções diferentes. Imagine um motorista mexicano encontrando um motorista inglês em um terceiro país. (Observe que os especialistas em direção alertam contra o uso de piscadas de farol como sinais, pois, mesmo dentro de um único país, qualquer uma das interpretações é sustentada por muitos motoristas, e nenhum imagina que o outro possa ter a interpretação oposta.)

Você já ficou constrangido em um jantar formal onde parecia haver dezenas de utensílios em cada lugar à mesa? O que você faz? Aquela bela tigela de água é para beber ou para limpar os dedos? Você come uma coxa de frango ou uma fatia de pizza com a mão ou com garfo e faca?

Essas questões importam? Sim, importam. Viole as convenções e você ficará marcado como um forasteiro. Um forasteiro rude.

A APLICAÇÃO DE *AFFORDANCES*, SIGNIFICANTES E RESTRIÇÕES A OBJETOS DO COTIDIANO

Affordances, significantes, mapeamentos e restrições podem simplificar nosso contato com os objetos do cotidiano. A falha em implantar de maneira adequada essas dicas resulta em problemas.

O problema com portas

No Capítulo 1, falamos sobre a triste história do meu amigo que ficou preso entre duas fileiras de portas de vidro na agência do correio, porque não havia quaisquer indicações quanto à operação das portas. Quando nos aproximamos de uma porta, temos de descobrir, ao mesmo tempo, o lado que se abre e a peça a ser manipulada; em outras palavras, precisamos descobrir o que fazer e onde fazê-lo. Esperamos encontrar alguma indicação visível — um significante — para a operação correta: uma placa, uma projeção, uma cavidade, um entalhe — alguma coisa que permita à mão tocar, segurar, girar ou se encaixar. Isso nos diz onde agir. O passo seguinte é descobrir como: devemos determinar quais operações são permitidas, em parte usando os significantes e em parte guiados por restrições.

Portas existem numa variedade surpreendente. Algumas só abrem quando se aperta um botão, e outras nem sequer indicam como se abrem, não tendo nem botões, nem maçanetas, nem qualquer outra indicação do seu funcionamento. A porta poderia ser aberta com um pedal. Ou talvez seja operada pela voz, e temos de dizer as palavras mágicas (*"Abre-te, Sésamo!"*). Além disso, algumas portas têm placas afixadas: empurre, puxe, deslize para o lado, levante, toque a campainha, insira o cartão, digite a senha, sorria, gire, faça uma reverência, dance ou talvez apenas peça. De algum modo, quando um artefato tão simples como uma porta tem de vir acompanhado de um manual de instruções, ele é falho e mal projetado em termos de design.

Pense sobre as ferragens de uma porta destrancada. Ela não precisa ter quaisquer partes móveis: pode ser uma maçaneta fixa, uma placa, uma alça ou uma ranhura. Não só o acessório adequado opera a porta sem dificuldade, como também vai indicar exatamente de que modo a porta deve ser operada: ele irá incorporar as dicas claras e objetivas — os significantes. Suponhamos que a porta abra ao ser empurrada. A maneira mais fácil de indicar isso é ter uma chapa no local onde se deve empurrar.

Placas ou barras planas podem significar de forma clara e objetiva tanto a ação adequada como a sua localização, pois as *affordances* restringem as ações possíveis a simplesmente empurrar. Você se lembra da discussão sobre a porta corta-fogo e sua barra antipânico no Capítulo 2 (Figura 2.5, página 79)? A barra antipânico, com sua grande superfície horizontal, muitas vezes com uma segunda cor na parte que deve ser empurrada, é um bom exemplo de um significante inequívoco. Ela restringe muito bem o comportamento impróprio quando pessoas em pânico pressionam a porta enquanto tentam escapar de um incêndio. As melhores barras oferecem recursos visíveis que atuam como restrições físicas à ação, e também um significante visível, especificando discretamente *o que* fazer e *onde* fazer.

Algumas portas possuem um sistema de funcionamento adequado e bem posicionado. As maçanetas externas da maioria dos automóveis modernos são excelentes exemplos de design. As maçanetas normalmente são receptáculos que indicam ao mesmo tempo o local e o modo de ação. Peças horizontais guiam a mão à posição de puxar; peças verticais sinalizam um movimento de deslizar. Mas é estranho que as maçanetas internas dos carros sejam uma outra história. Nelas, o designer se deparou com um tipo diferente de problema, e não encontrou uma solução adequada. Como resultado, embora as maçanetas externas sejam excelentes, as internas geralmente são difíceis de encontrar, difíceis de desvendar o funcionamento e pouco confortáveis no uso em si.

Com base em minha experiência, os piores transgressores são as portas de armários. Por vezes não é possível sequer determinar onde estão as portas, quanto mais se e de onde correm, ou se devem ser levantadas, empurradas ou puxadas. O foco na estética pode cegar o designer (e o comprador) para a falta de usabilidade. Um design particularmente frustrante são aquelas portas que abrem para fora ao serem empurradas para dentro. O empurrão libera a trava e energiza a mola, então, quando a mão é retirada, a porta se abre. É um design bem inteligente, mas confuso para quem usa pela primeira vez. Uma placa seria uma sinalização apropriada, mas os designers não querem interromper a superfície lisa da porta. Um dos armários da minha casa tem um desses fechos em sua porta de vidro. Como o vidro permite a visibilidade das prateleiras na parte de dentro, é óbvio que não há espaço para que a porta se abra para dentro; portanto, empurrar a porta parece contraditório. Usuários novos e que não estão acostumados com esse tipo de porta normalmente recusam-se a empurrar e puxam a porta, o que exige que usem as unhas, facas ou métodos ainda mais engenhosos para tentar abrir. Um outro tipo de design contraintuitivo e semelhante foi a fonte da minha dificuldade ao tentar escoar a água suja da pia no meu hotel em Londres (Figura 1.4, página 35).

As aparências enganam. Já vi pessoas tropeçarem e caírem ao tentar abrir uma porta que funcionava automaticamente: a porta se abriu no mesmo momento em que as pessoas tentavam empurrá-la com o corpo. Na maioria dos trens do metrô, as portas se abrem de forma automática em cada estação. Mas em Paris não é assim. Vi uma pessoa tentar sair do trem e não conseguir. Quando o trem chegou à sua estação, a pessoa se levantou e ficou parada pacientemente em frente à porta, esperando que ela se abrisse. Isso nunca aconteceu. O trem simplesmente partiu e seguiu para a estação seguinte. No metrô de Paris, você mesmo tem que abrir a porta apertando um botão, ou pressionando uma alavanca, ou deslizando-a (dependendo do tipo de vagão em que estiver). Em alguns sistemas de trânsito, o passageiro deve operar a porta, mas em outros isso é proibido. Pessoas que viajam com frequência são confrontadas com esse tipo de situação: o comportamento que é adequado em um lugar é inadequado em outro, mesmo em situações que parecem idênticas. Normas culturais conhecidas podem criar conforto e harmonia. Normas desconhecidas podem causar desconforto e confusão.

O problema com interruptores e controles

Frequentemente nas minhas palestras, minha primeira demonstração não precisa de preparação alguma. Posso sempre contar que os interruptores de luz da sala ou do auditório serão de difícil manejo. "Luzes, por favor", alguém pede. Então tateia daqui, busca dali, procura acolá. Quem sabe onde ficam os interruptores de luz e que luzes eles controlam? Parece que as luzes só funcionam sem problemas quando se contrata um técnico para sentar numa sala de controle em algum lugar, acendendo-as e apagando-as.

Os problemas com interruptores em um auditório são irritantes, mas problemas semelhantes em ambientes industriais são perigosos. Em muitas salas de controle, fileiras e fileiras de interruptores idênticos confrontam os operadores. Como eles evitam o erro ocasional, a confusão ou os esbarrões acidentais no controle errado? Ou um erro de mira? Eles não evitam. Felizmente, ambientes industriais em geral são bastante robustos. E, de maneira geral, alguns erros aqui e ali não são importantes.

Um tipo muito comum de avião de pequeno porte tem controles de aspecto idêntico para flapes e trens de aterrissagem bem ao lado um do outro. Você se surpreenderia ao saber quantos pilotos, enquanto em terra, decidiram levantar os flapes, mas, em vez disso, ergueram as rodas. Esse erro de altíssimo custo aconteceu com frequência suficiente para que a National Transportation Safety Board escrevesse um relatório a respeito. Os analistas educadamente ressaltaram que os princípios de design para evitar erros daquele tipo são conhecidos há cinquenta anos. Por que aqueles erros de design ainda estavam sendo cometidos?

Interruptores e controles básicos deveriam ser relativamente simples de ser bem projetados. Mas existem duas dificuldades fundamentais. A primeira é determinar que tipo de dispositivo eles controlam; por exemplo, flapes ou trem de aterrissagem. A segunda é um problema de mapeamento, abordado nos Capítulos 1 e 3. Por exemplo, quando existem muitas luzes e um grande número de interruptores, como se pode determinar que interruptor deve comandar que luz?

O problema dos interruptores se torna sério somente quando existem muitos deles. Não é um problema em situações com um único interruptor, e é apenas um problema de pequena importância quando existem dois. Mas as dificuldades crescem rápido com mais de dois botões de controle na mesma localização. Múltiplos interruptores ou controles são mais prováveis de existir em escritórios, auditórios e instalações industriais do que em residências.

Em instalações complexas, onde existem inúmeras luzes e interruptores, os controles de luz raramente atendem às necessidades da situação. Quando dou palestras, preciso de uma forma de diminuir a luz que atinge a tela de projeção para que as imagens fiquem visíveis, mas manter luz suficiente sobre o público para que as pessoas possam tomar notas (e eu possa monitorar as reações à palestra). Este tipo de controle poucas vezes é fornecido. Os técnicos não são treinados para fazer análises de tarefa.

De quem é a culpa? Provavelmente de ninguém. Culpar uma pessoa em geral não é apropriado nem sequer útil, um ponto ao qual retornarei no Capítulo 5. O problema provavelmente se deve às dificuldades de coordenação das diferentes profissões envolvidas na instalação de controles de luz.

FIGURA 4.4 Interruptores de luz incompreensíveis. Painéis de interruptores como esse não são raros em residências. Não há mapeamento óbvio entre os interruptores e as luzes controladas. Certa vez, tive um painel semelhante em minha casa, mas com apenas seis botões. Mesmo depois de anos morando na casa, eu nunca conseguia lembrar qual usar, então simplesmente ligava ou desligava todos de uma vez. Como resolvi o problema? Veja a Figura 4.5.

Certa vez, morei em uma casa maravilhosa nos penhascos de Del Mar, na Califórnia, projetada para nós por dois jovens arquitetos premiados. A casa era sensacional e os arquitetos provaram o seu valor pela localização espetacular da casa e pelas amplas janelas que davam para o oceano. Mas eles gostavam um pouco demais da conta de um design simples, elegante e moderno. Dentro da casa havia, entre outras coisas, fileiras organizadas de interruptores de luz: uma fileira horizontal de quatro interruptores idênticos no hall da frente, uma coluna vertical de seis interruptores idênticos na sala de estar. "Vocês vão se acostumar", garantiram os arquitetos quando reclamamos. Nós nunca nos acostumamos. A Figura 4.4 mostra um painel com oito interruptores que vi numa casa que visitei. Quem conseguiria se lembrar de qual botão aciona qual luz? Minha casa tinha somente seis interruptores, e já era terrível. (As fotos do painel de interruptores da minha casa em Del Mar não estão mais disponíveis.)

A falta de uma comunicação clara entre as pessoas e organizações que constroem partes de um sistema talvez seja a causa mais comum de designs complicados e confusos. Um design utilizável começa com observações cuidadosas de como as tarefas são realmente executadas, seguidas por um processo de design que resulte em um bom ajuste às formas reais de como isso ocorre. O nome técnico desse método é *análise de tarefas*. O nome de todo o processo é *design centrado no ser humano* (HCD), discutido no Capítulo 6.

As soluções para o problema na minha casa em Del Mar exigem os mapeamentos naturais descritos no Capítulo 3. Com seis interruptores de luz montados em um painel unidimensional, na posição vertical na parede, não há como mapear naturalmente o posicionamento horizontal e bidimensional das luzes no teto. Por que instalar interruptores na vertical? Por que não refazer as coisas? Por que não colocar os interruptores na horizontal, em exata analogia às luzes que estão sendo controladas, com uma disposição bidimensional, para que os interruptores possam ser colocados numa planta baixa em correspondência com as áreas controladas? Combine o layout das luzes com o layout dos interruptores: o princípio do mapeamento natural. Você pode ver o resultado na Figura 4.5. Montamos uma planta da sala em uma placa orientada para corresponder ao ambiente. Os interruptores foram colocados na planta baixa de modo que cada um estivesse localizado na área controlada pelo mesmo interruptor. A placa foi montada com uma ligeira inclinação em relação à horizontal para facilitar a visualização e tornar o mapeamento claro: se a placa fosse vertical, o mapeamento ainda seria ambíguo. A placa ficou inclinada em vez de na horizontal para desencorajar as pessoas (nós, ou os visitantes) de colocar objetos em cima, como copos; um exemplo de anti*affordance*. (Simplificamos ainda mais as operações movendo o sexto interruptor para um local diferente, onde seu significado ficou claro e não confundia o usuário, pois estava isolado.)

FIGURA 4.5 Um mapeamento natural de interruptores de luz. Foi assim que mapeei cinco interruptores para as luzes da minha sala de estar. Coloquei pequenos interruptores que se encaixavam na planta da sala, da varanda e do corredor, cada um colocado onde a luz estava localizada. O X ao lado do interruptor central indica onde este painel estava localizado. A superfície era inclinada para facilitar a relação com a disposição horizontal das luzes, e a inclinação proporcionou um anti*affordance* natural, evitando que as pessoas apoiassem xícaras e copos em cima do painel.

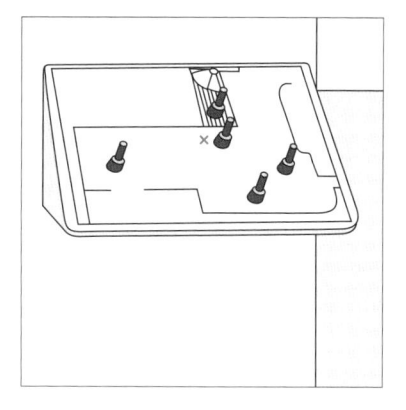

É desnecessariamente difícil implementar esse mapeamento espacial de interruptores para luzes: as peças necessárias não estão disponíveis. Tive que contratar um técnico especializado para construir a caixa montada na parede e instalar os interruptores e equipamentos de controle especiais. Construtores e eletricistas precisam de componentes padronizados. Hoje, as caixas de distribuição disponíveis para os eletricistas são retangulares, destinadas a conter uma série longa e linear de interruptores e a serem montadas na parede de forma horizontal ou vertical. Para produzir um arranjo espacial adequado, precisaríamos de uma estrutura bidimensional que pudesse ser montada paralela ao chão, onde os interruptores seriam montados no topo da caixa, na superfície horizontal. A caixa de distribuição deve ter uma matriz de suportes para que possa haver colocação livre e relativamente irrestrita dos interruptores em qualquer padrão que melhor se adapte à sala. O ideal seria que a caixa usasse pequenos interruptores, talvez de baixa voltagem, que controlariam uma estrutura de controle montada de forma separada para as luzes (o que fiz na minha casa). Interruptores e luzes poderiam se comunicar sem fio, em vez de usar os cabos tradicionais de fiação doméstica. No lugar das placas de luz padronizadas para os interruptores grandes e volumosos de hoje, as placas deveriam ser projetadas para pequenos orifícios apropriados para os interruptores pequenos, junto com alguma forma de inserir uma planta baixa na tampa do interruptor.

Minha sugestão exige que a caixa de distribuição fique fora da parede, enquanto as caixas atuais são montadas de forma que os interruptores fiquem alinhados com a parede. Mas essas novas caixas de distribuição não precisariam chamar atenção. Poderiam ser colocados em alcovas na parede: assim como há espaço dento da parede para as caixas de distribuição existentes, também há espaço para uma superfície horizontal recortada. Ou os interruptores poderiam ser montados em um pequeno pedestal.

Como observação, nas décadas que se passaram desde a publicação da primeira edição deste livro, a seção sobre mapeamentos naturais e as dificuldades com interruptores de luz tiveram uma recepção muito popular. No entanto, não existem ferramentas comerciais disponíveis para facilitar a implementação dessas ideias em casa. Certa vez, tentei convencer o CEO da empresa cujos dispositivos domésticos inteligentes eu usei para implementar os controles da Figura 4.5 a usar a minha ideia. "Por que não fabricar os componentes para tornar isso acessível às pessoas?", eu sugeri. Mas fracassei.

Algum dia, vamos nos livrar dos interruptores conectados, que exigem fios elétricos excessivos, aumentam o custo e as dificuldades de construção de casas, além de tornarem as reformas de circuitos elétricos extremamente difíceis e demoradas. Em vez disso, usaremos sinais de internet ou sem fio para conectar os interruptores aos dispositivos que eles controlam. Dessa forma, os controles podem ficar localizados em qualquer lugar. Podem ser reconfigurados ou movidos. Poderemos ter vários controles para o mesmo item, alguns até em nossos telefones ou dispositivos portáteis. Posso controlar o termostato da minha casa de qualquer parte do mundo: por que não posso fazer o mesmo com as luzes? Algumas das tecnologias necessárias já existem hoje em lojas especializadas e construtores personalizados, mas não serão amplamente utilizadas até que os grandes fabricantes produzam os componentes necessários e os eletricistas tradicionais se sintam confortáveis em instalá-los. As ferramentas para criar configurações de interruptores que usam bons princípios de mapeamento poderiam se tornar o padrão, além de fáceis de aplicar. Isso vai acontecer, mas pode levar um tempo considerável.

Infelizmente, assim como muitas coisas que mudam, as novas tecnologias trarão bônus e ônus. Os controles provavelmente serão feitos por meio de telas sensíveis ao toque, permitindo um excelente mapeamento natural dos layouts dos espaços envolvidos, mas sem as capacidades físicas dos interruptores físicos. Eles não podem ser operados com a lateral do braço ou com o cotovelo quando entramos em uma sala com as mãos carregadas de sacolas ou xícaras de café. As telas sensíveis ao toque funcionam bem se as mãos estiverem livres. Talvez câmeras que reconheçam gestos possam resolver isso.

Controles centrados em atividades

O mapeamento espacial de controles e interruptores nem sempre é apropriado. Em muitos casos, é melhor ter interruptores que controlem as atividades: o controle centrado na atividade. Muitos auditórios em escolas e empresas possuem interruptores baseados em etiquetas como "vídeo", "computador", "luz máxima" e "palestra". Quando projetado de forma cuidadosa, com uma análise boa e detalhada das atividades a serem realizadas, o mapeamento dos controles para as atividades funciona extremamente bem: o vídeo requer um auditório escuro, além de controle do nível de som e controles para iniciar, pausar e parar a apresentação. As imagens projetadas requerem uma área escura na tela com luz suficiente no auditório para que as pessoas possam fazer suas anotações. As palestras requerem algumas luzes no palco para que o palestrante possa ser visto. Os controles baseados em atividades são excelentes em teoria, mas difíceis de acertar na prática. Quando malfeitos, criam dificuldades.

Uma abordagem relacionada, porém errada, é centrar os controles no dispositivo em vez de na atividade. Quando centradas no dispositivo, diferentes telas de controle cobrem luzes, som, computador e projeção de vídeo. Isso exige que o palestrante vá até uma tela para ajustar a luz, a outra tela diferente para ajustar o som e ainda uma outra tela para avançar ou controlar as imagens. É uma interrupção cognitiva terrível no fluxo da palestra ir e voltar entre as telas, às vezes para pausar o vídeo para fazer um comentário ou responder a uma pergunta. Os controles centrados na atividade antecipam essa necessidade e colocam os controles de luz, som e projeção todos em um só local.

Certa vez, usei um controle centrado em atividades, configurando-o para apresentar minhas fotos ao público. Tudo funcionou bem até que me fizeram uma pergunta. Fiz uma pausa para responder, mas queria acender as luzes da sala para poder ver o público. Não, a atividade de proferir um discurso com imagens apresentadas visualmente significava que as luzes da sala ficavam fixadas em uma determinada programação. Quando tentei aumentar a intensidade da luz, isso me tirou da atividade de "dar uma palestra", e, então, consegui iluminar onde eu queria, mas a tela de projeção subiu para o teto e desligou. A dificuldade com os controles baseados em atividades é lidar com casos excepcionais, aqueles que não foram pensados durante o projeto de design.

Os controles centrados nas atividades são o caminho certo a seguir, se as atividades forem cuidadosamente selecionadas para atender aos requisitos reais. Mas, mesmo nesses casos, os controles manuais continuarão sendo necessários, porque sempre haverá alguma demanda nova inesperada que requeira configurações idiossincráticas. Como demonstra meu exemplo, invocar as configurações manuais não deve fazer com que a atividade em curso seja cancelada.

AS RESTRIÇÕES QUE FORÇAM O COMPORTAMENTO DESEJADO

Funções de força coerciva

As funções de força coerciva são uma forma de restrição física: situações em que as ações são restringidas de modo que a falha em um estágio impede que o próximo passo aconteça. A partida de um carro tem uma função de força coerciva associada a ele — o motorista deve ter algum objeto físico que signifique uma permissão para usar o carro. No passado, era uma chave física para destravar as portas do carro e também para ser colocada na ignição, que permitia que o sistema elétrico fosse acionado e, se girada até o extremo, que o motor fosse ligado.

Os carros de hoje têm muitos meios de verificar a permissão. Alguns ainda exigem uma chave, mas ela pode ficar no bolso ou dentro da bolsa. Cada vez mais, a chave não é necessária e é substituída por um cartão, um telefone ou algum objeto físico que possa se comunicar com o carro. Desde que apenas pessoas autorizadas possuam o cartão (que é o mesmo para o caso da chave), tudo funciona bem. Os veículos elétricos ou híbridos não precisam ligar os motores antes de movimentar o carro, mas os procedimentos ainda são semelhantes: os motoristas devem garantir a autenticação tendo em posse um item físico. Como o veículo não arranca sem a autenticação comprovada pela posse da chave, trata-se de uma função de força coerciva.

As funções de força coerciva são o caso extremo de restrições fortes que podem impedir comportamentos inadequados. Nem todas as situações permitem a aplicação de restrições tão fortes, mas o princípio geral pode ser estendido a uma ampla variedade de situações. No campo da engenharia de segurança, as funções de força coerciva aparecem com outros nomes, principalmente como métodos especializados para a prevenção de acidentes. Três desses métodos são intertravamento (*interlock*), *lock-in* e *lockout*.

Intertravamento (*Interlock*)

Um intertravamento força as operações a ocorrerem na sequência adequada. Fornos de micro-ondas e aparelhos com exposição interna a alta-tensão utilizam intertravamentos como funções de força coerciva para evitar que pessoas abram a porta do forno ou desmontem os aparelhos sem antes desligar a energia elétrica: o intertravamento desliga a alimentação elétrica no instante em que a porta é aberta ou a parte traseira é removida. Em automóveis com transmissão automática, um intertravamento impede que a marcha saia da posição P (parado) sem que o pedal do freio seja pressionado.

Outra forma de intertravamento é o "botão do homem morto", usado em vários ambientes de segurança, principalmente para operadores de trens, cortadores de grama, motosserras e muitos veículos recreativos. Na Grã-Bretanha, são chamados de "dispositivo de segurança do motorista". Muitos exigem que o operador mantenha pressionado um interruptor com mola para permitir a operação do equipamento, de modo que, se o operador morrer (ou perder o controle), o interruptor seja liberado, parando o equipamento. Como alguns operadores contornaram o recurso amarrando o controle (ou colocando um peso naqueles operados com o pé), vários esquemas foram desenvolvidos para determinar se a pessoa está realmente viva e alerta. Alguns exigem um nível médio de pressão; outros, pressões e liberações repetidas. Alguns solicitam respostas a questionários. Mas, em todos os casos, são exemplos de intertravamentos relacionados à segurança para impedir a operação quando o operador está incapacitado.

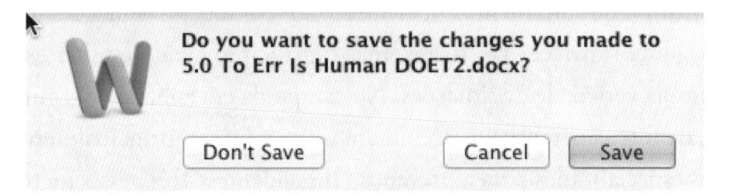

FIGURA 4.6 Função de força coerciva de *lock-in*. Essa função de bloqueio torna difícil sair de um programa sem salvar o trabalho ou dizer conscientemente que não deseja fazê-lo. Observe que ele está configurado educadamente para que a operação desejada possa ser executada com rapidez direto na mensagem.

Lock-in

Um *lock-in* mantém uma operação ativa, evitando que alguém a interrompa de forma prematura. Os *lock-ins*-padrão existem em muitos aplicativos de computador, em que qualquer tentativa de sair deles sem salvar o trabalho é impedida por uma mensagem perguntando se é isso que você realmente deseja fazer (Figura 4.6). Eles são tão eficazes que eu os uso deliberadamente como minha forma--padrão de sair do programa. Em vez de salvar um arquivo e sair, eu simplesmente saio, sabendo que terei uma maneira simples de salvar meu trabalho. O que foi criado como uma mensagem de erro tornou-se um atalho eficiente.

Os *lock-ins* podem ser bastante literais, como em celas de prisão ou cercadinhos para bebês, impedindo que uma pessoa saia daquela área.

Algumas empresas tentam fidelizar clientes fazendo com que todos os seus produtos funcionem harmoniosamente uns com os outros, mas sejam incompatíveis com os produtos da concorrência. Assim, músicas, vídeos ou livros eletrônicos adquiridos de uma empresa podem ser reproduzidos ou lidos em aplicativos de música e vídeo e leitores de e-books fabricados por essa empresa, mas não funcionarão em dispositivos similares de outros fabricantes. O objetivo é usar o design como estratégia de negócio: a consistência dentro de um determinado fabricante significa que, uma vez que as pessoas aprendem o sistema, elas permanecerão nele e hesitarão em mudar. A confusão ao usar o sistema de uma empresa diferente impede ainda mais que os clientes mudem de sistema. No fim, as pessoas que precisam usar vários sistemas saem perdendo. Na verdade, todo mundo sai perdendo, exceto o fabricante cujos produtos dominam o mercado.

FIGURA 4.7 Uma função de força coerciva de *lockout* numa saída de emergência. O portão, instalado no térreo, evita que as pessoas que possam estar descendo as escadas correndo para escapar de um incêndio continuem até o subsolo, onde podem ficar presas.

Lockout

Enquanto um *lock-in* mantém uma pessoa em um espaço ou impede uma ação até que as operações desejadas sejam realizadas, um *lockout* impede que alguém entre em um espaço perigoso ou impede algo de acontecer. Um bom exemplo de *lockout* está nas escadas de edifícios públicos, pelo menos nos Estados Unidos, (Figura 4.7). Em casos de incêndio, as pessoas tendem a sair em pânico, descendo as escadas, descendo, descendo, e acabam passando do andar térreo e seguindo para o subsolo, onde podem ficar presas. A solução (exigida pela legislação contra incêndios) é não permitir a fácil passagem do andar térreo para o subsolo.

Os *lockouts* normalmente são usados por questões de segurança. Assim, as crianças pequenas ficam protegidas por fechaduras para bebês nas portas dos armários, tampas para tomadas elétricas e travas especializadas para recipientes com remédios e substâncias tóxicas. O pino que impede que um extintor de incêndio seja ativado até que seja removido é um *lockout* para evitar a descarga acidental do extintor.

As funções de força coerciva podem ser um incômodo no uso normal. O resultado é que muitas pessoas desabilitarão deliberadamente essas funções, anulando, assim, seu recurso de segurança. O designer inteligente deve minimizar o incômodo, mantendo o recurso de segurança da função que protege contra possíveis tragédias. O portão da Figura 4.7 é um dispositivo inteligente: restrição suficiente para fazer as pessoas perceberem que estão saindo do térreo, mas não para impedir o comportamento normal nem levar as pessoas a manterem o portão aberto.

Outros dispositivos úteis também utilizam as funções de força coerciva. Em alguns banheiros públicos, uma prateleira suspensa é colocada de forma inconveniente na parede logo atrás da porta, mantida na posição vertical por uma mola. Você abaixa a prateleira para a posição horizontal e um peso, como uma sacola ou uma bolsa, a mantém lá. A posição da prateleira é uma função de força coerciva. Quando ela é abaixada, bloqueia totalmente a porta. Portanto, para sair do banheiro, é preciso retirar o que estiver em cima dela e levantá-la. Um design inteligente.

CONVENÇÕES, RESTRIÇÕES E *AFFORDANCES*

No Capítulo 1, aprendemos sobre as distinções entre *affordances*, *affordances* percebidas e significantes. As *affordances* referem-se às ações potenciais que são possíveis, mas essas só são facilmente descobertas se forem perceptíveis: as *affordances* percebidas. É o componente significante da *affordance* percebida que permite que as pessoas determinem as ações possíveis. Mas como passar da percepção de uma *affordance* para a compreensão da ação potencial? Em muitos casos, isso ocorre por meio de convenções.

Uma maçaneta tem a *affordance* percebida de ser segurada. Mas saber que a maçaneta serve para abrir e fechar portas é uma informação aprendida: é um aspecto cultural do design que as maçanetas e barras, quando colocadas nas portas, têm como objetivo permitir a abertura e o fechamento delas. Os mesmos dispositivos em paredes fixas teriam uma interpretação diferente: poderiam oferecer suporte, por exemplo, mas certamente não a possibilidade de abrir a parede. A interpretação de uma *affordance* percebida é uma convenção cultural.

Convenções são restrições culturais

As convenções são um tipo especial de restrição cultural. Por exemplo, a forma como as pessoas comem está sujeita a fortes restrições e convenções culturais. Diferentes culturas usam utensílios distintos para comer. Algumas comem principalmente usando os dedos e pães. Outras usam utensílios de servir elaborados. O mesmo se aplica a quase todos os aspectos imagináveis de comportamento, desde as roupas que vestimos; à forma como nos dirigimos aos mais velhos, aos iguais, aos mais novos; e até mesmo à ordem em que as pessoas entram ou saem de uma sala. O que é considerado correto e adequado em uma cultura pode ser indelicado na outra.

Embora as convenções forneçam orientações valiosas para situações novas, sua existência pode dificultar a implementação de mudanças: consideremos a história dos elevadores de controle de destino.

Quando as convenções mudam: o caso dos elevadores de controle de destino

Operar um elevador comum parece algo óbvio. Aperte um botão, entre no elevador, suba ou desça, saia. Mas temos encontrado e documentado uma série de variações curiosas nessa interação simples, levantando a questão: Por quê? (Portigal & Norvaisas, 2011.)

Essa citação vem de dois profissionais de design que ficaram tão ofendidos com uma mudança nos controles de um sistema de elevador que escreveram um artigo inteiro para reclamar.

Mas o que poderia causar uma ofensa tão grande? Era um projeto ruim de verdade ou, como sugerem os autores, uma mudança completamente desnecessária em um sistema já satisfatório? Eis o ocorrido: os autores encontraram uma nova convenção para elevadores chamada "controle de destino do elevador". Muitas pessoas (inclusive eu) consideram o sistema melhor do que aquele a que estamos acostumados. Sua principal desvantagem é ser diferente. Isso viola a convenção do costume. Violações de convenções podem ser muito incômodas. A história foi a seguinte:

Quando os elevadores "modernos" foram instalados pela primeira vez nos edifícios no final do século XIX, eles sempre contavam com um operador humano (o ascensorista) que controlava a velocidade e a direção do elevador, parava nos devidos andares e abria e fechava as portas. As pessoas entravam no elevador, cumprimentavam o ascensorista e informavam para qual andar desejavam ir. Quando os elevadores foram automatizados, uma convenção semelhante foi seguida. As pessoas entravam no elevador e informavam para qual andar estavam indo ao apertar o respectivo botão devidamente marcado dentro do elevador.

Essa é uma maneira bastante ineficiente de fazer as coisas. A maioria de vocês provavelmente já entrou em um elevador lotado, onde cada pessoa parece querer ir para um andar diferente, o que significa uma viagem lenta para as pessoas que vão para os andares mais altos. Um sistema de elevador com controle de destino agrupa os passageiros, de modo que aqueles que vão para o mesmo andar sejam solicitados a usar o mesmo elevador e a carga de passageiros seja distribuída para maximizar a eficiência. Embora esse tipo de agrupamento só faça sentido em prédios que possuem um grande número de elevadores, isso abrangeria qualquer hotel, além de prédios comerciais ou residenciais maiores.

No elevador tradicional, os passageiros ficam no corredor do elevador e indicam se desejam subir ou descer. Quando um elevador chega na direção solicitada, eles entram e usam os botões dentro do elevador para indicar o andar de destino. Como resultado, cinco pessoas podem entrar no mesmo elevador, cada uma querendo ir para um andar diferente. Com o controle de destino, os teclados de destino estão localizados no corredor do lado de fora dos elevadores, e não há botões de andares dentro dos elevadores (Figuras 4.8A e D). As pessoas são direcionadas para o elevador que chegará ao seu andar com mais eficiência. Assim, se houver cinco pessoas chamando elevadores, elas podem ser designadas para cinco elevadores diferentes. Isso resulta em viagens mais rápidas para todos, com o mínimo de paradas possível. Mesmo que as pessoas sejam designadas para elevadores que não sejam os próximos a

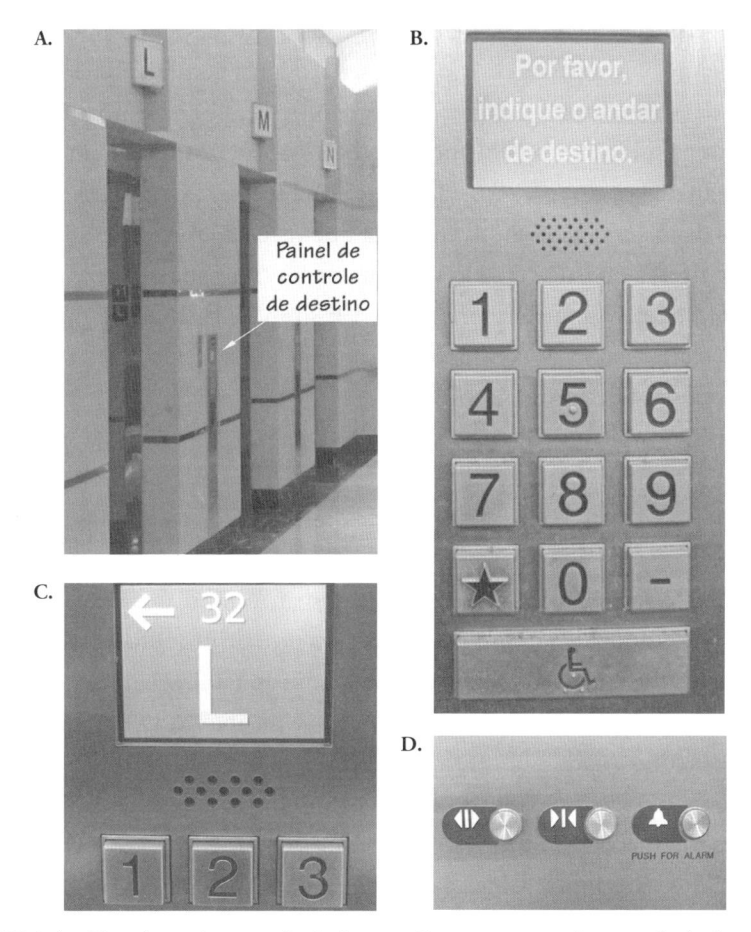

FIGURA 4.8 Elevadores de controle de destino. Em um sistema de controle de destino, o andar desejado é inserido no painel de controle do lado de fora dos elevadores (A e B). Depois de inserir o andar de destino em B, o display direciona o passageiro para o elevador apropriado, conforme mostrado em C, onde "32" foi inserido como o andar de destino desejado, e a pessoa é direcionada para o elevador "L" (o primeiro elevador à esquerda, em A). Não há como especificar o andar de dentro do elevador: lá dentro os controles são apenas para abrir e fechar as portas e o alarme (D). Este é um design muito mais eficiente, porém confuso para as pessoas acostumadas ao sistema mais convencional. (Fotos do autor.)

chegar, elas chegarão aos seus destinos mais rápido do que se pegassem todas o mesmo elevador.

O controle de destino foi inventado em 1985, mas a primeira instalação comercial só apareceu em 1990 (nos elevadores Schindler). Agora, décadas depois, ele começa a aparecer com mais frequência à medida que os construtores de edifícios altos descobrem que o controle de destino proporciona um serviço melhor aos passageiros, ou um serviço igual com menos elevadores.

Que horror! Como a Figura 4.8D confirma, não há botões dentro do elevador para especificar um andar. E se os passageiros mudarem de ideia e desejarem descer em um andar diferente? (Até meu editor da Basic Books reclamou disso em uma nota.) E então? O que você faz em um elevador normal quando decide que, na verdade, quer descer no sexto andar no momento em que o elevador passa pelo sétimo andar? É simples: basta descer na próxima parada, ir até o painel de controle de destino no hall dos elevadores e pressionar o andar para onde gostaria de ir.

Respostas das pessoas às mudanças nas convenções

As pessoas invariavelmente se opõem e reclamam sempre que uma nova abordagem é introduzida em um conjunto existente de produtos e sistemas. As convenções são violadas: é necessária uma nova aprendizagem. Os méritos do novo sistema são irrelevantes: é a mudança que incomoda. O elevador de controle de destino é apenas um entre muitos exemplos. O sistema métrico fornece um exemplo poderoso das dificuldades em mudar as convenções das pessoas.

A escala métrica de medição é superior à escala inglesa de unidades em quase todos os aspectos: é lógica e fácil de aprender e usar em cálculos. Hoje, mais de dois séculos se passaram desde que o sistema métrico foi desenvolvido pelos franceses na década de 1790, mas três países ainda resistem ao seu uso: os Estados Unidos, a Libéria e Mianmar. Até a Grã-Bretanha se adaptou em grande parte, de modo que o único país grande que ainda resta usando o sistema inglês de unidades é os Estados Unidos. Por que não trocamos? A mudança é incômoda demais para as pessoas que têm de aprender o novo sistema, e o custo inicial de aquisição de novas ferramentas e dispositivos de medição parece excessivo. As dificuldades de aprendizado na verdade não são tão complexas como se pensa, e o custo seria relativamente baixo, pois o sistema métrico já é bastante utilizado, mesmo nos Estados Unidos.

A consistência no design é uma virtude. Significa que as lições aprendidas com um sistema são facilmente transferidas para outros. No geral, a consistência deve ser seguida. Se uma nova maneira de fazer as coisas for apenas ligeiramente melhor que a antiga, é melhor ser consistente. Mas, para que haja uma mudança, todos têm que mudar. Os sistemas mistos são confusos para todos. Quando uma maneira de fazer as coisas é muito superior à outra, então os méritos da mudança superam a dificuldade de mudar. Só porque algo é diferente não significa que seja ruim. Se utilizássemos somente o que é antigo, nunca poderíamos melhorar.

A TORNEIRA: UM CASO HISTÓRICO DE DESIGN

Pode ser difícil de acreditar que uma torneira de água comum precise de um manual de instruções. Eu vi uma assim, dessa vez na reunião da Sociedade Britânica de Psicologia, em Sheffield, Inglaterra. Os participantes foram alojados em dormitórios. Ao fazer o check-in na Ranmoor House, cada hóspede recebia um panfleto com informações úteis: onde ficavam as igrejas, os horários das refeições, a localização dos correios e como as torneiras funcionavam. "As torneiras do lavatório são acionadas empurrando-as suavemente para baixo."

Quando chegou a minha vez de falar na conferência, perguntei ao público sobre as tais torneiras. Quantas pessoas tinham tido problemas para usá-las? Ouvi risadas educadas e contidas. Quantas tentaram girar a manopla? Muitas mãos foram levantadas. Quantas tiveram que pedir ajuda? Algumas pessoas honestas levantaram a mão. Depois, uma mulher veio até mim e contou que havia desistido, andando pelos corredores até encontrar alguém que pudesse lhe explicar como a torneira funcionava. Uma pia simples, uma torneira aparentemente comum. Mas parecia que deveria ser girada, e não empurrada. Se você quiser que a torneira seja empurrada, faça com que pareça que deve ser empurrada. (Esse, é claro, é semelhante ao problema que tive para esvaziar a pia no hotel, que descrevi no Capítulo 1.)

Por que é tão difícil acertar com um item tão simples e padronizado como uma torneira de água? A pessoa que usa uma torneira só se preocupa com duas coisas: a temperatura da água e a vazão. Mas a água entra na torneira por dois canos, um quente e um frio. Existe um conflito entre a necessidade humana de temperatura e fluxo e a estrutura física do quente e frio.

Há várias maneiras de lidar com isso:

- **Controlar tanto a água quente quanto a água fria:** Dois controles, um para a água quente e outro para a água fria.
- **Controlar somente a temperatura:** Um controle único, em que o fluxo da água é fixo. Girar o controle a partir de sua posição fixa liga a água em um fluxo predeterminado, com a temperatura controlada pela posição da manopla.
- **Controlar somente a quantidade de água:** Um controle único, em que a temperatura é fixa e o fluxo é controlado pela posição da manopla.
- **Liga-desliga:** Um controle liga e desliga a água. É assim que as torneiras controladas por gesto funcionam: mover a mão para baixo ou para longe da torneira liga ou desliga a água, a uma temperatura e fluxo fixos.
- **Controlar a temperatura e o fluxo:** Usar dois controles separados, um para a temperatura da água e outro para o fluxo. (Nunca me deparei com essa solução.)
- **Um controle para temperatura e fluxo:** Um controle integrado, onde o movimento em uma direção controla a temperatura e o movimento em outra direção controla a quantidade de água.

Onde existem dois controles, um para a água quente e outro para a água fria, há quatro problemas de mapeamento:

- Qual manopla controla a água quente e qual controla a fria?
- Como você altera a temperatura sem afetar o fluxo de água?
- Como você altera o fluxo de água sem afetar a temperatura?
- Qual direção aumenta o fluxo de água?

Os problemas de mapeamento são resolvidos com convenções ou restrições culturais. É uma convenção mundial que a torneira esquerda é a de água quente e a da direita é a de água fria. Também é uma convenção universal que as roscas dos parafusos sejam feitas para apertar girando no sentido horário e afrouxar girando no sentido anti-horário. Você fecha uma torneira apertando a rosca do parafuso (apertando uma arruela contra sua base), interrompendo assim o fluxo de água. Portanto, girar no sentido horário desliga a água, e, no sentido anti-horário, liga.

Infelizmente, as restrições nem sempre se mantêm. A maioria dos ingleses a quem perguntei não sabia que a torneira esquerda ser de água quente e a direta ser de água fria era uma convenção; a regra é violada com muita frequência para ser considerada uma convenção na Inglaterra. Mas a convenção também não é universal nos Estados Unidos. Certa vez, me deparei com controles de chuveiro instalados na vertical: qual deles controlava a água quente, a torneira superior ou a inferior?

Se as duas torneiras forem redondas, a rotação de qualquer uma delas no sentido horário deve diminuir o volume. Contudo, se cada torneira tiver uma única "lâmina" como manopla, então as pessoas não pensam que elas devem ser giradas: elas pensam em empurrar ou puxar. Para manter a consistência, puxar qualquer uma das torneiras deve aumentar o volume, mesmo que isso signifique girar a torneira esquerda no sentido anti-horário e a direita no sentido horário. Embora a direção de rotação seja inconsistente, puxar e empurrar são consistentes, e é assim que as pessoas conceituam suas ações.

Infelizmente, às vezes, pessoas inteligentes são inteligentes demais para o nosso gosto. Alguns designers de encanamentos bem-intencionados decidiram que a consistência deveria ser ignorada em prol de seu próprio tipo particular de psicologia. O corpo humano tem simetria de imagem espelhada, dizem esses pseudopsicólogos. Portanto, se a mão esquerda se move no sentido horário, ora, a mão direita deveria se mover no sentido anti-horário. Cuidado, seu encanador ou arquiteto pode instalar torneiras cuja rotação no sentido horário tenha um resultado diferente com a água quente e com a água fria.

Ao tentar controlar a temperatura da água, o sabonete escorrendo pelos olhos, tateando para mudar o controle da água com uma das mãos, o sabonete ou o xampu firmes na outra mão, com certeza você vai errar. Se a água estiver muito fria, a mão que tateia pode tanto deixar a água mais fria quanto escaldante.

Seja lá quem inventou essa bobagem de imagem espelhada deveria ser forçado a tomar banho. Sim, há alguma lógica nisso. Para ser um pouco justo com o inventor desse esquema, ele funciona desde que você sempre use as mãos para ajustar as duas torneiras simultaneamente. Contudo, ele falha de forma terrível quando uma só mão é usada para alternar entre as duas torneiras. Você não consegue lembrar qual direção faz o quê. Mais uma vez, observe que isso pode ser corrigido sem substituir as torneiras individuais: basta substituir as manoplas por lâminas. O que importa são as percepções psicológicas — o modelo conceitual —, e não a consistência física.

O funcionamento das torneiras precisa ser padronizado para que o modelo conceitual psicológico de funcionamento seja o mesmo para todos os tipos de torneira. Com os controles tradicionais de torneira dupla para água quente e fria, os padrões devem indicar:

- Quando as torneiras são redondas, ambas devem girar na mesma direção para alterar o volume de água.
- Quando as manoplas são de lâmina única, ambas devem ser puxadas para alterar o volume de água (o que significa girar em sentidos opostos na própria torneira).

Outras configurações de torneiras são possíveis. Suponha que elas estejam montadas em um eixo horizontal de modo que girem verticalmente. E, então, o que fazer? A resposta seria diferente para manoplas de lâmina única e redondas? Deixo isso como um exercício para o leitor.

E o problema da avaliação? O feedback no uso da maioria das torneiras é rápido e direto, portanto, se girá-las para o lado errado, será fácil de descobrir e corrigir. O ciclo avaliação-ação é fácil de percorrer. Como resultado, a discrepância das regras normais muitas vezes não é percebida — a não ser que você esteja no chuveiro e o feedback ocorra enquanto você se escalda ou congela. Quando as manoplas estão distantes da saída de água, como é o caso quando as torneiras estão localizadas no centro da banheira, mas as bicas de saída de água estão no alto de uma parede, o atraso entre o giro das torneiras e a mudança de temperatura pode ser bastante longo. Uma vez, medi o controle de um chuveiro que durou cinco segundos. Isso torna o ajuste de temperatura bastante difícil. Gire a torneira para o lado errado e vai ficar dançando dentro do chuveiro enquanto a água está escaldante ou muito gelada, girando loucamente a torneira na direção que você espera ser a correta, na esperança de que a temperatura se estabilize logo. Aqui o problema vem das propriedades do fluxo de água — leva tempo para que a água percorra os dois metros ou mais do cano que conecta as torneiras à bica —, por isso não é facilmente solucionável. Mas o problema é agravado pela má concepção dos controles.

Agora, vamos voltar para a torneira moderna de bica e manopla únicas. Tecnologia ao resgate. Mova a manopla para um lado, ela ajusta a temperatura. Mova para o outro, ela ajusta o volume. Viva! Controlamos exatamente as variáveis de interesse, e a torneira misturadora resolve o problema de avaliação.

Sim, essas novas torneiras são lindas. Lustrosas, elegantes e premiadas. Inutilizáveis. Resolveram uns problemas e criaram outros. Os problemas de mapeamento agora predominam. A dificuldade reside na falta de padronização das dimensões de controle. Portanto, qual direção de movimento significa o quê? Às vezes, há uma manopla que deve ser empurrada ou puxada, ou girada no sentido horário ou anti-horário. Mas será que empurrar ou puxar controla o volume ou a temperatura? Puxar resulta em mais volume ou menos, temperatura mais quente ou mais fria? Às vezes, há uma manopla que se move de um lado para outro, ou para a frente e para trás. Mais uma vez, qual movimento é volume e qual é temperatura? E ainda assim, qual direção é mais (ou mais quente) e qual é menos (ou mais frio)? A torneira de controle único, aparentemente simples, ainda tem quatro problemas de mapeamento:

- Qual dimensão de controle afeta a temperatura?
- Qual direção ao longo dessa dimensão significa mais quente?
- Que dimensão de controle afeta o fluxo de água?
- Qual direção nessa dimensão significa mais?

Em nome da elegância, as partes móveis às vezes se fundem de forma invisível à estrutura da torneira, tornando quase impossível até mesmo encontrar os controles, e pior ainda descobrir para que lado eles se movem ou o que controlam. E então, diferentes designs de torneiras usam diferentes soluções. As torneiras de controle único devem ser superiores porque controlam as variáveis psicológicas de interesse. Mas, devido à falta de padronização e ao design desengonçado (chamar de "desengonçado" é até gentil), eles frustram tanto muitas pessoas que tendem a ser mais odiados do que admirados.

O design de torneiras de banheiro e de cozinha deveria ser simples, mas pode violar muitos princípios do design, incluindo:

- *Affordances* e significantes visíveis
- Capacidade de descoberta
- Feedback imediato

Por fim, muitos violam o princípio do desespero:

- Se tudo mais falhar, padronize.

A padronização é, de fato, o princípio fundamental do desespero: quando nenhuma outra solução parece possível, simplesmente projete tudo da mesma maneira, para que as pessoas só tenham que aprender uma vez. Se todos os fabricantes de torneiras concordassem com um conjunto-padrão de movimentos para controlar quantidade de água e temperatura (que tal para cima e para baixo para controlar a quantidade, sendo para cima o aumento, e para esquerda e direita controlar a temperatura, sendo a esquerda quente?), então todos poderíamos aprender os padrões uma vez e, depois disso, usar o conhecimento para sempre em cada nova torneira que encontrássemos.

Se não é possível colocar o conhecimento no dispositivo (ou seja, o conhecimento no mundo), então desenvolva uma restrição cultural: padronize o que deve ser mantido na cabeça. E lembre-se da lição da rotação da torneira na página 176: os padrões devem refletir os modelos conceituais psicológicos, não a mecânica física.

Os padrões simplificam a vida de todos. Ao mesmo tempo, tendem a impedir o desenvolvimento futuro. E, tal como será discutido no Capítulo 6, muitas vezes existem disputas políticas difíceis para se chegar a um acordo comum. No entanto, quando todo o resto falha, as normas são o caminho a seguir.

O SOM COMO SIGNIFICANTE

Às vezes, é impossível tornar certas coisas visíveis. Aqui entra o som, que pode fornecer informações que não estariam disponíveis de outra maneira. O som pode nos dizer se as coisas estão funcionando adequadamente ou se precisam de manutenção ou reparo. Ele pode até nos salvar de acidentes. Reflita sobre as informações fornecidas pelos seguintes sons:

- O clique quando um ferrolho de porta desliza e entra na tranca.
- O som metálico de uma porta quando não se fecha direito.
- O som de rugido quando o cano de escapamento de um carro fura.
- O som chocalhante de coisas que não estão bem firmes.
- O assobio da chaleira quando a água ferve.
- O clique de uma torradeira quando a torrada sai pronta.
- A estridência crescente do som do aspirador de pó quando entope.
- A indescritível mudança de som quando um equipamento de maquinaria complexa começa a ter problemas.

Muitos dispositivos emitem bipes e gorgulhos. Estes não são sons naturalistas; não transmitem qualquer informação oculta. Quando usado corretamente, um bipe pode assegurar que você apertou um botão, mas o som é tão irritante quanto informativo. Os sons deveriam ser gerados de modo a dar informações sobre sua fonte. Deveriam transmitir algo informativo sobre as ações sendo realizadas, ações importantes para o usuário, mas que de outro modo não seriam visíveis. Os zunidos, cliques e zumbidos que você ouve enquanto uma chamada telefônica está sendo completada são um bom exemplo: exclua esses ruídos e você terá menos certeza de que a ligação está sendo feita.

O som real e natural é tão básico quanto a informação visual, porque o som nos informa a respeito de coisas que não podemos ver, e ele o faz quando nossos olhos estão ocupados com outra coisa. Os sons naturais refletem a complexa interação de objetos naturais: a maneira como uma peça se move contra a outra; o material de que as peças são feitas — oco ou sólido, metal ou madeira, macio ou duro, áspero ou liso. Os sons são gerados quando materiais interagem e nos dizem se estão se chocando, deslizando, quebrando, rasgando, despedaçando-se ou quicando. Mecânicos experientes podem diagnosticar a condição das máquinas apenas ouvindo-as. Quando os sons são gerados de forma artificial, se criados de um jeito inteligente usando um espectro auditivo rico, com cuidado para fornecer pistas sutis que sejam informativas sem ser irritantes, eles podem ser tão úteis quanto os sons do mundo real.

O som é, por vezes, confuso. Pode aborrecer e distrair com a mesma facilidade com que pode auxiliar. Alguns sons que, a princípio, são agradáveis e prazerosos podem rapidamente se tornar incômodos em vez de úteis. Uma das virtudes dos sons é que eles podem ser detectados mesmo quando a atenção está concentrada em outro lugar. Mas essa virtude também é uma deficiência, pois os sons com frequência são invasivos. É difícil manter os sons privados, a menos que a intensidade seja baixa ou que se use fones de ouvido. Isso significa, ao mesmo tempo, que os vizinhos podem ser incomodados e que os outros podem monitorar as nossas atividades. O uso do som para transmitir informações é uma ideia poderosa e importante, mas ainda está dando os primeiros passos.

Da mesma forma que a presença do som pode desempenhar um papel útil ao fornecer feedback sobre acontecimentos, a ausência de som pode resultar nos mesmos tipos de dificuldades que já encontramos devido à falta de feedback. A ausência de som pode significar a falta de informações, e quando se espera que o feedback de uma ação venha do som, o silêncio pode resultar em problemas.

Quando o silêncio mata

Era um dia agradável de junho em Munique, na Alemanha. Fui buscado no hotel e levado para o interior rural, com terras agrícolas em ambos os lados da estrada estreita de duas pistas. Andarilhos ocasionais passavam e, de vez em quando, também um ciclista. Estacionamos o carro no acostamento da estrada e nos juntamos a um grupo de pessoas que olhavam para cima e para baixo na estrada. "Ok, prepare-se", alguém me disse. "Feche os olhos e ouça." Fiz isso e, cerca de um minuto depois, ouvi um gemido agudo, acompanhado de um zumbido baixo: um automóvel se aproximava. À medida que isso acontecia, eu conseguia ouvir o barulho dos pneus. Depois que o carro passou, me perguntaram a minha opinião sobre o som. Repetimos o exercício inúmeras vezes, e a cada vez o som era diferente. O que estava acontecendo? Estávamos avaliando projetos de som para os novos veículos elétricos da BMW.

Os carros elétricos são extremamente silenciosos. Os únicos sons que eles emitem vêm dos pneus, do ar e de vez em quando do zumbido agudo da eletrônica. Os amantes de carros gostam muito do silêncio. Os pedestres têm sentimentos contraditórios, mas as pessoas cegas ficam muito preocupadas com isso. Afinal, atravessam as ruas no meio do trânsito confiando nos sons dos veículos. É assim que eles sabem quando é seguro atravessar. E o que vale para os cegos também pode valer para qualquer pessoa que ande na rua distraída. Se os veículos não emitirem nenhum som, eles podem matar. A Administração Nacional de Segurança do Tráfego Rodoviário dos Estados Unidos determinou que os pedestres têm muito mais probabilidade de serem atropelados por veículos híbridos ou elétricos do que por aqueles que possuem motor de combustão interna. O maior perigo é quando os veículos híbridos ou elétricos se movem devagar, quando ficam quase totalmente silenciosos. Os sons de automóveis são significantes importantes de sua presença.

Acrescentar som a um veículo para alertar os pedestres não é uma ideia nova. Há muitos anos, caminhões comerciais e equipamentos de construção têm que emitir bipes ao dar ré. As buzinas são exigidas por lei, provavelmente para que os motoristas possam usá-las para alertar pedestres e outros motoristas quando necessário, embora sejam com frequência usadas para desabafar raiva e fúria. Mas adicionar um som contínuo a um veículo normal, porque de outra forma seria silencioso demais, é um desafio.

De qual som você gostaria? Um grupo de cegos sugeriu colocar algumas pedras nas calotas. Achei isso brilhante. As rochas forneceriam um conjunto natural de pistas, ricas em significado e fáceis de interpretar. O carro ficaria em silêncio até que as rodas começassem a girar. Então, as pedras emitiriam sons naturais e contínuos de raspagem em baixas velocidades; mudando para um tamborilar de pedras caindo em velocidades mais altas; a frequência das quedas das pedras aumentando junto com a velocidade do carro; até que o veículo estivesse se movendo rápido o suficiente para que as pedras ficassem congeladas contra a circunferência da borda, em silêncio. O que é bom: os sons não são necessários para veículos em alta velocidade porque o ruído dos pneus é audível. A falta de som quando o veículo não estivesse em movimento seria um problema, entretanto.

Os departamentos de marketing dos fabricantes de automóveis pensaram que o acréscimo de sons artificiais seria uma oportunidade maravilhosa de branding, de modo que cada marca ou modelo de carro deveria ter seu próprio som único que capturasse exatamente a personalidade de cada carro que a marca desejava transmitir. A Porsche adicionou alto-falantes ao seu protótipo de carro elétrico para dar a ele o mesmo "rosnado gutural" dos seus carros movidos a gasolina. A Nissan achou que um automóvel híbrido poderia soar como pássaros cantando. Alguns fabricantes achavam que todos os carros deveriam ter o mesmo som, com barulhos e níveis de som padronizados, tornando mais fácil para todos aprenderem como interpretá-los. Algumas pessoas cegas pensavam que deveriam soar como carros — motores a gasolina, seguindo a velha tradição de que as novas tecnologias devem sempre copiar as antigas.

Esqueumórfico é o termo técnico para incorporar ideias antigas e familiares em novas tecnologias, mesmo que elas não desempenhem mais um papel funcional. Os desenhos esqueumórficos muitas vezes são confortáveis para os tradicionalistas, e, de fato, a história da tecnologia mostra que as novas tecnologias e os materiais imitam de forma servil os antigos, sem qualquer razão aparente, exceto o fato de serem o que as pessoas sabem fazer. Os primeiros automóveis pareciam carruagens puxadas por cavalos sem os cavalos (e por isso eram chamados de carruagens sem cavalos); os primeiros plásticos foram projetados para se parecerem com madeira; as pastas em sistemas de arquivos de computador em geral têm a mesma aparência que pastas de papel, incluindo até as etiquetas. Uma forma de superar o medo do novo é fazer com que ele se pareça com o velho. Essa prática é criticada pelos puristas do design, mas, na verdade, tem os seus benefícios ao facilitar a transição do antigo para o novo. Ela proporciona conforto e facilita o aprendizado. Os modelos conceituais existentes precisam apenas ser modificados, e não substituídos. Em algum momento, surgirão novas formas que não têm qualquer relação com as antigas, mas os desenhos esqueumórficos provavelmente ajudarão na transição.

Quando chegou o momento de decidir quais sons os novos automóveis silenciosos deveriam gerar, aqueles que queriam diferenciação venceram, mas todos também concordaram que deveria haver alguns padrões. Deveria ser possível determinar que o som vem de um automóvel, identificar sua localização, direção e velocidade. Nenhum som seria necessário quando o carro estivesse andando muito rápido, em parte porque os ruídos dos pneus seriam suficientes. Seria necessária alguma padronização, embora com muita margem de manobra. Os comitês de padrões internacionais iniciaram seus procedimentos. Vários países, insatisfeitos com a velocidade em geral lentíssima dos acordos de normalização e sob pressão de suas comunidades, começaram a elaborar legislações próprias. As empresas apressaram-se para desenvolver sons adequados, contratando especialistas em psicoacústica, psicólogos e designers de som de Hollywood.

A Administração Nacional de Segurança do Tráfego Rodoviário dos Estados Unidos emitiu um conjunto de princípios junto com uma lista detalhada de requisitos, incluindo níveis sonoros, espectros e outros critérios. O documento completo tem 248 páginas. Ele afirma:

> *Esta norma assegurará que os cegos, os deficientes visuais e outros pedestres sejam capazes de detectar e reconhecer veículos híbridos e elétricos nas proximidades, exigindo que os veículos híbridos e elétricos emitam um som que os pedestres possam ouvir em diversos ambientes e que possua um conteúdo de sinal acústico que os pedestres possam reconhecer como sendo emitido por um veículo. A norma proposta estabelece requisitos mínimos de som para os veículos híbridos e elétricos quando funcionam a menos de 30 km/h, quando o sistema de ignição do veículo é ativado, mas ele está parado, e quando está funcionando em marcha a ré. A agência escolheu uma velocidade de 30 km/h, pois é a velocidade a que os níveis sonoros dos veículos híbridos e elétricos medidos pelas agências se aproximavam dos níveis sonoros produzidos por veículos semelhantes com motor de combustão interna.* (Departamento de Transporte, 2013.)

Enquanto escrevo este livro, os designers de som ainda estão fazendo experimentos. As empresas de automóveis, os legisladores e os comitês de normas ainda estão trabalhando nesse propósito. Em muitos lugares, essas normas são recentes ou ainda nem foram determinadas em definitivo e, depois, levarão um tempo considerável para serem implementadas em milhões de veículos no mundo todo.

Que princípios devem ser utilizados para o design de som dos veículos elétricos (incluindo os híbridos)? Os sons precisam cumprir vários critérios:

- **Alerta.** O som indicará a presença de um veículo elétrico.
- **Orientação.** O som permitirá determinar a localização do veículo, sua velocidade aproximada e se ele está se distanciando ou se aproximando do ouvinte.
- **Ausência de incômodo.** Uma vez que esses sons serão ouvidos com frequência mesmo em um movimento de tráfego leve e continuamente em tráfego intenso, não devem ser incômodos. Nota-se o contraste com as sirenes, as buzinas e os sinais de apoio, todos eles destinados a serem avisos mais agressivos. Estes sons são desagradáveis de propósito, mas, como são pouco frequentes e de duração relativamente curta, são aceitáveis. O desafio enfrentado pelos sons dos veículos elétricos é de alertar e orientar, porém sem incomodar.
- **Padronização *versus* individualização.** A padronização é necessária para garantir que todos os sons dos veículos elétricos possam ser interpretados com facilidade. Se variarem demais, os sons novos podem confundir o ouvinte. A individualização tem duas funções: segurança e marketing. Do ponto de vista da segurança, se houvesse muitos veículos na rua, a individualização permitiria a localização deles. Isto é especialmente importante em cruzamentos com muitas pessoas. Do ponto de vista do marketing, a individualização pode garantir que cada marca de veículo elétrico tenha a sua própria característica única, talvez fazendo corresponder a qualidade do som à imagem da marca.

Fique parado em uma esquina e ouça atentamente os veículos à sua volta. Ouça as bicicletas silenciosas e os sons artificiais dos carros elétricos. Os carros cumprem os critérios? Depois de anos tentando fazer com que os carros funcionassem de forma mais silenciosa, quem diria que um dia gastaríamos anos de esforços e dezenas de milhões de dólares para acrescentar som a eles?

CAPÍTULO CINCO

ERRO HUMANO? NÃO, DESIGN RUIM

A maioria dos acidentes industriais é causada por erro humano: as estimativas variam entre 75 e 95 por cento. Como é possível que tantas pessoas sejam tão incompetentes? Resposta: Não são. Trata-se de um problema de design.

Se o número de acidentes atribuídos a erro humano fosse de um a cinco por cento, eu poderia acreditar que a culpa é das pessoas. Mas, quando a porcentagem é tão elevada, fica evidente que outros fatores devem estar envolvidos. Quando algo acontece com essa frequência, tem de haver outro fator subjacente.

Quando uma ponte cai, analisamos o incidente para descobrir as causas do colapso e reformulamos as regras de design para garantir que esse tipo de acidente não volte a acontecer. Quando descobrimos que um equipamento eletrônico está funcionando mal porque está respondendo a um ruído elétrico inevitável, redesenhamos os circuitos para serem mais tolerantes ao ruído. Mas, quando se pensa que um acidente é causado pelas pessoas, infligimos culpa a elas e continuamos a fazer as coisas como sempre fizemos.

As limitações físicas são bem compreendidas pelos designers; já as limitações mentais são muito mal compreendidas. Devemos tratar todas as falhas da mesma forma: encontrar as causas fundamentais e redesenhar o sistema para que essas deixem de gerar problemas. Concebemos equipamentos que exigem que as pessoas estejam totalmente alertas e atentas durante horas, ou que se lembrem de procedimentos arcaicos e confusos, mesmo que só sejam utilizados com pouca frequência, por vezes apenas uma vez na vida. Colocamos as pessoas em ambientes tediosos, sem nada para fazer, durante horas a fio, até que de repente elas precisam responder com rapidez e precisão. Ou sujeitamos as pessoas a ambientes complexos e de carga de trabalho elevada, onde são continuamente interrompidas e têm de realizar várias tarefas simultaneamente. E depois questionamos por que há falhas.

Pior ainda é que, quando falo com os designers e administradores desses sistemas, eles admitem que também já cochilaram enquanto deveriam estar trabalhando. Alguns até admitem ter adormecido por um instante enquanto dirigiam seus carros. Confessam que ligam ou desligam as bocas de fogão erradas em suas casas e que cometem outros erros pequenos, porém significativos. No entanto, quando os seus trabalhadores fazem o mesmo, são culpados, e a isso chamam de "erro humano". E, quando os empregados ou os clientes têm problemas semelhantes, são recriminados por não seguirem corretamente as instruções ou por não estarem totalmente alertas e atentos.

ENTENDENDO POR QUE HÁ ERRO

Os erros ocorrem por muitas razões. A mais comum delas é a natureza das tarefas e dos procedimentos que exigem que as pessoas se comportem de forma pouco natural — permanecendo alertas por horas a fio, fornecendo especificações de controle precisas e exatas, ao mesmo tempo que realizam várias tarefas, executam inúmeras funções de maneira simultânea e estão sujeitas a múltiplas atividades interferentes. As interrupções são um motivo comum de erro, algo com que os designs e procedimentos não ajudam, pois pressupõem uma atenção total e dedicada e, ao mesmo tempo, não facilitam a retomada das operações após uma interrupção. E, finalmente, talvez o pior culpado de todos seja a atitude das pessoas em relação aos erros.

Quando um erro acarreta uma perda financeira ou, pior ainda, provoca uma lesão ou morte, é convocada uma comissão especial para investigar a causa e, quase sempre, são encontrados culpados. O passo seguinte é condená-los e puni-los com uma multa monetária, demissão ou prisão. Às vezes, proclama-se um castigo mais leve: obrigar os culpados a receber mais treinamento. Culpar e punir; culpar e treinar. As investigações e os castigos resultantes fazem-nos sentir bem: "Pegamos o culpado." Mas isso não resolve o problema: o mesmo erro vai se repetir incontáveis vezes. Em vez disso, quando ocorre um erro, devemos determinar o porquê e, em seguida, redesenhar o produto ou os procedimentos que estão sendo seguidos para que o erro nunca mais ocorra ou, se ocorrer, para que tenha um impacto mínimo.

Análise de causa raiz

A *análise de causa raiz* é quem manda no jogo: investigar o acidente até encontrar a causa única e fundamental. O que isso deve significar é que, quando as pessoas tomam decisões ou ações erradas, devemos determinar o que as conduziu ao erro. É esse o objetivo da análise de causa raiz. Infelizmente, com demasiada frequência, a análise é interrompida quando se determina que uma pessoa agiu de forma inadequada.

Tentar encontrar a causa de um acidente parece uma boa ideia, mas ela é falha por duas razões. Em primeiro lugar, a maioria dos acidentes não tem uma única causa: normalmente, há várias coisas que deram errado, vários acontecimentos que, tivesse algum deles não ocorrido, teriam evitado o acidente. É a isso que James Reason, notável autoridade britânica em matéria de erro humano, chamou de "modelo do queijo suíço para acidentes" (apresentado na Figura 5.3 deste capítulo, na página 235, e discutido em maiores detalhes em seguida).

Em segundo lugar, por que a análise de causa raiz é interrompida assim que é encontrado um erro humano? Se uma máquina deixa de funcionar, não paramos a análise quando descobrimos uma peça quebrada. Em vez disso, perguntamos: "Por que a peça quebrou? Era uma peça de qualidade inferior? As especificações exigidas eram muito baixas? Alguma coisa aplicou uma carga exagerada à peça?" Continuamos a fazer perguntas até estarmos convencidos de que compreendemos as razões para a falha; depois, começamos a tentar remediá-las. Devemos fazer o mesmo quando detectamos um erro humano:

descobrir o que levou ao erro. Quando a análise de causa raiz descobre um erro humano na cadeia, o seu trabalho está apenas começando: agora aplicamos a análise para compreender por que o erro ocorreu e o que pode ser feito para evitá-lo.

Um dos aviões mais sofisticados do mundo é o F-22 da Força Aérea dos Estados Unidos. No entanto, ele já esteve envolvido em vários acidentes, e os pilotos queixaram-se de sofrer de privação de oxigênio (hipoxia). Em 2010, um acidente destruiu um F-22 e matou o piloto. A comissão de investigação da Força Aérea estudou o acidente e, dois anos depois, em 2012, divulgou um relatório que atribuía o acidente a um erro do próprio piloto: "falha em reconhecer e iniciar uma recuperação de queda em tempo hábil devido à atenção canalizada, colapso de visão geral e desorientação espacial não reconhecida".

Em 2013, o gabinete de Inspeção Geral do Departamento de Defesa dos Estados Unidos analisou as conclusões da Força Aérea, discordando da avaliação. Na minha opinião, dessa vez foi feita uma análise adequada da causa raiz. O inspetor-geral perguntou "por que a incapacidade súbita ou a inconsciência não foram consideradas um fator contributivo?". A Força Aérea, sem surpreender ninguém, discordou da crítica. Argumentou que tinha feito uma análise minuciosa e que a sua conclusão "era corroborada por provas claras e convincentes". Sua única falha era o fato de que o relatório "poderia ter sido escrito de forma mais clara".

É como se os dois relatórios dialogassem mais ou menos assim:

Força Aérea: Foi um erro do piloto — o piloto não tomou medidas corretivas.

Inspetor-geral: Isso é porque o piloto provavelmente estava inconsciente.

Força Aérea: Então você concorda que o piloto não conseguiu consertar o problema.

Os cinco por quês

A análise de causa raiz tem como objetivo determinar a causa crucial de um incidente e não a causa provável. Há muito tempo, os japoneses seguem um procedimento para chegar às causas profundas, a que chamam de os "Cinco por quês", originalmente desenvolvido por Sakichi Toyoda e utilizado pela

Toyota Motor Company como parte do Sistema de Produção da Toyota para melhorar a qualidade. Hoje em dia, o procedimento é amplamente utilizado. Basicamente, significa que, ao procurar a razão, mesmo depois de tê-la encontrado, não pare: pergunte por que aquilo aconteceu. E depois pergunte de novo por quê. Continue perguntando até ter descoberto as verdadeiras causas fundamentais. É necessário exatamente cinco perguntas? Não, mas chamar o processo de "Cinco por quês" enfatiza a necessidade de continuar questionando, mesmo depois de ter sido encontrada uma razão. Considere como isso pode ser aplicado à análise do acidente do F-22:

Cinco por quês

Pergunta	Resposta
P1: Por que o avião caiu?	Porque foi uma queda descontrolada.
P2: Por que o piloto não conseguiu recuperar o avião da queda?	Porque o piloto falhou em iniciar a recuperação em tempo hábil.
P3: Por que isso aconteceu?	Porque provavelmente ele ficou inconsciente (ou com privação de oxigênio).
P4: Por que isso aconteceu?	Nós não sabemos. Precisamos descobrir.
Etc.	

Os cinco por quês desse exemplo são apenas uma análise parcial. Por exemplo, é preciso saber por que o avião entrou em queda (o relatório explica, mas é demasiado técnico para descrever aqui; basta dizer que também sugere que a queda estava relacionada a uma possível privação de oxigênio).

Os cinco por quês não garantem o sucesso da resposta. A pergunta *por quê* é ambígua e pode levar a respostas diferentes por parte de investigadores diferentes. Continua existindo uma tendência a interromper as investigações cedo demais, talvez quando se atinge o limite da compreensão do investigador. Também tende-se a enfatizar a necessidade de encontrar uma única causa para um incidente, enquanto a maioria dos eventos complexos têm múltiplos e diversos fatores causais. No entanto, é uma técnica poderosa.

A tendência a parar de buscar as causas assim que se encontra um erro humano é generalizada. Uma vez analisei uma série de acidentes em que trabalhadores altamente qualificados de uma empresa de distribuição de eletricidade tinham sido eletrocutados quando encostaram ou se aproximaram demais dos fios de alta-tensão que estavam consertando. Todas as comissões de inquérito consideraram que a culpa era dos trabalhadores, o que nem os próprios trabalhadores (os que sobreviveram) contestaram. Mas, quando as comissões estavam investigando as causas complexas dos acidentes, por que pararam quando encontraram um erro humano? Por que não continuaram a investigar a razão do erro, as circunstâncias que o provocaram e, por fim, por que essas circunstâncias tinham acontecido? Os comitês nunca foram suficientemente a fundo para encontrar as causas mais fundamentais e cruciais dos acidentes. Também não consideraram a possibilidade de redesenhar os sistemas e procedimentos para tornar os incidentes impossíveis ou muito menos prováveis. Quando as pessoas erram, mude o sistema para que esse tipo de erro seja reduzido ou eliminado. Quando a eliminação total do erro não for possível, redesenhe o sistema para reduzir o impacto dele.

Para mim, não foi difícil sugerir mudanças simples nos procedimentos que teriam evitado a maioria dos incidentes na empresa. Nunca tinha ocorrido ao comitê pensar nisso. O problema é que, para seguir as minhas recomendações, teria sido necessário mudar a cultura da atitude entre os trabalhadores, que pensam: "Somos super-homens: podemos resolver qualquer problema, reparar a falha mais complexa. Não cometemos erros." Não é possível eliminar o erro humano se ele for encarado como uma falha pessoal e não como um design ruim dos procedimentos ou equipamento. O meu relatório para os executivos da empresa foi recebido educadamente. Até me agradeceram. Vários anos mais tarde, entrei em contato com um amigo da empresa e perguntei-lhe que alterações tinham sido feitas. "Não houve alteração alguma", disse ele. "E pessoas continuam sendo feridas."

Um grande problema é que a tendência natural para culpar alguém por um erro é corroborada por quem cometeu o erro, que muitas vezes concorda que a culpa foi sua. As pessoas têm a tendência a culparem a si próprias quando fazem algo que, após o ocorrido, parece imperdoável. "Eu sabia que não devia ter feito aquilo", é um comentário comum daqueles que erraram. Mas, quando alguém diz "A culpa foi minha, eu sabia que não devia ter feito aquilo", isso não é uma análise válida do problema. Isso não ajuda a prevenir a sua recorrência. Quando muitas pessoas têm o mesmo problema, não deveria ser encontrada outra causa? Se o sistema permite que se cometa o erro, ele foi mal projetado. E se o sistema o induzir a cometer o erro, então foi muito mal projetado. Quando ligo a boca errada do fogão, não é devido à minha falta de conhecimento: é devido a um mapeamento ruim entre os botões e as bocas. Ensinar-me essa relação não vai impedir que o erro se repita: redesenhar o fogão é que vai.

Não podemos consertar os problemas se as pessoas não admitirem que eles existem. Quando culpamos as pessoas, é difícil convencer as organizações a reestruturar o design para eliminar esses problemas. Afinal de contas, se a culpa é de uma pessoa, substitua-a. Mas raramente é o caso: normalmente, o sistema, os procedimentos e as pressões sociais estão na origem dos problemas, e eles não serão resolvidos sem que todos esses fatores sejam abordados.

Por que as pessoas cometem erros? Porque os designs se concentram nos requisitos do sistema e das máquinas, e não nos requisitos das pessoas. A maioria das máquinas requer comandos e orientações precisas, obrigando as pessoas a introduzir informação numérica de forma perfeita. Mas as pessoas não são muito boas em precisão. Cometemos erros frequentemente quando escrevemos sequências de números ou letras. Isto é bem conhecido: então, por que continuamos projetando máquinas que exigem uma precisão tão grande, máquinas em que pressionar uma única tecla errada pode levar a resultados terríveis?

Os seres humanos são criativos, construtivos e exploradores. Somos particularmente bons em novidades, em criar novas formas de fazer as coisas e em enxergar novas oportunidades. As exigências monótonas, repetitivas e precisas lutam contra essas características. Estamos atentos às mudanças no ambiente, reparamos em coisas novas e depois pensamos nelas e nas suas implicações. Essas são virtudes, mas transformam-se em características negativas quando somos obrigados a servir máquinas. Somos punidos por lapsos de atenção, por nos desviarmos das rotinas rigorosamente prescritas.

Uma das principais causas de erro é o estresse do tempo. O tempo é frequentemente crítico, em especial em locais como fábricas ou instalações de processamento químico e hospitais. Mas mesmo as tarefas cotidianas podem sofrer pressões de tempo. Se acrescentarmos fatores ambientais, como o clima ruim ou o tráfego intenso, as tensões de tempo aumentam. Nos estabelecimentos comerciais, há uma forte pressão para não diminuir o ritmo dos processos, porque isso seria incômodo para muitos, levaria a prejuízos consideráveis e, num hospital, talvez diminuísse a qualidade dos cuidados prestados aos pacientes. Existe uma grande pressão para avançar com o trabalho mesmo quando um observador externo diria que é perigoso fazê-lo. Em muitas indústrias, se os operadores obedecessem efetivamente a todos os procedimentos, o trabalho nunca seria feito. Por isso, ultrapassamos os limites: ficamos acordados muito mais tempo do que é natural. Tentamos fazer muitas tarefas ao mesmo tempo. Dirigimos mais depressa do que é seguro. Na maior parte das vezes, nós administramos bem as situações. Podemos até ser recompensados e elogiados pelos nossos esforços heroicos. Mas, quando as coisas dão errado e falhamos, esse mesmo comportamento é censurado e punido.

VIOLAÇÕES PROPOSITAIS

Os erros não são o único tipo de falhas humanas. Às vezes, as pessoas assumem riscos conscientemente. Quando o resultado é positivo, costumam ser recompensadas. Quando o resultado é negativo, podem ser punidas. Mas como classificamos essas violações propositais de um comportamento conhecido e correto? Na literatura sobre erros, elas tendem a ser ignoradas. Na literatura sobre acidentes, elas são um componente importante.

Os desvios propositais desempenham um papel importante em muitos acidentes. São definidos como casos em que as pessoas violam de propósito procedimentos e regulamentos. Por que isso acontece? Bem, é provável que quase todos nós já tenhamos violado deliberadamente leis, regras ou mesmo o nosso próprio bom senso. Já dirigiu acima do limite de velocidade? Já andou rápido demais na neve ou na chuva? Concordou em fazer algum ato perigoso, mesmo quando achou que era imprudente?

Em muitas indústrias, as regras são escritas mais com o objetivo de cumprir a lei do que com a compreensão dos requisitos de trabalho. Como resultado, se os trabalhadores seguissem as regras, não conseguiriam fazer seu trabalho. Às vezes, você deixa abertas portas que deviam permanecer trancadas? Dirige quando está com sono? Trabalha no mesmo ambiente que os colegas mesmo estando doente (e, portanto, pode transmitir alguma infecção)?

As violações de rotina ocorrem quando o não cumprimento é tão frequente que é ignorado. As violações situacionais ocorrem quando existem circunstâncias especiais (exemplo: ultrapassar um sinal vermelho "porque não havia outros carros visíveis e eu estava atrasado"). Em alguns casos, a única forma de concluir um trabalho pode ser violar uma regra ou um procedimento.

Uma das principais causas das violações são regras ou procedimentos inadequados que não só convidam as violações como as encorajam. Sem as transgressões, o trabalho não poderia ser feito. Pior ainda, quando os empregados sentem que é necessário violar as regras para fazer o trabalho e, como resultado, são bem-sucedidos, é provável que sejam parabenizados e recompensados. É claro que isso, involuntariamente, recompensa o não cumprimento das regras. As culturas que encorajam e elogiam as violações constituem maus exemplos.

Embora as violações sejam uma forma de erro, trata-se de erros organizacionais e sociais, importantes, mas fora do âmbito do design das coisas do cotidiano. O erro humano aqui examinado não é intencional: as violações deliberadas, por definição, são desvios intencionais conhecidamente arriscados, com potencial para causar danos.

DOIS TIPOS DE ERROS: DESLIZES E EQUÍVOCOS

Há muitos anos, o psicólogo britânico James Reason e eu desenvolvemos uma classificação geral do erro humano. Dividimos o erro humano em duas grandes categorias: deslizes e equívocos (Figura 5.1). Essa classificação provou ser valiosa tanto para a teoria quanto para a prática. Ela é bastante utilizada no estudo do erro em áreas tão diversas como os acidentes industriais e aéreos e os erros médicos. A discussão torna-se um pouco técnica, por isso mantive os pormenores técnicos a um nível mínimo. Este tópico é de extrema importância para o design, por isso, fique atento.

Definições: erros, deslizes e equívocos

O erro humano é definido como qualquer desvio do comportamento "adequado". A palavra *adequado* está entre aspas porque, em muitas circunstâncias, o comportamento adequado não é conhecido ou só é determinado após o fato. Ainda assim, o erro é definido como um desvio do comportamento correto ou adequado e aceito de forma geral.

FIGURA 5.1 Classificação de erros. Os erros têm duas formas principais. Os deslizes ocorrem quando o objetivo está correto, mas as ações necessárias não são realizadas corretamente: a execução é defeituosa. Os equívocos ocorrem quando o objetivo ou o plano está errado. Os deslizes e os equívocos podem ainda ser divididos com base nas suas causas fundamentais. Os lapsos de memória podem levar tanto a deslizes quanto a equívocos, dependendo se a falha de memória foi ao nível mais alto de cognição (equívocos) ou a níveis mais baixos — subconscientes (deslizes). Embora as violações deliberadas de procedimentos sejam claramente comportamentos inadequados que com frequência conduzem a acidentes, não são considerados erros (ver discussão no texto).

Erro é o termo geral para todas as ações erradas. Existem duas classes principais de erros: os *deslizes* e os *equívocos*, como se mostra na Figura 5.1; os deslizes dividem-se ainda em duas classes principais, e os equívocos em três. Todas essas categorias de erros têm diferentes implicações para o design. Passo agora a uma análise mais minuciosa dessas classes de erros e das suas implicações para o design.

DESLIZES

Um deslize ocorre quando uma pessoa pretende fazer uma ação e acaba fazendo outra. Com um deslize, a ação realizada não é a mesma que a ação pretendida.

Existem duas classes principais de deslizes: os *baseados na ação* e os *baseados em lapsos de memória*. Nos deslizes baseados na ação, a ação errada é executada. Nos lapsos, a memória falha, e portanto a ação pretendida não é realizada ou os seus resultados não são avaliados. Os deslizes baseados na ação e nos lapsos de memória podem ainda ser classificados de acordo com as suas causas.

> **Exemplo de um deslize baseado na ação.** Coloquei um pouco de leite no meu café e depois guardei a xícara na geladeira. Essa é a ação correta aplicada ao objeto errado.
>
> **Exemplo de um deslize baseado em lapso de memória.** Esqueci de desligar a boca de gás do fogão depois de cozinhar o jantar.

EQUÍVOCOS

Um equívoco ocorre quando se estabelece o objetivo errado ou se elabora o plano errado. A partir desse momento, mesmo que as ações sejam executadas corretamente, elas fazem parte do erro, porque as próprias ações são inadequadas — fazem parte do plano errado. No caso de um equívoco, a ação executada corresponde ao plano: é o plano que está errado.

Os equívocos têm três classes principais: *baseados em regras, baseados no conhecimento* e *baseados nos lapsos de memória*. Em um equívoco baseado em regras, a pessoa diagnostica corretamente a situação, mas depois decide tomar um curso de ação equivocado: a regra errada está sendo seguida. Em um equívoco baseado no conhecimento, o problema é mal diagnosticado devido a um conhecimento errado ou incompleto. Os lapsos de memória ocorrem quando há um esquecimento nas fases de metas, planejamento ou avaliação. Dois dos equívocos que levaram ao pouso de emergência do Boeing 767 "Gimli Glider" foram:

> **Exemplo de equívoco baseado no conhecimento.** O peso do combustível foi calculado em libras em vez de quilogramas.

Exemplo de equívoco baseado em lapso de memória. Um mecânico não conseguiu concluir a resolução de problemas devido a uma distração.

ERROS E OS SETE ESTÁGIOS DA AÇÃO

Os erros podem ser compreendidos através da referência aos sete estágios do ciclo de ação do Capítulo 2 (Figura 5.2). Os equívocos são erros na definição da meta ou do plano e na comparação dos resultados com as expectativas — os níveis mais elevados de cognição. Os deslizes acontecem na execução de um plano, ou na percepção ou interpretação do resultado — as fases inferiores. Os lapsos de memória podem ocorrer em qualquer uma das oito transições entre etapas, representadas pelos Xs na Figura 5.2B. Um lapso de memória em uma dessas transições impede que o ciclo de ação prossiga, e assim a ação desejada não é concluída.

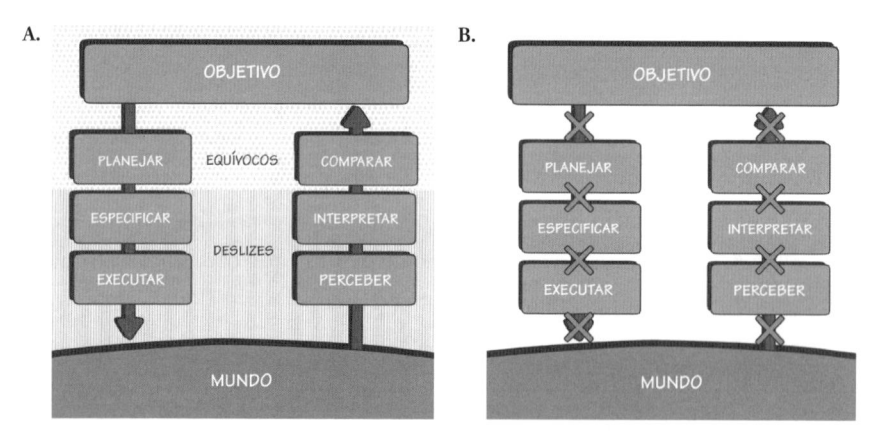

FIGURA 5.2 Onde os deslizes e equívocos se originam no ciclo de ação. A Figura A mostra que os deslizes de ação têm origem nos quatro estágios inferiores do ciclo de ação, e os equívocos têm origem nos três estágios superiores. Os lapsos de memória têm impacto nas transições entre os estágios (representados pelos Xs na Figura B). Os lapsos de memória nos níveis mais elevados conduzem a equívocos, e os lapsos nos níveis mais baixos conduzem a deslizes.

Os deslizes são resultado de ações subconscientes que se atrapalham no caminho. Os equívocos resultam de deliberações conscientes. Os mesmos processos que nos tornam criativos e perspicazes, permitindo-nos ver relações entre coisas aparentemente não relacionadas, que nos permitem tirar conclusões corretas com base em evidências parciais ou mesmo insuficientes, também nos conduzem a erros. A nossa capacidade de generalizar a partir de pequenas quantidades de informação ajuda muito em situações novas; mas por vezes fazemos isso rápido demais, classificando uma nova situação como semelhante a uma antiga, quando, de fato, existem discrepâncias significativas. Isto leva a equívocos que podem ser difíceis de descobrir e, mais ainda, de eliminar.

A CLASSIFICAÇÃO DOS DESLIZES

> *Um colega me relatou que saiu de casa e entrou no carro para ir ao trabalho. À medida que se afastava, ele se deu conta de que tinha esquecido a pasta, de modo que deu meia-volta e retornou à sua casa. Estacionou o carro, desligou o motor e soltou a fivela do fecho do relógio de pulso. Sim, do relógio de pulso, em vez do cinto de segurança.*

A história ilustra tanto um deslize de lapso de memória como um deslize de ação. Esquecer a pasta é um deslize de lapso de memória. Soltar a pulseira do relógio de pulso é um deslize de ação, neste caso uma combinação de descrição por semelhança e erro de captura (explicados mais adiante neste capítulo).

A maioria dos erros do cotidiano é composta de lapsos. Você pretende fazer uma ação e se percebe fazendo outra. Ou quando uma pessoa lhe diz algo de forma clara e distinta e você "ouve" algo bastante diferente. O estudo dos lapsos é o estudo da psicologia dos erros cotidianos, o que Freud chamou de "a psicopatologia da vida cotidiana". Ele acreditava que os lapsos têm significados ocultos e misteriosos, mas a maioria pode ser explicada por acontecimentos simples em nossos mecanismos mentais.

Uma propriedade interessante dos deslizes é que, paradoxalmente, eles tendem a ocorrer com mais frequência em pessoas competentes do que em principiantes. Por quê? Porque os deslizes em geral resultam de uma falta de atenção à tarefa executada. As pessoas competentes — os especialistas — tendem a executar as tarefas de maneira automática, com o controle subconsciente.

Os principiantes têm que prestar uma atenção consciente considerável, o que resulta na ocorrência relativamente baixa de deslizes.

Alguns lapsos resultam das similaridades entre ações. Ou um acontecimento no mundo pode automaticamente desencadear uma ação. Por vezes nossos pensamentos e ações podem nos recordar de ações involuntárias, que então executamos. Há inúmeros tipos diferentes de deslizes de ação, categorizados pelos mecanismos subjacentes que os despertam. Os três mais relevantes para o design são:

- deslizes de captura
- deslizes de descrição por semelhança
- deslizes de modo

Deslizes de captura

> *Eu estava usando uma máquina copiadora e contando as páginas. De repente me vi contando: "Um, dois, três, quatro, cinco, seis, sete, oito, nove, dez, Valete, Dama, Rei." Eu tinha jogado cartas recentemente.*

O deslize de captura é definido como uma situação em que, em vez da atividade desejada, é realizada uma atividade mais frequente ou recente: ele captura a atividade. Os deslizes de captura exigem que partes das sequências de ações envolvidas nas duas atividades sejam idênticas, sendo uma sequência muito mais familiar do que a outra. Depois de fazer a parte idêntica, a atividade mais frequente ou mais recente continua, e a atividade pretendida não é realizada. Só muito raramente é que a sequência não familiar captura a familiar. Tudo o que é necessário é um lapso de atenção à ação desejada no momento crucial em que as partes idênticas das sequências divergem nas duas atividades diferentes. Os deslizes de captura são, portanto, erros parciais de lapso de memória. É interessante notar que os deslizes de captura são mais frequentes em pessoas experientes do que em principiantes, em parte porque a pessoa experiente automatizou as ações necessárias e pode não estar prestando atenção consciente quando a ação pretendida se desvia da mais frequente.

Os designers precisam evitar procedimentos que tenham os primeiros passos idênticos, mas que depois divirjam. Quanto mais experientes forem os profissionais, maior será a probabilidade de serem vítimas de deslizes de captura. Sempre que possível, as sequências devem ser concebidas de forma a serem diferentes desde o início.

Deslizes de descrição por semelhança

Um ex-aluno me relatou que certo dia voltou para casa depois de correr, tirou a camisa suada e a enrolou em formato de bola, pretendendo jogá-la no cesto de roupa suja. Em vez disso, ele a jogou no vaso sanitário. (Não foi pontaria ruim: o cesto de roupa suja e o vaso ficavam em cômodos diferentes.)

No deslize conhecido como deslize de descrição por semelhança, o erro é atuar sobre um item semelhante ao alvo. Isto acontece quando a descrição do alvo é vaga o suficiente. Tal como vimos no Capítulo 3, Figura 3.1, onde as pessoas tinham dificuldade em distinguir entre diferentes imagens de moedas porque as suas descrições internas não tinham informação discriminatória suficiente, o mesmo pode acontecer conosco, especialmente quando estamos cansados, estressados ou sobrecarregados. No exemplo que abriu esta seção, tanto o cesto de lixo como o vaso sanitário são recipientes, e se a descrição do alvo foi ambígua o bastante, como "um recipiente grande o suficiente", o deslize poder ser desencadeado.

Lembre-se da discussão no Capítulo 3 de que a maioria dos objetos não precisa de descrições precisas, apenas de precisão suficiente para distinguir o alvo desejado das alternativas. Isto significa que uma descrição que normalmente é suficiente pode falhar quando a situação se altera de modo que vários objetos semelhantes passem a corresponder à mesma descrição. Os deslizes de descrição por semelhança resultam na execução da ação correta no objeto errado. É óbvio que, quanto mais os objetos certos e errados tiverem em comum, maior será a probabilidade dos deslizes ocorrerem. Da mesma forma, quanto mais objetos presentes ao mesmo tempo, mais provável que o erro ocorra.

Os designers precisam garantir que os controles e telas para fins distintos tenham diferenças significativas uns dos outros. Um conjunto de interruptores ou telas de aspecto idêntico é muito mais suscetível a deslizes de descrição por semelhança. Na concepção do design das cabines dos aviões, muitos controles têm formatos diversos, de forma a terem um aspecto e uma sensação diferentes uns dos outros: as alavancas do acelerador são diferentes das alavancas do flape (que podem ter o aspecto e a sensação de um flape de asa), que são diferentes do controle do trem de aterrissagem (que pode ter o aspecto e a sensação de uma roda).

Deslizes de lapso de memória

Os erros causados por falha de memória são comuns. Considere os exemplos a seguir:

- Fazer cópias de um documento, mas deixar o original dentro da máquina e ir embora apenas com as cópias.
- Esquecer uma criança. Esse erro tem inúmeros exemplos, como deixar uma criança para trás numa parada em um posto de gasolina durante uma viagem de carro, ou em um provador de uma loja de departamento, ou uma mãe de primeira viagem que esquece seu bebê de um mês e precisa ir à polícia em busca de ajuda para achá-lo.
- Perder uma caneta porque a tirou do bolso ou da bolsa para escrever um bilhete e a largou por um momento enquanto faz alguma outra tarefa. A caneta fica esquecida em meio às atividades de guardar o talão de cheque, pegar o embrulho com as compras, falar com o vendedor ou com amigos, e assim por diante. Ou o inverso: pegar uma caneta emprestada, usá-la e depois guardá-la no bolso ou na bolsa, apesar de ser de outra pessoa (esse também é um exemplo de deslize de captura).
- Usar um cartão de crédito ou de débito para tirar dinheiro num caixa eletrônico e ir embora sem o cartão é um erro tão frequente que, hoje em dia, muitas máquinas têm uma função de força coerciva: você pre-

cisa retirar seu cartão para que o dinheiro seja liberado. É claro que, dessa forma, você pode ir embora sem seu dinheiro, mas isso é menos provável do que esquecer o cartão, porque sacar dinheiro é o objetivo de usar a máquina.

Os lapsos de memória são causas comuns de deslizes. Podem dar origem a vários tipos de deslizes: não realizar todos os passos de um procedimento; repetir passos; esquecer o resultado de uma ação; ou esquecer o objetivo ou o plano, fazendo com que a ação seja interrompida.

A causa imediata da maioria das falhas por lapso de memória é a interferência, ou seja, eventos que ocorrem entre o momento em que uma ação é decidida e o momento em que é concluída. Muitas vezes, a interferência vem das máquinas que estamos usando: os muitos passos necessários entre o início e o fim das operações podem sobrecarregar a capacidade da memória de curto prazo ou de trabalho.

Existem várias formas de combater os deslizes por lapso de memória. Uma delas é minimizar o número de etapas; outra é fornecer lembretes claros das etapas que precisam ser concluídas. Um método superior é usar a função de força coerciva do Capítulo 4. Por exemplo, os caixas eletrônicos frequentemente exigem a remoção do cartão antes de entregar o dinheiro solicitado: isto evita o esquecimento do cartão, aproveitando o fato de as pessoas raramente se esquecerem do objetivo da atividade, neste caso, o dinheiro. No caso das canetas, a solução é simplesmente impedir a sua remoção, talvez acorrentando as canetas públicas ao balcão. Nem todos os deslizes de lapso de memória possuem soluções simples. Em muitos casos, as interferências vêm de fora do sistema, onde o designer não tem qualquer controle.

Deslizes de modo

Um deslize de modo ocorre quando um dispositivo tem estados distintos em que os mesmos controles têm significados diferentes: chamamos esses estados de *modos*. Os deslizes de modo são inevitáveis em qualquer coisa que tenha mais ações possíveis do que controles ou telas; ou seja, os controles significam coisas diferentes nos diferentes modos. Isto é inevitável à medida que adicionamos mais e mais funções aos nossos dispositivos.

Você alguma vez já desligou o dispositivo errado no seu sistema de entretenimento doméstico? Isto acontece quando um mesmo controle é utilizado para vários fins. Em casa, isso é simplesmente frustrante. Na indústria, a confusão que se instala quando os operadores pensam que o sistema está em um modo, quando na realidade está em outro, já resultou em acidentes graves e na perda de vidas.

É tentador poupar dinheiro e espaço fazendo com que um único controle sirva para vários fins. Suponhamos que existem dez funções diferentes num dispositivo. Em vez de utilizar dez botões ou interruptores separados — que ocupariam um espaço considerável, aumentariam o custo e pareceriam bastante complexos —, por que não utilizar apenas dois controles, um para selecionar a função e outro para definir a função para a condição desejada? Embora o design resultante pareça bastante simples e fácil de utilizar, essa simplicidade aparente esconde a complexidade crucial da utilização. O operador deve estar sempre completamente consciente do modo, da função que está ativa. Infelizmente, a prevalência de deslizes de modo mostra que essa suposição é falsa. Sim, se eu selecionar um modo e depois ajustar imediatamente os parâmetros, não é provável que fique confuso sobre o estado. Mas e se eu selecionar o modo e depois for interrompido por outros acontecimentos? Ou se o modo for mantido durante períodos consideráveis? Ou, como no caso do acidente do Airbus discutido adiante, os dois modos selecionados sejam muito semelhantes em termos de controle e função, mas com características de funcionamento diferentes, o que significa que o deslize de modo resultante é difícil de descobrir? Por vezes, a utilização de modos é justificável, como a necessidade de colocar muitos comandos e telas em um espaço pequeno e restrito, mas, seja qual for a razão, os modos são uma causa comum de confusão e erro.

Os despertadores utilizam frequentemente os mesmos controles e o mesmo visor para definir a hora do dia e a hora em que o alarme deve ser ativado, e muitos de nós definimos um quando queríamos definir o outro. Da mesma forma, quando a hora é apresentada numa escala de doze horas, é comum programarmos o alarme para tocar às sete da manhã e só mais tarde descobrirmos que o alarme tinha sido programado para as sete da noite. O uso de "a.m." e "p.m." para distinguir as horas antes e depois do meio-dia é uma fonte comum de confusão e erro, daí o uso da especificação de 24 horas na maior parte do mundo (as principais exceções são América do Norte, Austrália, Índia e Filipinas). Os relógios com funções múltiplas têm problemas semelhantes, mas neste caso são necessários, devido à pequena quantidade de espaço disponível para controles e visualização. Os modos existem na maioria dos programas de computador, nos telefones celulares e nos controles automáticos dos aviões comerciais. Vários acidentes graves na aviação comercial podem ser atribuídos a deslizes de modo, especialmente em aviões que utilizam sistemas automáticos (que têm um grande número de modos complexos). À medida que os automóveis se tornam também mais complexos, com os controles no painel para condução, aquecimento e ar-condicionado, entretenimento e navegação, os modos são cada vez mais comuns.

Um acidente com um avião Airbus ilustra o problema. O equipamento de controle de voo (frequentemente designado de piloto automático) tinha dois modos, um para controlar a velocidade vertical e outro para controlar o ângulo de descida da trajetória de voo. Em um caso, quando os pilotos estavam tentando aterrissar, pensaram que estavam controlando o ângulo de descida, quando na verdade tinham selecionado acidentalmente o modo que controlava a velocidade de descida. O número (-3,3) que foi introduzido no sistema para representar um ângulo apropriado (-3,3º) era uma taxa de descida alta demais quando interpretada como velocidade vertical (-3.300 pés/minuto: -3,3º seria apenas -800 pés/minuto). Essa confusão de modo contribuiu para o acidente fatal. Após um estudo minucioso do acidente, a Airbus alterou a visualização do instrumento, de forma que a velocidade vertical fosse sempre apresentada com um número de quatro dígitos e o ângulo com dois dígitos, reduzindo assim a possibilidade de confusão.

O deslize de modo é, na realidade, um erro de design. Os deslizes de modo são especialmente prováveis quando o equipamento não torna o modo visível, e espera-se que o utilizador se lembre do modo que foi estabelecido, às vezes horas antes, período durante o qual podem ter ocorrido muitos eventos intermediários. Os designers devem tentar evitar os modos, mas se eles forem necessários, o equipamento deve tornar óbvio qual modo foi ativado. Mais uma vez, os designers devem levar sempre em consideração as atividades de interferência.

A CLASSIFICAÇÃO DOS EQUÍVOCOS

Os equívocos resultam da escolha de objetivos e planos inadequados ou da comparação incorreta do resultado com as expectativas durante a avaliação. Nos equívocos, uma pessoa toma uma decisão ruim, classifica mal uma situação ou não leva em conta todos os fatores relevantes. Muitos equívocos resultam dos caprichos do pensamento humano, muitas vezes porque as pessoas tendem a confiar em experiências lembradas em vez de em uma análise mais sistemática. Tomamos decisões com base no que está na nossa memória. Mas, tal como discutido no Capítulo 3, a recuperação da memória de longo prazo é, na verdade, uma reconstrução e não um registro exato. Como resultado, ela está sujeita a numerosas influências. Entre outras coisas, a nossa memória tende a ser tendenciosa para a generalização excessiva do que é comum e para a ênfase excessiva do que é discrepante.

O engenheiro dinamarquês Jens Rasmussen distinguiu três modos de comportamento: baseado em competências, baseado em regras e baseado em conhecimentos. Este esquema de classificação em três níveis fornece uma ferramenta prática que encontrou ampla aceitação em áreas aplicadas, como o design de muitos sistemas industriais. O comportamento baseado em competências ocorre quando os trabalhadores são extremamente especializados nas suas funções e, portanto, podem realizar as tarefas cotidianas e rotineiras com pouca ou nenhuma reflexão ou atenção consciente. A forma mais comum de erros no comportamento baseado em competências são os deslizes.

O comportamento baseado em regras ocorre quando a rotina normal já não é aplicável, mas a nova situação é familiar e, portanto, já existe um curso de ação bem prescrito: uma regra. As regras podem ser simplesmente comportamentos aprendidos de experiências anteriores, mas incluem procedimentos formais prescritos em cursos e manuais, geralmente sob a forma de declarações "se-então", tais como: "*Se* o motor não arrancar, *então* faça [a ação apropriada]." Os erros de comportamento baseados em regras podem ser tanto um equívoco como um deslize. Se a regra errada for utilizada, então seria um equívoco. Se o erro ocorrer durante a execução da regra, o mais provável é que seja um deslize.

Os procedimentos baseados no conhecimento acontecem quando ocorrem acontecimentos desconhecidos, em que nem as competências nem as regras existentes se aplicam. Neste caso, deve haver um raciocínio e uma resolução de problemas consideráveis. Os planos podem ser desenvolvidos, testados e depois utilizados ou modificados. Aqui, os modelos conceituais são essenciais para orientar o desenvolvimento do plano e a interpretação da situação.

Tanto em situações baseadas em regras quanto nas baseadas em conhecimento, os equívocos mais graves ocorrem quando a situação é mal diagnosticada. Como resultado, é executada uma regra inadequada ou, no caso de problemas baseados no conhecimento, o esforço é direcionado para a resolução do problema errado. Além disso, com o diagnóstico incorreto do problema vem a interpretação incorreta do ambiente, bem como comparações erradas do estado atual com as expectativas. Estes tipos de equívocos podem ser muito difíceis de detectar e de corrigir.

Equívocos baseados em regras

Quando novos procedimentos têm de ser invocados ou quando surgem problemas simples, podemos caracterizar as ações de pessoas competentes como equívocos baseados em regras. Algumas regras vêm da experiência; outras são procedimentos formais em manuais ou livros de instruções, ou ainda guias menos formais, como livros de receitas. Em todos os casos, tudo o que temos de fazer é identificar a situação, selecionar a regra adequada e segui-la.

Quando estamos dirigindo, nosso comportamento segue regras bem aprendidas. O semáforo está vermelho? Se sim, pare o carro. Deseja virar à esquerda? Sinalize a intenção de virar e desloque-se para a esquerda como legalmente permitido: reduza a velocidade do veículo e espere por um intervalo seguro no tráfego, seguindo sempre as regras de trânsito e os sinais e luzes relevantes.

Os equívocos baseados em regras ocorrem de várias formas:

- A situação é interpretada de forma errada, invocando assim o objetivo ou plano errado, levando a pessoa a seguir uma regra inadequada.
- A regra correta é invocada, mas a regra em si é falha, seja porque foi formulada incorretamente, seja porque as condições são diferentes das presumidas pela regra ou devido a um conhecimento incompleto utili-

zado para determinar a regra. Todos esses fatores conduzem a equívocos baseados no conhecimento.

- A regra correta é invocada, mas o resultado é incorretamente avaliado. Este erro de avaliação, em geral baseado na regra ou no próprio conhecimento, pode levar a outros problemas à medida que o ciclo de ação continua.

Exemplo 1: Em 2013, na discoteca Kiss, em Santa Maria, Brasil, os fogos pirotécnicos utilizados pela banda provocaram um incêndio que matou mais de 230 pessoas. A tragédia ilustra vários equívocos. A banda cometeu um equívoco baseado no conhecimento ao usar sinalizadores feitos para uso ao ar livre, que incendiaram as telhas acústicas do teto. A banda pensou que os sinalizadores eram seguros. Muitas pessoas correram para os banheiros, achando equivocadamente que eram a saída do local: essas pessoas morreram. Os primeiros relatórios sugerem que os seguranças, sem saberem do incêndio, de início impediram, por engano, as pessoas de saírem do local. Por quê? Porque os frequentadores da discoteca muitas vezes saíam sem pagar pelas bebidas consumidas.

O equívoco consistiu em conceber uma regra que não levava em consideração as situações de emergência. Uma análise de causa raiz revelaria que o objetivo era impedir a saída inadequada, mas ainda permitir que as portas fossem utilizadas em caso de emergência. Uma solução consiste em portas que acionam alarmes quando são utilizadas, dissuadindo as pessoas que tentam sair sem pagar, mas permitindo a saída quando necessário.

Exemplo 2: Girar o termostato de um forno para a temperatura máxima para atingir mais rápido a temperatura de cozimento adequada é um equívoco baseado em um falso modelo conceitual do funcionamento do forno. Se a pessoa se distrair e se esquecer de voltar para verificar a temperatura do forno após um período de tempo razoável (um deslize de lapso de memória), a regulação inadequada da temperatura do forno pode provocar um acidente, possivelmente um incêndio.

Exemplo 3: Um condutor de automóvel, não habituado ao freio ABS, encontra um objeto inesperado na estrada em um dia molhado e chuvoso.

> O condutor aplica toda a força no freio, mas o carro derrapa, o que faz com que o freio ABS ligue e desligue depressa o sistema de frenagem, tal como foi concebido para fazer. O condutor, ao sentir as vibrações, pensa que isso indica um mau funcionamento e, por consequência, retira o pé do pedal do freio. Na realidade, a vibração é um sinal de que o freio ABS está funcionando corretamente. A avaliação errada do condutor leva a um comportamento incorreto.

Os equívocos baseados em regras são difíceis de evitar e difíceis de detectar. Uma vez classificada a situação, a seleção da regra adequada muitas vezes é simples. Mas e se a classificação da situação estiver errada? É algo difícil de descobrir, pois normalmente há evidências consideráveis que corroboram a classificação incorreta da situação e a escolha da regra. Em situações complexas, o problema é o excesso de informação: informação que tanto apoia a decisão como a contradiz. Perante a pressão do tempo para tomar uma decisão, é difícil saber quais evidências considerar e quais devem ser rejeitadas. As pessoas normalmente tomam uma decisão observando a situação atual e comparando-a com algo que aconteceu anteriormente. Embora a memória humana seja muito boa em fazer correspondências de exemplos do passado com a situação atual, isso não significa que elas sejam exatas ou apropriadas. A correspondência é influenciada pela atualidade, regularidade e singularidade. Recordamos com muito mais vivacidade os acontecimentos recentes do que os mais antigos. Os acontecimentos frequentes são recordados através das suas regularidades, e os acontecimentos únicos são recordados devido à sua singularidade. Mas suponhamos que o acontecimento atual seja diferente de tudo o que foi vivido anteriormente: as pessoas continuam sendo capazes de encontrar alguma correspondência na memória para usar como guia. Os mesmos poderes que nos tornam tão bons em lidar com o comum e o único conduzem a erros graves quando se trata de acontecimentos novos.

O que um designer deve fazer? Fornecer o máximo de orientação possível para garantir que o estado atual das coisas seja apresentado em um formato coerente e de fácil interpretação — idealmente gráfico. Este é um problema difícil. Todas as pessoas em posições de poder se preocupam com a complexidade dos acontecimentos do mundo real, em que o problema é frequentemente o excesso de informação, muito dela contraditória. Muitas vezes, as decisões têm de ser tomadas rapidamente. Por vezes, nem sequer fica claro que há um incidente ocorrendo ou que uma decisão está sendo tomada.

Pense da seguinte forma. Em sua casa, há provavelmente uma série de objetos quebrados ou com mau funcionamento. Talvez sejam algumas lâmpadas queimadas ou (como na minha casa) uma luz de leitura que funciona bem durante algum tempo e depois se apaga: temos que ir até a luminária e mexer na lâmpada fluorescente para resolver. Pode haver uma torneira pingando ou outras falhas menores das quais você sabe, mas fica adiando a resolução. Agora imagine uma grande fábrica de controle de processos (uma refinaria de petróleo, uma fábrica de produtos químicos ou uma usina nuclear). Elas têm milhares, talvez dezenas de milhares, de válvulas e manômetros, telas e controles etc. Mesmo a melhor das fábricas tem sempre algumas peças defeituosas. As equipes de manutenção têm sempre uma lista de itens a resolver. Com todos os alarmes que disparam quando surge um problema, mesmo que seja pequeno, e todas as falhas cotidianas, como é possível saber qual pode ser um indicador significativo de um problema grave? Cada um deles em geral tem uma explicação simples e racional, portanto não tornar um item urgente é uma decisão sensata. De fato, a equipe de manutenção simplesmente adiciona-o a uma lista. Na maioria das vezes, essa é a decisão correta. A única vez em mil (ou mesmo, em um milhão) em que a decisão está errada faz com que seja a única pela qual serão culpados: como não viram sinais tão óbvios?

A retrospectiva é sempre superior à previsão. Quando o comitê de investigação de acidentes analisa o acontecimento que contribuiu para o problema, sabe o que realmente aconteceu, portanto é fácil para ele escolher as informações que eram relevantes e as que não eram. Trata-se de uma tomada de decisão retrospectiva. Mas, quando o incidente estava ocorrendo, as pessoas provavelmente estavam sobrecarregadas com muita informação irrelevante e pouca informação relevante. Como eles poderiam saber a que deveriam dar atenção e o que deveriam ignorar? Na maioria das vezes, os operadores experientes fazem as coisas de forma correta. Na única vez em que falham, a análise retrospectiva é suscetível a condená-los por não perceberem o óbvio. Bem, durante o acontecimento, pode ser que nada seja óbvio. Voltarei a esse tópico mais adiante neste capítulo.

Você vai se deparar com isso enquanto dirige, gerencia suas finanças e vive sua vida cotidiana. A maior parte dos incidentes incomuns sobre os quais leu não são relevantes para você e, portanto, pode ignorá-los. A que se deve prestar atenção e a que se deve ignorar? A indústria enfrenta esse problema o tempo todo, tal como os governos. As agências de informação estão inundadas de dados. Como decidem quais casos são graves? O público ouve falar dos seus erros, mas não dos casos muito mais frequentes em que acertaram ou das vezes em que ignoraram dados por não serem significativos — e estavam corretos ao fazê-lo.

Se todas as decisões tivessem que ser questionadas, nada seria feito. Mas se as decisões não forem questionadas, grandes equívocos serão cometidos — raramente, mas muitas vezes com uma penalização considerável.

O desafio do design é apresentar a informação sobre o estado do sistema (um dispositivo, um veículo, uma instalação ou atividades que estão sendo monitoradas) de uma forma que seja fácil de assimilar e interpretar, bem como fornecer explicações e interpretações alternativas. É útil questionar as decisões, mas é impossível fazê-lo se cada ação — ou falta de ação — exigir uma atenção especial.

Trata-se de um problema difícil, sem solução óbvia.

Equívocos baseados no conhecimento

O comportamento com base no conhecimento ocorre quando a situação é suficientemente nova a ponto de não existirem competências ou regras para resolvê-la. Neste caso, deve ser concebido um novo procedimento. Enquanto as competências e as regras são controladas ao nível comportamental do processamento humano e são, portanto, subconscientes e automáticas, o comportamento baseado no conhecimento é controlado ao nível reflexivo, e é lento e consciente.

Com o comportamento com base no conhecimento, as pessoas estão conscientemente tentando resolver problemas. Encontram-se numa situação desconhecida e não têm quaisquer competências ou regras disponíveis que se apliquem diretamente. O comportamento baseado no conhecimento é necessário quando uma pessoa se depara com uma situação desconhecida, talvez quando lhe é solicitado que utilize um equipamento novo, ou mesmo quando está realizando uma tarefa familiar e as coisas dão errado, levando a um estado novo e carente de interpretação.

A melhor solução para situações baseadas no conhecimento reside em uma boa compreensão do ocorrido, que na maioria dos casos se traduz também em um modelo conceitual adequado. Em casos complexos, é necessário ajuda, e é aqui que se requer boas competências e ferramentas de resolução cooperativa de problemas. Algumas vezes, bons manuais de procedimentos (impressos ou eletrônicos) são suficientes, especialmente se as observações críticas puderem ser utilizadas para se chegar aos procedimentos relevantes a seguir. Uma abordagem mais poderosa consiste em desenvolver sistemas informáticos inteligentes, utilizando boas técnicas de pesquisa e de raciocínio (tomada de decisões e resolução de problemas por inteligência artificial). As dificuldades aqui estão em estabelecer a interação das pessoas com a automatização: as equipes humanas e os sistemas automatizados têm de ser pensados como sistemas colaborativos e cooperativos. Em vez disso, são frequentemente construídos atribuindo às máquinas as tarefas que elas podem executar e deixando os humanos fazerem o resto. Isto normalmente significa que as máquinas fazem as partes que são fáceis para as pessoas, mas, quando os problemas se tornam complexos, que é precisamente quando as pessoas podem precisar de ajuda, as máquinas normalmente falham. (Discuto esse problema extensivamente em *O design do futuro*.)

Equívocos de lapsos de memória

Os lapsos de memória podem conduzir a equívocos se a falha de memória levar ao esquecimento do objetivo ou do plano de ação. Uma causa comum do lapso é uma interrupção que leva alguém a esquecer a avaliação do estado atual do ambiente. Isto resulta em equívocos, e não em deslizes, porque os objetivos e planos se tornam errados. Esquecer as avaliações anteriores muitas vezes significa retomar a decisão, por vezes erroneamente.

As soluções de design para equívocos de lapso de memória são as mesmas que para deslizes de lapso de memória: garantir que toda a informação relevante esteja continuamente disponível. Os objetivos, os planos e a avaliação atual do sistema são de imensa importância e devem estar continuamente disponíveis. Muitos projetos eliminam todos os sinais desses itens depois de terem sido estabelecidos ou de terem sido postos em prática. Mais uma vez, o designer deve presumir que as pessoas serão interrompidas durante as suas atividades e que podem precisar de assistência para retomar suas operações.

PRESSÕES SOCIAIS E INSTITUCIONAIS

Uma questão sutil que figura em muitos acidentes é a pressão social. Embora possa, em um primeiro momento, não parecer relevante para o design, ela exerce forte influência sobre o comportamento cotidiano. Nos ambientes industriais, as pressões sociais podem induzir a interpretações errôneas, equívocos e acidentes. Para compreender o erro humano, é essencial entender a pressão social.

A resolução de problemas complexos é necessária quando somos confrontados com problemas com base no conhecimento. Em alguns casos, equipes podem levar dias para compreender o que está errado e as melhores formas de resolver o problema. Isto ocorre principalmente em situações em que equívocos foram cometidos no diagnóstico do problema. Uma vez realizado o diagnóstico equivocado, toda a informação a partir de então é interpretada do ponto de vista errado. As reconsiderações adequadas podem ocorrer apenas após a mudança de equipe, quando novas pessoas entram na situação com um ponto de vista sem preconceitos, permitindo-lhes formar diferentes interpretações dos acontecimentos. Por vezes, o simples fato de pedir a um ou mais membros da equipe que façam uma pausa de algumas horas pode levar a uma nova análise (embora seja compreensivelmente difícil convencer alguém que está lidando com uma situação de emergência a parar por algumas horas).

Nas instalações comerciais, a pressão para manter os sistemas em funcionamento é imensa. Muito dinheiro pode ser perdido se um sistema caro for desligado. É comum que os operadores sejam pressionados a evitar esse tipo de ação. O resultado tem sido, por vezes, trágico. As usinas nucleares são mantidas em funcionamento mais tempo do que é seguro. Aviões já decolaram antes de tudo estar pronto e antes de os pilotos terem recebido autorização. Um desses incidentes deu origem ao maior acidente da história da aviação. Embora o incidente tenha ocorrido há muito tempo, em 1977, as lições aprendidas continuam relevantes até hoje.

Em Tenerife, nas Ilhas Canárias, um Boeing 747 da KLM, ao decolar, colidiu com um 747 da Pan American que estava taxiando na mesma pista, matando 583 pessoas. O avião da KLM não tinha recebido autorização para decolar, mas o tempo começava a ficar ruim e a tripulação já estava atrasada demais (até estar nas Ilhas Canárias era um desvio do voo programado — o mau tempo tinha impedido a aterrissagem no destino previsto). E o voo da Pan American não deveria estar na pista, mas houve um grande mal-entendido entre os pilotos e os controladores aéreos. Além disso, o nevoeiro era tão intenso que a tripulação de cada aeronave não conseguia avistar o outro avião.

Na catástrofe de Tenerife, as pressões temporais e econômicas atuaram em conjunto com as condições culturais e meteorológicas. Os pilotos da Pan American questionaram as ordens para taxiar na pista, mas continuaram mesmo assim. O primeiro oficial do voo da KLM fez algumas objeções ao comandante, tentando explicar que ainda não tinham recebido autorização para decolar (mas o primeiro oficial era muito subalterno ao comandante, que era um dos pilotos mais respeitados da KLM). Em suma, uma grande tragédia ocorreu devido a uma mistura complexa de pressões sociais e justificativas lógicas de observações discrepantes.

Você já deve ter sentido pressões semelhantes, adiando o reabastecimento ou a recarga do seu carro até ser tarde demais e você ficar sem combustível, às vezes em um local bem inconveniente (isto já aconteceu comigo). Quais são as pressões sociais para colar nas provas escolares, ou para ajudar os colegas a fazer isso? Ou para não denunciar a cola dos outros? Nunca subestime o poder das pressões sociais sobre o comportamento. Elas levam pessoas sensatas a fazer coisas que sabem ser erradas e até perigosas.

Quando eu estava treinando mergulho subaquático, nosso instrutor estava tão preocupado com isso que disse que recompensaria qualquer pessoa que interrompesse um mergulho antes do tempo designado em prol da segurança. As pessoas normalmente flutuam, por isso precisam de pesos para levá-las para baixo da superfície. Quando a água está fria, o problema intensifica-se, porque os mergulhadores têm que usar roupas de mergulho especiais para se manterem aquecidos, e essas vestimentas acrescentam flutuabilidade. O ajuste da flutuabilidade é uma parte importante do mergulho, por isso junto com os pesos os mergulhadores também usam coletes de ar, aos quais adicionam ou retiram ar de forma contínua, de modo que o corpo esteja próximo da flutuabilidade neutra. (À medida que os mergulhadores vão mais fundo, o aumento da pressão da água comprime o ar nas roupas de proteção e nos pulmões, e assim se tornam mais pesados: os mergulhadores têm que adicionar ar aos coletes para compensar.)

Quando alguns mergulhadores se veem em dificuldade e precisam chegar depressa à superfície, ou quando estão na superfície perto da costa, mas sendo arrastados pelas ondas, alguns acabam se afogando por ainda estarem presos aos seus pesos. Como os pesos são caros, os mergulhadores não querem deixá-los para trás. Além disso, se os mergulhadores liberassem os pesos e regressassem em segurança, nunca poderiam provar que soltar os pesos havia sido necessário, e por isso se sentiriam constrangidos, criando uma pressão social autoinduzida. Nosso instrutor estava bastante ciente da relutância das pessoas em dar o passo crítico de liberar os pesos quando não tinham certeza absoluta de que era necessário. Para contrariar essa tendência, anunciou que, se alguém largasse os pesos por questões de segurança, elogiaria publicamente o mergulhador e substituiria os pesos sem qualquer custo para a pessoa. Essa foi uma tentativa muito persuasiva de superar as pressões sociais.

As pressões sociais aparecem o tempo todo. Elas costumam ser difíceis de documentar porque a maioria das pessoas e organizações tem relutância em admitir esses fatos, portanto, mesmo que sejam descobertos durante o processo de investigação do acidente, os resultados são frequentemente ocultados do público. Uma grande exceção é o estudo dos acidentes de transporte, em que as comissões de inquérito de todo mundo tendem a realizar investigações abertas. O National Transportation Safety Board (NTSB) dos Estados Unidos é um excelente exemplo disso, e os seus relatórios são amplamente utilizados por muitos investigadores de acidentes e pesquisadores do erro humano (inclusive eu mesmo).

Outro bom exemplo de pressões sociais vem de outro acidente de avião. Em 1982, um voo da Air Florida que partia do Aeroporto Nacional, em Washington, DC, colidiu durante a decolagem com a ponte da Fourteenth Street sobre o rio Potomac, matando 78 pessoas, incluindo quatro que estavam na ponte. O avião não deveria ter decolado porque havia gelo nas asas, mas já estava atrasado mais de uma hora e meia; este e outros fatores, segundo o NTSB, "podem ter apressado a tripulação". O acidente ocorreu apesar da tentativa do primeiro oficial de avisar o comandante, que estava pilotando o avião (o comandante e o primeiro oficial — também chamado de copiloto — alternam habitualmente as funções de pilotagem em diferentes etapas de uma viagem). O relatório do NTSB cita o gravador da cabine de pilotagem, que documentou que, "apesar de o primeiro oficial ter manifestado ao comandante a sua preocupação de que algo 'não estava certo' quatro vezes durante a decolagem, o comandante não tomou qualquer medida para rejeitar a decolagem". O NTSB resumiu as causas da seguinte forma:

> *O National Transportation Safety Board determina que a causa provável deste acidente foi o fato de a tripulação do voo não ter utilizado o antigelo do motor durante a operação em terra e a decolagem, a sua decisão de decolar com neve/gelo nas superfícies do aerofólio da aeronave e o fato de o comandante não ter rejeitado a decolagem durante a fase inicial, quando sua atenção foi chamada para as leituras anômalas dos instrumentos do motor.* (NTSB, 1982.)

Mais uma vez, vemos as pressões sociais associadas ao tempo e às forças econômicas.

As pressões sociais podem ser superadas, mas são poderosas e persuasivas. Dirigimos quando estamos sonolentos ou bêbados, sabendo muito bem dos perigos, mas convencendo a nós mesmos de que somos a exceção. Como podemos superar esse tipo de problema social? Um bom design, por si só, não é suficiente. Precisamos de uma formação diferente; precisamos recompensar a segurança e colocá-la acima das pressões econômicas. É útil se o equipamento puder tornar visíveis e explícitos os perigos potenciais, mas isso nem sempre é possível. Abordar adequadamente as pressões sociais, econômicas e culturais e melhorar as políticas das empresas são as partes mais difíceis para garantir um funcionamento e um comportamento seguros.

Checklists

Checklists (listas de verificação) são ferramentas poderosas, que comprovadamente aumentam a exatidão dos comportamentos e reduzem os erros, em especial os deslizes e os lapsos de memória. São de extrema importância em situações com requisitos numerosos e complexos, e ainda mais quando há interrupções. Com várias pessoas envolvidas em uma mesma tarefa, é essencial que as linhas de responsabilidade sejam claramente definidas. É sempre bom ter duas pessoas fazendo as checklists juntas, como uma equipe: uma para ler as instruções, a outra para executá-las. Se, em vez disso, uma única pessoa executar o checklist e depois, mais tarde, uma segunda pessoa verificar os itens, os resultados não são tão robustos. A pessoa que segue a lista, sentindo-se confiante de que quaisquer erros serão detectados, pode executar os passos rápido demais. Mas o mesmo pressuposto afeta o verificador. Confiante na capacidade da primeira pessoa, o verificador muitas vezes faz um trabalho rápido e pouco minucioso.

Um dos paradoxos dos grupos é que, muitas vezes, adicionar mais pessoas para verificar uma tarefa torna menos provável que ela seja efetuada corretamente. Por quê? Se você fosse responsável por verificar as leituras corretas em uma fila de cinquenta medidores e mostradores, mas soubesse que duas pessoas antes de você as tinham verificado e que uma ou duas pessoas que viessem depois iriam verificar o seu trabalho, talvez você relaxasse, pensando que não precisava ter um cuidado extra. Afinal de contas, com tanta gente checando a mesma coisa, seria impossível que um problema existisse sem ser detectado. Mas, se todos pensarem da mesma forma, adicionar mais checagem pode, na verdade, aumentar a probabilidade de erro. Uma checklist seguida de forma colaborativa é uma forma eficaz de contrariar essas tendências humanas naturais.

Na aviação comercial, as checklists seguidas de forma colaborativa são amplamente consideradas ferramentas essenciais para a segurança. A lista de verificação é feita por duas pessoas, normalmente os dois pilotos do avião (o comandante e o primeiro oficial). Na aviação, as listas de verificação provaram o seu valor e são atualmente exigidas em todos os voos comerciais dos Estados Unidos. Mas, apesar das fortes provas que confirmam a sua utilidade, muitas indústrias continuam mostrando muita resistência a elas. Elas fazem as pessoas sentirem que sua competência está sendo questionada. Além disso, quando há duas pessoas envolvidas, pede-se à pessoa de nível inferior (na aviação, o primeiro oficial) que confira a ação da pessoa de nível superior. Isto é uma forte violação das linhas de autoridade em muitas culturas.

Os médicos e outros profissionais da saúde resistem bastante à utilização de checklists. Elas são vistas como um insulto à sua competência profissional. "Outras pessoas podem precisar de listas de verificação", queixam-se, "mas eu não." É uma pena. Errar é humano: todos nós estamos sujeitos a deslizes e equívocos quando estamos sob estresse, ou sob pressão de tempo ou social, ou depois de sermos sujeitos a múltiplas interrupções, todas essenciais. O fato de sermos humanos não constitui uma ameaça à nossa competência profissional. As críticas legítimas a determinadas checklists são utilizadas como uma acusação contra o conceito dessas listas. Felizmente, as checklists estão aos poucos começando a ser aceitas em situações médicas. Quando o profissional sênior insiste na utilização de uma checklist, isso aumenta a sua autoridade e status profissional. Foram necessárias décadas para que as listas de verificação fossem aceitas na aviação comercial: espero que a medicina e outras profissões mudem mais depressa.

A concepção de uma checklist eficaz é difícil. O design tem que ser renovado, continuamente aperfeiçoado, de preferência utilizando os princípios de design centrados no ser humano do Capítulo 6, e ajustado com frequência até que a lista contemple os itens essenciais, mas sem ser difícil de executar. Muitas pessoas que se opõem às checklists estão, na verdade, opondo-se a checklists malfeitas: o design de uma checklist para uma tarefa complexa deve ser feito por designers profissionais em conjunto com especialistas da área.

As checklists impressas têm uma grande falha: obrigam as pessoas a seguir os passos em uma ordem sequencial, mesmo quando isso não é necessário ou sequer possível. Com tarefas complexas, a ordem em que muitas operações são executadas pode não importar, desde que todas sejam concluídas. Às vezes, os itens no início da lista não podem ser realizados no momento em que aparecem. Por exemplo, na aviação, um dos passos é verificar a quantidade de combustível no avião. Mas e se a operação de abastecimento de combustível ainda não tiver sido concluída quando esse item aparecer? Os pilotos pulam o item e voltam a ele depois de o avião ter sido reabastecido. Essa é uma oportunidade clara para um erro de lapso de memória.

Em geral, é parte de um design ruim impor uma estrutura sequencial à execução de uma tarefa, a menos que a própria tarefa o exija. Essa é uma das principais vantagens das checklists eletrônicas: elas podem manter o registro dos itens pulados e garantir que a lista não será marcada como completa até que todos os itens tenham sido realizados.

COMUNICANDO UM ERRO

Se os erros puderem ser detectados, muitos dos problemas que podem causar serão evitados. Mas nem todos os erros são fáceis de detectar. E não só isso, as pressões sociais dificultam que as pessoas admitam seus próprios erros (ou que denunciem os erros dos outros). Se as pessoas relatarem os próprios erros, podem ser multadas ou punidas, e até virar chacota entre os amigos. Se uma pessoa denuncia o erro de outros, isso pode levar a graves repercussões pessoais. Por fim, a maioria das instituições não quer revelar os erros cometidos pelos seus profissionais. Hospitais, tribunais, sistemas policiais, empresas de serviços públicos — todos têm relutância em admitir ao público que os seus trabalhadores estão suscetíveis a erros. Todas essas atitudes são infelizes.

A única maneira de reduzir a incidência de erros é admitir a sua existência, reunir informações sobre eles e, assim, poder efetuar as alterações adequadas para reduzir a sua ocorrência. Na ausência de dados, é difícil ou impossível fazer melhorias. Em vez de estigmatizar aqueles que admitem o erro, devemos agradecer aos que o fazem e encorajar a comunicação. Temos que facilitar a comunicação de erros, pois o objetivo não é punir, mas sim determinar como ocorreu o erro e alterar as coisas para que ele não volte a acontecer.

Estudo de caso: *Jidoka* — como a Toyota lida com o erro

A empresa de automóveis Toyota desenvolveu um processo de redução de erros extremamente eficiente para a fabricação de seus produtos, amplamente conhecido como o Sistema de Produção Toyota. Entre os seus muitos princípios-chave está uma filosofia chamada *Jidoka*, que a Toyota diz ser "traduzida aproximadamente como 'automação com um toque humano'". Se um funcionário reparar em algo errado, deve comunicar o erro, se necessário até parando toda a linha de montagem se uma peça defeituosa estiver prestes a avançar para a estação seguinte. (Um cabo especial, chamado *andon*, para a linha de montagem e alerta a equipe de peritos.) Os especialistas direcionam-se para a área do problema em questão para determinar a causa. "Por que isto aconteceu?" "Por que ocorreu dessa forma?" "Por que esse foi o motivo?" A filosofia é perguntar "Por quê?" tantas vezes quantas forem necessárias até se chegar à causa raiz do problema e, em seguida, corrigi-lo para que não volte a ocorrer.

Poka-yoke: evitando erros

Poka-yoke é outro método japonês, inventado por Shigeo Shingo, um dos engenheiros japoneses que desempenharam um papel importante no desenvolvimento do Sistema de Produção Toyota. *Poka-yoke* significa "à prova de erros" ou "evitando erros". Uma das técnicas de poka-yoke consiste em adicionar acessórios simples, gabaritos ou dispositivos para restringir as operações de modo que sejam sempre corretas. Eu mesmo pratico isso em minha casa. Um exemplo trivial é um dispositivo para me ajudar a lembrar para que lado devo virar a chave nas muitas portas do prédio onde moro. Andei pelo prédio com uma pilha de pequenos adesivos de pontos verdes circulares e colei-os em cada porta ao lado do buraco da fechadura, com o ponto verde indicando a direção em que a chave deve ser virada: acrescentei significantes às portas. É um erro grave? Não. Mas eliminá-lo provou ser conveniente. (Os vizinhos comentam a sua utilidade, perguntando-se quem os colocou lá.)

Nas instalações de uma fábrica, o poka-yoke pode ser um pedaço de madeira para ajudar a alinhar corretamente uma peça, ou talvez placas concebidas com orifícios de parafuso assimétricos para que possam se encaixar apenas em uma única posição. Cobrir os interruptores de emergência com uma tampa para impedir o acionamento acidental é outra técnica poka-yoke: trata-se obviamente de uma função de força coerciva. Todas as técnicas de poka-yoke envolvem uma combinação dos princípios abordados neste livro: *affordances*, significantes, mapeamento e restrições e, talvez o mais importante de tudo, as funções de força coerciva.

Sistema de comunicação de segurança aérea da NASA

Há muito tempo a aviação comercial dos Estados Unidos dispõe de um sistema extremamente eficaz para incentivar os pilotos a comunicarem os seus erros. O programa resultou em numerosas melhorias na segurança da aviação. A sua execução não foi fácil: os pilotos sofriam fortes pressões sociais para não admitirem seus erros. Além disso, para quem os erros seriam comunicados? Com certeza não para os seus empregadores. Nem mesmo à Autoridade Federal da Aviação (FAA), pois nesse caso provavelmente seriam punidos. A solução foi permitir que a National Aeronautics and Space Administration (NASA) criasse um sistema voluntário de comunicação de acidentes, através do qual os pilotos pudessem apresentar relatórios semianônimos de erros que tinham cometido ou observado em outros profissionais (semianônimos porque os pilotos colocavam nome e informações de contato nos relatórios para que a NASA pudesse telefonar para pedir mais informações). Depois de obterem as informações necessárias, os funcionários da NASA retiravam as informações de contato do relatório e enviavam-no de volta ao piloto. Isto significava que a NASA já não sabia mais quem tinha comunicado o erro, o que tornava impossível às companhias aéreas ou à FAA (que aplicava as penalidades) descobrir quem tinha apresentado o relatório. Se a FAA detectasse o erro de forma independente e tentasse invocar uma sanção civil ou a suspensão do certificado, a comprovação do relato feito pelo piloto o isentava automaticamente de punições (por infrações menores).

Quando um número suficiente de erros semelhantes havia sido reunido, a NASA os analisava e emitia relatórios e recomendações para as companhias aéreas e para a FAA. Esses relatórios também ajudaram os pilotos a perceber que os seus relatórios de erros eram ferramentas valiosas para aumentar a segurança. Tal como acontece com as checklists, precisamos de sistemas semelhantes na área da medicina, mas não tem sido fácil criá-los. A NASA é uma organização neutra, encarregada de reforçar a segurança da aviação, mas não tem autoridade de supervisão, o que ajudou a ganhar a confiança dos pilotos. Na medicina, não existe uma instituição equivalente: os médicos temem que os erros comunicados por eles próprios possam levá-los a perder sua licença ou que os tornem sujeitos a ações judiciais. Mas não podemos eliminar os erros se não soubermos quais são. A área médica está começando a fazer progressos, mas trata-se de um problema difícil nos âmbitos técnico, político, jurídico e social.

DETECTANDO UM ERRO

Os erros não conduzem necessariamente a problemas maiores se forem detectados rapidamente. As diferentes categorias de erros têm diferentes facilidades de descoberta. Em geral, os deslizes de ação são relativamente fáceis de detectar; já os equívocos são muito mais difíceis. Os primeiros são mais fáceis porque normalmente é simples notar uma discrepância entre o ato pretendido e o que foi realizado. Mas esse reconhecimento só ocorre se houver feedback. Se o resultado da ação não for visível, como o erro pode ser detectado?

Os deslizes de lapso de memória são difíceis de detectar justamente porque não há nada para ver. Com um lapso de memória, a ação necessária não é executada. Quando não é feita nenhuma ação, não há nada para ser detectado. Só quando a falta de ação permite a ocorrência de um acontecimento indesejado é que há esperança de se detectar um lapso de memória.

Os equívocos são difíceis de detectar porque raramente há algo que possa sinalizar um objetivo inadequado. E uma vez que o objetivo ou plano errado é decidido, as ações resultantes são consistentes com esse objetivo errado, portanto, um monitoramento cuidadoso não só falha ao detectar o objetivo errado, como, uma vez que as ações são realizadas de forma correta, pode erroneamente dar mais confiança à decisão.

Os diagnósticos incorretos de uma situação podem ser surpreendentemente difíceis de detectar. Poderíamos esperar que, se o diagnóstico estivesse errado, as ações seriam ineficazes, e assim a falha seria logo descoberta. Mas os diagnósticos incorretos não são aleatórios. Normalmente, baseiam-se em conhecimentos e lógica consideráveis. O diagnóstico incorreto costuma ser sensato e relevante para eliminar os sintomas observados. Por consequência, as ações iniciais são suscetíveis a parecer adequadas e úteis. Isto torna o problema da descoberta ainda mais difícil. O erro real pode não ser descoberto por horas ou dias.

Os equívocos de lapso de memória são especialmente difíceis de detectar. Tal como acontece com um deslize de lapso de memória, a ausência de algo que deveria ter sido feito é sempre mais difícil de encontrar do que a presença de algo que não deveria ter sido feito. A diferença entre os deslizes e os equívocos de lapso de memória é que, no primeiro caso, um único componente de um plano é omitido, enquanto, no segundo, todo o plano é esquecido. O que é mais fácil de descobrir? Neste ponto, tenho que recorrer à resposta-padrão que a ciência gosta de dar a perguntas desse gênero: "Depende."

Explicando os equívocos

Os equívocos podem demorar muito para serem descobertos. Ouvimos um barulho que parece um tiro de pistola e pensamos: "Deve ser o cano de descarga de um carro." Ouvimos alguém gritar lá fora e pensamos: "Por que meus vizinhos não conseguem ficar quietos?" Será que estamos corretos ao ignorar esses incidentes? Na maioria das vezes, sim, mas, quando não estamos, as nossas explicações podem ser difíceis de justificar.

A explicação lógica dos erros é um problema comum nos acidentes comerciais. A maioria dos acidentes graves é precedida de sinais de alerta: mau funcionamento dos equipamentos ou acontecimentos incomuns. Muitas vezes, há uma série de avarias e erros aparentemente não relacionados que culminam em um grande desastre. Por que ninguém percebeu? Porque nenhum incidente isolado parecia ser grave. Muitas vezes, as pessoas envolvidas notaram cada um dos problemas, mas escolheram ignorá-los, encontrando uma explicação lógica para o desvio observado.

O caso da curva errada em uma autoestrada

Já interpretei de forma errada placas de autoestradas, como tenho certeza que a maioria dos motoristas fizeram alguma vez. Minha família estava viajando de San Diego para Mammoth Lakes, Califórnia, uma área de esqui cerca de quatrocentas milhas ao norte. De dentro do carro, reparamos que havia cada vez mais placas anunciando os hotéis e cassinos de Las Vegas, em Nevada. "Estranho", falamos, "Las Vegas sempre fez publicidade muito longe — até há um outdoor em San Diego —, mas isso parece excessivo, publicidade na estrada para Mammoth." Paramos para abastecer e continuamos nossa viagem. Só mais tarde, quando tentávamos encontrar um local para jantar, descobrimos que tínhamos errado o caminho e não viramos em uma curva quase duas horas atrás, antes de pararmos no posto de gasolina, portanto, estávamos na estrada para Las Vegas, e não na estrada para Mammoth. Tivemos que voltar todo o trecho de duas horas, perdendo quatro horas de viagem. É engraçado agora; no momento, não foi.

Quando as pessoas encontram uma explicação para um aparente erro, tendem a acreditar que podem ignorá-lo. Mas as explicações baseiam-se em analogias com experiências passadas, experiências que podem não se aplicar à situação atual. No caso da viagem, a recorrência de outdoors para Las Vegas era um sinal a que devíamos ter prestado atenção, mas parecia facilmente explicável. Nossa experiência é bastante típica: alguns incidentes industriais importantes resultaram de falsas explicações de acontecimentos anômalos. Mas atenção: normalmente, essas anomalias aparentes devem ser ignoradas. Na maior parte das vezes, a explicação da sua presença é correta. É difícil distinguir uma anomalia verdadeira de uma aparente.

Em retrospectiva, os acontecimentos parecem lógicos

O contraste da nossa compreensão antes e depois de um acontecimento pode ser drástico. O psicólogo Baruch Fischhoff estudou as explicações dadas em retrospectiva, em que os acontecimentos parecem completamente óbvios e previsíveis após o fato, mas completamente imprevisíveis antes.

Fischhoff apresentou às pessoas uma série de situações e pediu a elas que previssem o que iria acontecer: as pessoas acertaram apenas ao acaso. Quando o resultado real não era conhecido pelas pessoas, poucas previam o resultado real. Em seguida, o psicólogo apresentou as mesmas situações e os resultados reais a outro grupo de pessoas, pedindo-lhes que indicassem a probabilidade de cada resultado: quando o resultado real era familiar, parecia ser plausível e provável, enquanto os outros resultados pareciam improváveis.

A retrospectiva faz com que os acontecimentos pareçam óbvios e previsíveis. A previsão é difícil. Durante um incidente, nunca há pistas claras. Muitas coisas acontecem ao mesmo tempo: a carga de trabalho é elevada, as emoções e os níveis de estresse são altos. Muitas coisas que estão acontecendo acabam sendo irrelevantes. Coisas que parecem irrelevantes acabam se revelando cruciais. Os investigadores de acidentes, trabalhando em retrospectiva, sabendo o que realmente aconteceu, concentram-se nas informações relevantes e ignoram as irrelevantes. Mas, no momento em que os acontecimentos estavam ocorrendo, os operadores não dispunham de informações que lhes permitissem distinguir um do outro.

É por essa razão que as melhores análises de acidentes podem demorar muito tempo a ser realizadas. Os investigadores precisam se imaginar na pele das pessoas envolvidas e considerar toda a informação, toda a formação e o que o histórico de acontecimentos anteriores semelhantes teria ensinado aos operadores. Assim, da próxima vez que ocorrer um acidente grave, ignore os relatórios iniciais de jornalistas, políticos e executivos que não têm qualquer informação substancial, mas que se sentem obrigados a prestar declarações. Espere até que os relatórios oficiais venham de fontes confiáveis. Infelizmente, isso pode acontecer meses ou anos após o acidente, e o público geralmente quer respostas mais imediatas, mesmo que elas estejam erradas. Além disso, quando a história completa finalmente aparecer, os jornais já não a considerarão notícia e, por isso, não a publicarão. Você terá que ir em busca do relatório oficial. Nos Estados Unidos, o National Transportation Safety Board (NTSB) é de confiança. O NTSB efetua investigações cuidadosas de todos os principais incidentes de aviões, automóveis e caminhões, trens, navios e tubulações. (Tubulações? Claro: as tubulações transportam carvão, gás e petróleo.)

DESIGN PARA O ERRO

É relativamente fácil montar projetos para uma situação em que tudo corre bem, em que as pessoas utilizam o dispositivo da forma correta e em que não ocorrem imprevistos. A parte mais complicada é fazer um projeto para quando as coisas correm mal.

Considere uma conversa entre duas pessoas. Erros são cometidos? Sim, mas não são tratados como tal. Se uma pessoa diz algo que não é compreensível, pedimos um esclarecimento. Se uma pessoa diz algo que acreditamos ser falso, questionamos e debatemos. Não emitimos um sinal de aviso. Não tocamos um alarme. Não enviamos mensagens de erro. Pedimos mais informações e nos envolvemos em um diálogo para chegar a um entendimento. Em conversas informais entre dois amigos, os erros são encarados como normais, como aproximações ao que realmente se queria dizer. Os erros gramaticais, as autocorreções e as frases refeitas são ignorados. De fato, normalmente nem sequer são detectados, porque nos concentramos no significado pretendido e não nas características superficiais.

As máquinas não são inteligentes o bastante para determinar o significado das nossas ações, mas, mesmo assim, são muito menos inteligentes do que poderiam ser. Com os produtos, se fizermos algo inapropriado, se a ação se enquadrar no formato adequado para um comando, o produto a executa, mesmo que seja escandalosamente perigosa. Essa situação já gerou acidentes trágicos, em especial na área da saúde, onde um design inadequado de bombas de infusão e máquinas de raio X permitiu a administração de overdoses de medicamentos ou de radiação nos pacientes, conduzindo-os à morte. Nas instituições financeiras, simples erros de digitação resultaram em transações financeiras gigantescas, muito além dos limites normais. Mesmo checagens simples de sentido teriam impedido todos esses erros. (Isto é discutido no final do capítulo, sob o título "Controles de sensibilidade".)

Muitos sistemas agravam o problema ao tornarem fácil errar, mas difícil ou impossível descobrir o erro ou consertá-lo. Não deveria ser possível que um simples erro causasse danos generalizados. Eis o que deve ser feito:

- Compreender as causas do erro e fazer um design para minimizar essas causas.

- Executar controles de sensibilidade. A ação passa no teste do "senso comum"?
- Tornar possível reverter as ações — "desfazê-las" — ou dificultar a execução do que não pode ser revertido.
- Tornar mais fácil para as pessoas descobrirem os erros que costumam ocorrer e torná-los mais simples de corrigir.
- Não tratar a ação como um erro; em vez disso, tentar ajudar a pessoa a finalizar a ação corretamente. Pense na ação como uma aproximação ao que é desejado.

Como este capítulo demonstra, sabemos muito sobre os erros. Assim, é mais provável que os principiantes cometam equívocos do que deslizes, enquanto os peritos têm mais chance de cometer deslizes. Os equívocos resultam frequentemente de informações ambíguas ou pouco claras sobre o estado atual de um sistema, da falta de um bom modelo conceitual e de procedimentos inadequados. Lembre-se de que a maioria dos equívocos resulta de uma escolha errada do objetivo ou plano, ou de uma avaliação e interpretação erradas. Tudo isso resulta de má informação fornecida pelo sistema sobre a escolha dos objetivos e dos meios para atingi-los (planos), além de um feedback de má qualidade sobre o que realmente aconteceu.

Uma das principais fontes de erro, principalmente os erros de lapso de memória, é a interrupção. Quando uma atividade é interrompida por outro acontecimento, o custo da interrupção é muito maior do que a perda do tempo necessário para lidar com ela: é também o custo de retomar a atividade interrompida. Para isso, é necessário recordar com precisão o estado anterior da atividade: qual era o objetivo, onde se estava no ciclo de ação e o estado relevante do sistema. A maioria dos sistemas dificulta a retomada após uma interrupção. A maioria descarta informações importantes que são necessárias para recordar as muitas pequenas decisões que foram tomadas, as coisas que estavam na memória de curto prazo da pessoa, sem falar no estado atual do sistema. O que ainda falta fazer? Será que eu já tinha acabado? Não é de admirar que muitos deslizes e equívocos resultem de interrupções.

O modo multitarefa, através do qual fazemos várias tarefas ao mesmo tempo, parece ser — equivocadamente — uma forma eficiente de fazer muitas coisas. É muito apreciado por adolescentes e trabalhadores ocupados, mas, de fato, todas as evidências apontam para uma grave degradação do desempenho, aumento dos erros e falta generalizada de qualidade e eficiência. Fazer duas tarefas ao mesmo tempo demora mais do que a soma dos tempos que cada tarefa levaria isoladamente. Mesmo uma tarefa tão simples e comum como falar no celular com as mãos livres enquanto se dirige um automóvel leva a uma degradação grave das capacidades de condução. Um estudo demonstrou que a utilização do celular durante a caminhada resulta em graves deficiências: "Os usuários de celulares caminharam mais lentamente, mudaram de direção com mais frequência e foram menos propensos a reconhecer outras pessoas do que os indivíduos em outras condições. No segundo estudo, verificamos que os usuários de celulares tinham menos probabilidade de reparar em uma atividade incomum ao longo do seu percurso (um palhaço andando de monociclo)" (Hyman, Boss, Wise, McKenzie & Caggiano, 2010).

Uma grande porcentagem de erros médicos deve-se a interrupções. Na aviação, onde as interrupções também se revelaram um problema grave durante as fases críticas do voo — aterrissagem e decolagem —, a Autoridade Federal da Aviação dos Estados Unidos (FAA) exige aquilo a que chama de uma "configuração estéril da cabine", segundo a qual os pilotos não estão autorizados a discutir qualquer assunto que não esteja diretamente relacionado ao controle do avião durante esses períodos críticos. Além disso, os comissários de bordo não estão autorizados a falar com os pilotos durante essas fases (o que, em alguns momentos, conduziu ao erro oposto — não informar os pilotos sobre situações de emergência).

A determinação de períodos estéreis semelhantes seria muito benéfica para muitas profissões, incluindo a medicina e outras operações críticas de segurança. Minha mulher e eu seguimos essa convenção na condução: quando o motorista está entrando ou saindo de uma autoestrada de alta velocidade, a conversa para até a transição estar concluída. As interrupções e as distrações conduzem a erros, tanto equívocos como deslizes.

Os sinais de aviso geralmente não são a resposta. Considere a sala de controle de uma usina nuclear, a cabine de um avião comercial ou a sala de operação de um hospital. Cada uma delas tem um grande número de instrumentos, medidores e controles diferentes, todos com sinais que tendem a soar de forma semelhante, porque todos utilizam geradores de tons simples para emitir os seus avisos. Não existe coordenação entre os instrumentos, o que significa que, em situações de emergência grave, todos eles soam ao mesmo tempo. A maioria pode ser ignorada de qualquer forma, porque informam o operador sobre algo que já foi detectado. Cada um compete com os outros para ser ouvido, interferindo nos esforços para resolver o problema.

Os alarmes desnecessários e incômodos ocorrem em inúmeras situações. Como as pessoas lidam com isso? Desligando os sinais, tapando com fita adesiva as luzes de aviso (ou retirando as lâmpadas), silenciando os alarmes e, basicamente, livrando-se de todos os avisos de segurança. O problema surge depois que os alarmes foram desativados, ou quando as pessoas se esquecem de religar os sistemas de aviso (olha só os deslizes de lapso de memória aqui outra vez), ou se um incidente diferente acontece enquanto os alarmes estão desligados. Nesse momento, ninguém se dá conta. Os avisos e os métodos de segurança devem ser utilizados com cuidado e inteligência, tendo em vista as vantagens e desvantagens para as pessoas afetadas.

O design dos sinais de aviso é surpreendentemente complexo. Eles devem ser altos ou brilhantes o suficiente para serem notados, mas não tão altos ou brilhantes a ponto de se tornarem distrações irritantes. O sinal deve atrair a atenção (agir como um significante de informação crítica) e também fornecer informações sobre a natureza do evento que está sendo sinalizado. Os vários instrumentos precisam ter uma resposta coordenada, o que significa que precisa haver normas internacionais e colaboração entre as muitas equipes de design de diferentes empresas, muitas vezes concorrentes. Embora tenha sido efetuada uma investigação considerável sobre esse problema, incluindo o desenvolvimento de normas nacionais para sistemas de gestão de alarmes, o problema continua a existir em muitas situações.

Cada vez mais as nossas máquinas apresentam informações através da fala. Mas, como todas as abordagens, essa tem pontos fortes e fracos. Permite a transmissão de informações precisas, especialmente quando a atenção visual da pessoa está direcionada para outro local. Mas, se vários avisos de voz forem acionados ao mesmo tempo, ou se o ambiente for ruidoso, os avisos de voz podem não ser compreendidos. Ou, se conversas forem necessárias entre os usuários ou operadores, os avisos de voz vão interferir. Os avisos sonoros podem ser eficazes, mas apenas se forem utilizados de forma inteligente.

Lições de design a partir do estudo dos erros

Podem ser retiradas várias lições de design a partir do estudo dos erros, uma para prevenir os erros antes de ocorrerem e outra para detectá-los e corrigi-los quando ocorrem. Em geral, as soluções decorrem diretamente das análises precedentes.

ADICIONAR RESTRIÇÕES PARA BLOQUEAR ERROS

A prevenção envolve frequentemente o acréscimo de restrições específicas às ações. No mundo físico, isso pode ser feito através de uma utilização inteligente da forma e do tamanho. Por exemplo, nos automóveis, é necessária uma variedade de fluidos para uma operação e manutenção seguras: óleo do motor, óleo de transmissão, líquido dos freios, solução de lavagem do para-brisa, líquido de refrigeração do radiador, água da bateria e gasolina. Colocar o fluido errado em um reservatório pode provocar danos graves ou mesmo um acidente. Os fabricantes de automóveis tentam minimizar esses erros separando os pontos de reabastecimento, reduzindo assim os erros de descrição por semelhança. Quando os pontos de reabastecimento de fluidos que só devem ser adicionados ocasionalmente ou por mecânicos qualificados estão localizados separadamente dos pontos para fluidos utilizados com mais frequência, é pouco provável que o motorista comum utilize os pontos de reabastecimento incorretos. Os erros na colocação de fluidos no recipiente errado podem ser minimizados se as aberturas tiverem tamanhos e formas diferentes, proporcionando restrições físicas contra o preenchimento inadequado. Os diferentes fluidos normalmente têm cores diferentes para que possam ser distinguidos. Todas essas são formas excelentes de minimizar os erros. Técnicas semelhantes são utilizadas em hospitais e na indústria. Todas essas são aplicações inteligentes de restrições, funções de força coerciva e poka-yoke.

Os sistemas eletrônicos dispõem de uma vasta gama de métodos que podem ser utilizados para reduzir os erros. Um deles consiste em separar os controles, de modo que os que sejam facilmente confundíveis fiquem localizados distantes uns dos outros. Outro consiste em utilizar módulos separados, de modo que qualquer controle que não seja diretamente relevante para a operação em curso não seja visível na tela, mas exija um esforço adicional para ser alcançado.

DESFAZER

Talvez a ferramenta mais poderosa para minimizar o impacto dos erros seja o comando "desfazer" dos sistemas eletrônicos modernos, que reverte as operações realizadas pelo comando anterior, sempre que possível. Os melhores sistemas têm vários níveis disponíveis para serem desfeitos, tornando possível desfazer toda uma sequência de ações.

É óbvio que desfazer uma ação nem sempre é possível. Às vezes, só é uma função eficaz se for utilizada imediatamente após a ação. Ainda assim, é uma ferramenta poderosa para minimizar o impacto do erro. Continuo achando espantoso que muitos sistemas eletrônicos e de informática não ofereçam uma forma de desfazer comandos, mesmo quando isso é claramente possível e desejável.

CONFIRMAÇÃO E MENSAGENS DE ERRO

Muitos sistemas tentam evitar erros pedindo confirmação antes de um comando ser executado, em especial quando a ação vai destruir algo importante. Mas esses pedidos são normalmente inoportunos porque, depois de solicitar uma operação, as pessoas em geral têm certeza de que querem efetuá-la. Daí a piada sobre esses avisos:

> *Pessoa: Apagar "meu arquivo mais importante".*
> *Sistema: Quer apagar "meu arquivo mais importante"?*
> *Pessoa: Sim.*
> *Sistema: Tem certeza?*
> *Pessoa: Sim!*
> *Sistema: "Meu arquivo mais importante" foi apagado.*
> *Pessoa: Ah, droga!*

O pedido de confirmação parece ser mais uma irritação do que uma verificação de segurança essencial, porque a pessoa tende a concentrar-se na ação e não no objeto-alvo dela. Uma verificação melhor seria a exibição proeminente da ação a ser tomada e do objeto, talvez com a opção de "cancelar" ou "fazer". O ponto importante é destacar as implicações da ação. É claro que é por causa de erros desse gênero que o comando "desfazer" é tão importante. Nas interfaces gráficas tradicionais dos computadores, ele não é apenas um comando-padrão, mas, quando os arquivos são "apagados", na verdade são simplesmente removidos de vista e armazenados na pasta de arquivos chamada "Lixo", de modo que, no exemplo acima, a pessoa pode abrir o Lixo e recuperar o arquivo apagado de forma equivocada.

As confirmações têm implicações diferentes para deslizes e equívocos. Quando estou escrevendo, utilizo duas telas muito grandes e um computador potente. Posso ter de sete a dez programas sendo executados ao mesmo tempo. Algumas vezes, chego a ter quarenta janelas abertas. Suponhamos que eu ative o comando que fecha uma das janelas, o que desencadeia uma mensagem de confirmação: eu queria fechar a janela? A forma como lido com isso depende da razão pela qual pedi que a janela fosse fechada. Se foi um deslize, a confirmação solicitada será útil. Se foi por engano, é provável que eu a ignore. Veja esses dois exemplos:

Um deslize me levou a fechar a janela errada.

Suponha que eu pretendia digitar a palavra *We*, mas em vez de digitar Shift + W, para o primeiro caractere maiúsculo, digitei Command + W (ou Control + W), o comando do teclado para fechar uma janela. Como esperava que a tela apresentasse um W maiúsculo, quando aparece uma caixa de diálogo perguntando se realmente quero apagar o arquivo, eu ficaria surpreso, o que me alertaria imediatamente para o deslize. Eu cancelaria a ação (uma alternativa cuidadosamente fornecida pela caixa de diálogo) e voltaria a digitar Shift + W, desta vez com cuidado.

Um equívoco me levou a fechar a janela errada.

Agora suponhamos que eu pretendia mesmo fechar uma janela. Utilizo frequentemente um arquivo temporário em uma janela separada para escrever notas sobre o capítulo em que estou trabalhando. Quando termino, fecho-o sem salvar o seu conteúdo — afinal, já terminei. Mas, como em geral tenho várias janelas abertas, é muito fácil fechar a janela errada. O computador entende que todos os comandos se aplicam à janela ativa — aquela onde as últimas ações foram executadas (e que contém o cursor de texto). Mas, se eu reviso a janela temporária antes de fechá-la, minha atenção visual está focada nessa janela e, quando decido fechá-la, esqueço-me que ela não é a janela ativa do ponto de vista do computador. Então, dou o comando para fechar a janela, o computador mostra uma caixa de diálogo pedindo confirmação, e eu a aceito, escolhendo a opção de não salvar o meu trabalho. Como a caixa de diálogo era esperada, não me dei ao trabalho de lê-la. Como resultado, fechei a janela errada e, pior, não guardei nada do que estava escrevendo, talvez perdendo uma quantidade de trabalho considerável. As mensagens de aviso são surpreendentemente ineficazes contra equívocos (mesmo pedidos simpáticos, como o mostrado no Capítulo 4, Figura 4.6, página 166).

Isto foi um equívoco ou um deslize? Ambos. Executar o comando "fechar" quando a janela errada estava ativa é um deslize de lapso de memória. Mas decidir não ler a caixa de diálogo e aceitá-la sem salvar o seu conteúdo é um equívoco (dois, na verdade).

O que um designer pode fazer? Várias coisas:

- **Tornar o item sobre o qual a ação será realizada mais proeminente.** Isto é, alterar a aparência do objeto em si sobre o qual se atua para que seja mais visível: aumentá-lo, ou talvez mudar a sua cor.
- **Tornar a operação reversível.** Se a pessoa salvar o conteúdo, não haverá qualquer dano, exceto o incômodo de ter que reabrir o arquivo. Se a pessoa optar por "Não Salvar", o sistema pode salvar secretamente o conteúdo e, da próxima vez que a pessoa abrir o arquivo, pode perguntar se deve restaurá-lo para o estado mais recente.

Controles de sensibilidade

Os sistemas eletrônicos têm outra vantagem sobre os sistemas mecânicos: podem verificar se a operação solicitada é sensata.

É espantoso que, no mundo atual, profissionais da área médica possam solicitar acidentalmente uma dose de radiação mil vezes superior à normal e o equipamento cumpra o pedido de forma subserviente. Em alguns casos, nem sequer é possível que o operador perceba o erro.

Da mesma forma, erros na indicação de quantias monetárias podem levar a resultados desastrosos, mesmo que um olhar rápido sobre a quantia indique que algo está estranho. Por exemplo, 1.000 won coreanos valem cerca de um dólar americano. Suponhamos que eu queria transferir US$ 1.000 para uma conta bancária coreana em *won* (US$ 1.000 são aproximadamente ₩1.000.000). Mas suponhamos que eu introduza o número coreano no campo do dólar. Opa — estou tentando transferir um milhão de dólares. Os sistemas inteligentes tomariam nota da proporção normal das minhas transações, fazendo verificações se o montante fosse consideravelmente maior do que o normal. No meu caso, consultaria o pedido de um milhão de dólares. Os sistemas menos inteligentes seguiriam as instruções às cegas, mesmo que eu não tivesse um milhão de dólares na minha conta (na verdade, eu teria que pagar uma taxa por ter deixado a conta no negativo).

Os controles de sensibilidade, claro, também são a resposta para os erros graves causados quando valores inadequados são introduzidos em sistemas de medicação hospitalar e de raio X ou em transações financeiras, tal como já discutido neste capítulo.

Minimizar os deslizes

Os deslizes ocorrem com mais frequência quando a mente consciente está distraída, seja por algum outro evento, seja simplesmente porque a ação que está sendo realizada foi tão bem aprendida que pode ser feita de forma automática, sem atenção consciente. Como resultado, a pessoa não presta atenção suficiente à ação ou às suas consequências. Pode, portanto, parecer que uma forma de minimizar os deslizes é garantir que as pessoas prestem sempre atenção consciente aos atos que estão sendo realizados.

Má ideia. O comportamento habilidoso é subconsciente, o que significa que é rápido, não requer esforço e é em geral preciso. Por ser tão automático, podemos escrever em alta velocidade mesmo quando a mente consciente está ocupada compondo as palavras. É por isso que podemos conversar enquanto lidamos com o trânsito e os obstáculos. Se tivéssemos de prestar atenção consciente a cada pequena coisa que fazemos, realizaríamos muito menos nas nossas vidas. As estruturas de processamento de informação do cérebro regulam automaticamente a quantidade de atenção consciente que está sendo prestada em uma tarefa: as conversas param quando atravessamos a rua no meio do trânsito intenso. Mas não conte com isso: se a atenção estiver concentrada demais em outra coisa, o fato de o trânsito estar perigoso pode não ser notado.

Muitos deslizes podem ser minimizados assegurando que as ações e os seus controles sejam tão diferentes quanto possível ou, pelo menos, tão distantes fisicamente quanto possível. Os erros de modo podem ser eliminados pelo simples ato de eliminar a maioria dos modos e, se isso não for possível, tornar os modos muito visíveis e distintos uns dos outros.

A melhor maneira de atenuar os deslizes é fornecer um feedback perceptível sobre a natureza da ação executada e, em seguida, um feedback muito perceptível que descreva o novo estado resultante, junto com um mecanismo que permita desfazer o erro. Por exemplo, a utilização de códigos legíveis por uma máquina levou a uma redução drástica da entrega de medicamentos errados aos pacientes. As receitas enviadas para a farmácia recebem códigos eletrônicos, e o farmacêutico pode escanear tanto a receita quanto o medicamento, para garantir que são os mesmos. Em seguida, o pessoal de enfermagem do hospital escaneia tanto o rótulo do medicamento como a etiqueta usada no pulso do paciente para garantir que o medicamento será administrado à pessoa correta. Além disso, o sistema de informática pode sinalizar a administração repetida do mesmo medicamento. Estes controles aumentam, de fato, a carga de trabalho, mas apenas um pouco. Outros tipos de erros continuam sendo possíveis, mas essas medidas simples já provaram seu valor.

As práticas comuns de engenharia e design parecem ter como objetivo provocar deslizes. Filas de controles ou medidores idênticos é uma receita garantida para erros de descrição por semelhança. Os modos internos que não são marcados de forma muito visível são um claro fator para erros de modo. Situações com numerosas interrupções, mas em que o design pressupõe atenção total, são um claro facilitador de lapsos de memória — e quase nenhum equipamento atual foi concebido para reconhecer as numerosas interrupções que tantas situações acarretam. E a falta de assistência e de lembretes visíveis para a execução de procedimentos pouco frequentes que são semelhantes a outros muito mais frequentes leva a erros de captura, em que as ações mais frequentes são executadas em vez das corretas para a situação. Os procedimentos devem ser projetados de modo que os passos iniciais sejam tão diferentes quanto possível.

A mensagem importante é que um bom design pode evitar deslizes e equívocos. O design pode salvar vidas.

O modelo do queijo suíço e como os erros conduzem a acidentes

Felizmente, a maioria dos erros não conduz a acidentes. Os acidentes, muitas vezes, têm várias causas que contribuem para a sua ocorrência, mas nenhuma delas é a causa raiz do incidente.

James Reason gosta de explicar esse fato invocando a metáfora de várias fatias de queijo suíço, famoso por ser cheio de buracos (Figura 5.3). Se cada fatia de queijo representa uma condição da tarefa que está sendo realizada, um acidente só pode acontecer se os buracos nas quatro fatias de queijo estiverem alinhados. Em sistemas bem concebidos, pode haver muitas falhas de equipamento, muitos erros, mas esses não conduzirão a um acidente se não estiverem todos alinhados com precisão. Qualquer vazamento — passagem através de um buraco — muito provavelmente será bloqueado no nível seguinte. Sistemas bem concebidos são resistentes a falhas.

É por isso que a tentativa de encontrar "a" causa de um acidente em geral está condenada ao fracasso. Os investigadores de acidentes, a imprensa, os funcionários do governo e o cidadão comum gostam de encontrar explicações simples para a causa de um acidente. "Se o buraco na fatia A fosse ligeiramente mais alto, o acidente não teria ocorrido. Portanto, jogue fora a fatia A e substitua-a." É claro que o mesmo pode ser dito para as fatias B, C e D (e em acidentes reais, o número de fatias de queijo seria calculado em dezenas ou centenas). É relativamente fácil encontrar uma ação ou decisão que, se tivesse sido diferente, teria evitado o acidente. Mas isso não significa que essa tenha sido a causa do acidente. É apenas uma das muitas causas: todos os itens têm que estar alinhados.

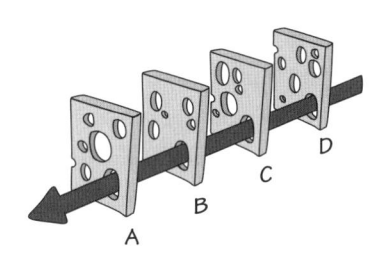

FIGURA 5.3 O modelo do queijo suíço para acidentes de Reason. Os acidentes normalmente têm múltiplas causas, e, se uma das causas não tivesse acontecido, o acidente não teria ocorrido. O pesquisador britânico de acidentes James Reason descreve esse fato através da metáfora das fatias de queijo suíço: se os buracos não estiverem todos alinhados com perfeição, não haverá acidente. Esta metáfora fornece duas lições: em primeiro lugar, não tente encontrar "a" causa de um acidente; em segundo lugar, podemos diminuir os acidentes e tornar os sistemas mais resistentes, projetando-os de modo a terem precauções adicionais contra o erro (mais fatias de queijo), menos oportunidades para deslizes, equívocos ou falhas de equipamento (menos buracos) e mecanismos muito diferentes nas subpartes distintas do sistema (tentando garantir que os buracos não se alinhem). (Ilustração baseada em um desenho de Reason, 1990.)

Isso é visível na maioria dos acidentes através das afirmações "se ao menos…". "Se ao menos eu não tivesse decidido pegar um atalho, o acidente não teria ocorrido." "Se ao menos não estivesse chovendo, o meu freio teria funcionado." "Se ao menos eu tivesse olhado para a esquerda, teria visto o carro antes." Sim, todas essas afirmações são verdadeiras, mas nenhuma delas é "a" causa do acidente. Normalmente, não existe uma causa única. Sim, os jornalistas e os advogados, bem como o público, gostam de saber a causa para que alguém possa ser culpado e punido. Mas as agências de investigação com boa reputação sabem que não existe uma causa única, e é por isso que as suas investigações demoram tanto tempo. Sua responsabilidade é compreender o sistema e introduzir alterações que reduzam a possibilidade de a mesma sequência de acontecimentos conduzir a um acidente futuro.

A metáfora do queijo suíço sugere várias formas de reduzir os acidentes:

- Acrescentar mais fatias de queijo.
- Reduzir o número de buracos (ou reduzir os buracos existentes).
- Alertar os operadores humanos quando vários buracos estiverem alinhados.

Cada uma delas tem implicações operacionais. Adicionar mais fatias de queijo significa mais linhas de defesa, como a exigência de checklists na aviação e em outras indústrias, em que uma pessoa lê os itens, a outra executa a operação, e a primeira confere a operação para confirmar que foi feita corretamente.

Reduzir o número de pontos críticos de segurança onde pode ocorrer um erro é como reduzir o número ou o tamanho dos buracos em um queijo suíço. Um equipamento com um bom design reduzirá as oportunidades de deslizes e equívocos, que seria como reduzir o número de buracos e tornar menores os restantes. Foi assim que o nível de segurança da aviação comercial melhorou drasticamente. Deborah Hersman, presidente do National Transportation Safety Board, descreveu a filosofia de design como:

> As companhias aéreas americanas transportam cerca de dois milhões de pessoas pelos céus em segurança todos os dias, o que foi atingido, em grande parte, através da redundância de design e de camadas de defesa.

Redundância de design e camadas de defesa: isso é o queijo suíço. A metáfora ilustra a futilidade em tentar encontrar a causa única de um acidente (normalmente uma pessoa) e punir o culpado. Em vez disso, temos que pensar nos sistemas, em todos os fatores de interação que conduzem ao erro humano e, por consequência, aos acidentes, e conceber formas de tornar os sistemas mais confiáveis como um todo.

QUANDO UM BOM DESIGN NÃO É SUFICIENTE

Quando as pessoas são realmente culpadas

Às vezes, perguntam-me se é realmente correto dizer que a culpa nunca é das pessoas, que a culpa é sempre do design ruim. É uma pergunta sensata. E sim, claro, algumas vezes o erro é da pessoa.

Mesmo pessoas competentes podem ter a competência reduzida se não dormirem o suficiente, se estiverem cansadas ou sob o efeito de drogas. É por isso que temos leis que proíbem os pilotos de voar se tiverem bebido durante certo período de tempo anterior e que limitam o número de horas que podem voar sem descanso. A maioria das profissões que envolvem o risco de morte ou ferimentos tem regulamentos semelhantes sobre o consumo de álcool, sono e drogas. Mas os trabalhos cotidianos não têm essas restrições. Os hospitais com frequência exigem que os funcionários fiquem sem dormir durante períodos que excedem em muito os requisitos de segurança das companhias aéreas. Por quê? Você ficaria satisfeito se um médico com privação de sono o operasse? Por que a privação de sono é considerada perigosa em uma situação e ignorada em outra?

Algumas atividades têm requisitos de altura, idade ou força. Outras exigem competências ou conhecimentos técnicos consideráveis: as pessoas sem determinado treinamento ou competência não devem exercê-las. É por isso que muitas atividades exigem formação e licenças aprovadas pelo governo. Alguns exemplos são a condução de automóveis, a pilotagem de aviões e a prática médica. Todas requerem cursos de instrução e testes. Na aviação, não basta ter formação: os pilotos também têm de manter a prática, voando um número mínimo de horas por mês.

A condução em estado de embriaguez continua a ser uma das principais causas de acidentes de trânsito: a culpa é obviamente de quem bebe. A privação de sono é outra das principais causas de acidentes automobilísticos. Mas o fato de as pessoas às vezes serem culpadas não justifica a atitude que presume que elas são sempre culpadas. A maior parte dos acidentes resulta de um design ruim, seja do equipamento, seja, como acontece com frequência nos acidentes de trabalho, dos procedimentos a serem seguidos.

Como citado na discussão sobre violações propositais no início deste capítulo (página 192), muitas vezes as pessoas violam deliberadamente procedimentos e regras, talvez porque não consigam fazer o seu trabalho de outra forma, ou porque acreditem que existam circunstâncias atenuantes e, por vezes, porque estão apostando que a probabilidade relativamente baixa de falha não se aplica a elas. Infelizmente, se alguém realizar uma atividade perigosa que só resulta em ferimentos ou morte uma vez em um milhão de vezes, isso pode levar a centenas de mortes por ano no mundo todo, com os seus sete bilhões de pessoas. Um dos meus exemplos preferidos na aviação é o de um piloto que, depois de registrar leituras de baixa pressão do óleo nos seus três motores, afirmou que devia ser uma falha do instrumento, porque havia uma chance em um milhão de que as leituras estivessem certas. Ele tinha razão na sua avaliação, mas, infelizmente, ele era essa chance. Só nos Estados Unidos, registraram-se cerca de nove milhões de voos em 2012. Portanto, uma hipótese de um em um milhão pode traduzir-se em nove incidentes.

Algumas vezes, a culpa é realmente das pessoas.

ENGENHARIA DE RESILIÊNCIA

Em ambientes industriais, os acidentes em sistemas grandes e complexos, como poços de petróleo, refinarias de petróleo, fábricas de processamento de produtos químicos, sistemas de energia elétrica, transportes e serviços médicos, podem ter grandes impactos na empresa e na comunidade da qual fazem parte. Por vezes, os problemas não surgem na organização, mas fora dela, como quando tempestades violentas, terremotos ou maremotos destroem grande parte da infraestrutura existente. Em ambos os casos, a questão é: como projetar e gerir esses sistemas para que possam restaurar os serviços com um mínimo de transtornos e danos? Uma abordagem importante é a *engenharia de resiliência*, cujo objetivo é conceber sistemas, procedimentos, gestão e formação de pessoas para que sejam capazes de responder aos problemas à medida que eles surgem. A engenharia de resiliência procura assegurar que o design de todos esses elementos — equipamento, procedimentos e comunicação, tanto entre os trabalhadores quanto externamente com a direção e o público — seja continuamente avaliado, testado e melhorado.

Assim, os grandes fornecedores de computadores podem deliberadamente causar erros nos seus sistemas para testar a capacidade de resposta da empresa. Isso é feito através do desligamento de instalações críticas para garantir que os sistemas de backup e redundâncias funcionam efetivamente. Embora possa parecer perigoso fazer isso enquanto os sistemas estão on-line, servindo clientes reais, a única maneira de testar esses sistemas grandes e complexos é dessa forma. Pequenos testes e simulações não comportam a complexidade, os níveis de estresse e os eventos inesperados que caracterizam as falhas de sistemas reais.

Como Erik Hollnagel, David Woods e Nancy Leveson, autores de uma série de livros influentes sobre o tema, resumiram de forma hábil:

> *A engenharia de resiliência é um paradigma para a gestão da segurança, que se concentra em como ajudar as pessoas a lidar com a complexidade sob pressão para alcançar o sucesso. Ela contrasta fortemente com o que é típico hoje em dia — um paradigma de tabulação do erro como se fosse algo concreto, seguido de intervenções para reduzir essa contagem. Uma organização resiliente trata a segurança como um valor fundamental e não como um bem que pode ser contabilizado. De fato, a segurança só se manifesta através dos eventos que não acontecem! Em vez de encarar os sucessos passados como uma razão para reduzir os investimentos, essas organizações continuam a investir na antecipação da evolução do potencial de fracasso, porque reconhecem que o seu conhecimento das possíveis falhas é imperfeito e que o seu ambiente muda o tempo todo. Uma medida de resiliência é, portanto, a capacidade de criar presciência — antecipar a forma mutável do risco, antes que o fracasso e o dano ocorram.* (Reproduzido com a permissão dos editores. Hollnagel, Woods & Leveson, 2006, p. 6.)

O PARADOXO DA AUTOMAÇÃO

As máquinas estão ficando mais inteligentes. Cada vez mais tarefas estão se tornando cem por cento automatizadas. À medida que isso acontece, há uma tendência a acreditar que muitas das dificuldades relacionadas ao controle humano desaparecerão. Em todo o mundo, os acidentes de automóvel matam e ferem dezenas de milhões de pessoas todos os anos. Quando enfim tivermos uma adoção generalizada de carros autônomos, a taxa de acidentes e de vítimas será provavelmente reduzida de forma drástica, tal como a automação nas fábricas e na aviação aumentou a eficiência, ao mesmo tempo que reduziu os erros e a taxa de ferimentos.

Quando a automação funciona, é maravilhosa, mas, quando falha, o impacto resultante em geral é inesperado e, consequentemente, perigoso. Hoje, a automação e os sistemas de produção de energia elétrica em rede reduziram muito o período de tempo em que a eletricidade fica indisponível para casas e empresas. Mas, quando a rede de energia elétrica cai, pode afetar grandes seções de um país e levar muitos dias para se recuperar. Com os carros autônomos, prevejo que teremos menos acidentes e feridos, mas que, quando houver um acidente, será algo enorme.

A automação torna-se cada vez mais capaz. Os sistemas automáticos podem assumir tarefas que costumavam ser realizadas por pessoas, quer se trate de manter a temperatura adequada de um ambiente, manter automaticamente um automóvel a distância correta do carro da frente e na pista que lhe foi atribuída, permitir que os aviões voem sozinhos desde a decolagem até a aterrissagem ou permitir que os navios naveguem sozinhos. Quando a automação funciona, as tarefas são em geral realizadas tão bem ou melhor do que por pessoas. Além disso, poupa as pessoas das tarefas de rotina chatas e monótonas, permitindo um uso mais útil e produtivo do tempo e reduzindo a fadiga e o erro. Mas, quando a tarefa se torna complexa demais, a automação tende a falhar. É precisamente nesse momento que ela é mais necessária. O paradoxo é que a automação pode assumir as tarefas chatas e monótonas, mas falha nas tarefas complexas.

Quando ela falha, em geral é sem aviso prévio. Esta é uma situação que documentei exaustivamente nos meus outros livros e em muitos dos meus artigos, tal como o fizeram muitas outras pessoas no domínio da segurança e da automação. Quando a falha ocorre, o ser humano está "por fora". Isto significa que a pessoa não estava prestando muita atenção à operação, e portanto leva tempo para que a falha seja notada e avaliada e, em seguida, para decidir como reagir.

Em um avião, quando a automação falha, há normalmente um tempo considerável para os pilotos compreenderem a situação e responderem. Os aviões voam a uma altura considerável: mais de 10 km acima da terra, por isso, mesmo que o avião comece a cair, os pilotos podem ter vários minutos para reagir. Além disso, eles são muito bem treinados. Quando a automação falha em um automóvel, a pessoa pode ter apenas uma fração de segundo para evitar um acidente. Isto seria extremamente difícil mesmo para o condutor mais experiente, e a maioria dos condutores não é bem treinada.

Em outras circunstâncias, como no caso dos navios, pode haver mais tempo de reação, mas apenas se a falha da automação for detectada. Em um caso dramático, no encalhe do navio de cruzeiro *Royal Majesty* em 1997, a falha durou vários dias e só foi detectada na investigação pós-acidente, depois de o navio ter encalhado, causando vários milhões de dólares de prejuízos. O que aconteceu? A localização do navio era normalmente determinada pelo GPS, mas o cabo que ligava a antena de satélite ao sistema de navegação tinha se desligado de alguma forma (nunca se descobriu como). Como resultado, o sistema de navegação tinha trocado a utilização de sinais GPS por "cálculo morto", que aproxima a localização do navio através da estimativa da velocidade e direção da viagem, mas o design do sistema de navegação não tornava isso evidente. Como resultado, quando o navio viajou das Bermudas para o seu destino em Boston, foi demasiado para o sul e encalhou em Cape Cod, uma península que se projeta para fora da água ao sul de Boston. A automação tinha funcionado sem falhas durante anos, o que aumentou a confiança das pessoas nela, e portanto não foi feita a verificação manual normal da localização ou a leitura cuidadosa do visor (para ver as letras minúsculas "dr" que indicam o modo "dead reckoning", ou cálculo morto). Esta foi uma enorme falha de erro de modo.

PRINCÍPIOS DO DESIGN PARA LIDAR COM O ERRO

As pessoas são flexíveis, versáteis e criativas. As máquinas são rígidas, precisas e relativamente fixas nas suas operações. Existe uma defasagem entre os dois, que pode levar a uma maior capacidade se for utilizada de forma correta. Pense em uma calculadora eletrônica. Ela não entende a matemática como uma pessoa, mas pode resolver problemas que as pessoas não conseguem. Além disso, as calculadoras não cometem erros. Por isso, o ser humano e a calculadora são uma colaboração perfeita: nós, humanos, descobrimos quais são os problemas importantes e como resolvê-los. Depois, usamos as calculadoras para calcular as soluções.

As dificuldades surgem quando não pensamos nas pessoas e nas máquinas como sistemas colaborativos, mas atribuímos às máquinas as tarefas que podem ser automatizadas e deixamos o resto para as pessoas. Isto acaba exigindo que as pessoas se comportem como máquinas, de forma que diferem das capacidades humanas. Esperamos que as pessoas monitorem as máquinas, o que significa manter-se alerta durante longos períodos, algo em que somos ruins. Exigimos que as pessoas efetuem operações repetitivas com a extrema precisão e exatidão exigidas pelas máquinas, mais uma vez algo em que não somos bons. Quando dividimos dessa forma os componentes humano e mecânico de uma tarefa, não tiramos partido dos pontos fortes e das capacidades humanas, mas sim de áreas para as quais somos genética e biologicamente inadequados. No entanto, quando as pessoas falham, nós as culpamos.

Aquilo a que chamamos de "erro humano" é muitas vezes simplesmente uma ação humana inadequada às necessidades da tecnologia. Por consequência, ele sinaliza uma deficiência na nossa tecnologia. Não deve ser visto como um erro. Devemos eliminar o conceito de erro: em vez disso, devíamos perceber que as pessoas podem precisar de ajuda para traduzir os seus objetivos e planos de forma adequada à tecnologia.

Dada a defasagem entre as competências humanas e os requisitos tecnológicos, os erros são inevitáveis. Por isso, os melhores designs tomam esse fato como dado adquirido e procuram minimizar as oportunidades de erro, ao mesmo tempo que atenuam as consequências. Parta do princípio de que todos os percalços possíveis vão acontecer, e proteja-se contra eles. Tornar as ações reversíveis; tornar os erros menos dispendiosos. Aqui estão os princípios-chave de design:

- Coloque no mundo o conhecimento necessário para operar a tecnologia. Não exija que todo o conhecimento esteja na cabeça. Permita um funcionamento eficiente quando as pessoas aprenderam todos os requi-

sitos, quando são especialistas que podem atuar sem o conhecimento no mundo, mas possibilite que os não especialistas utilizem o conhecimento no mundo. Isso também ajudará os especialistas que precisam executar uma operação rara ou pouco frequente, ou regressar à tecnologia após uma ausência prolongada.
- Utilize o poder das restrições naturais e artificiais: físicas, lógicas, semânticas e culturais. Explore o poder das funções de força coerciva e dos mapeamentos naturais.
- Conecte os dois desafios, o Desafio da Execução e o Desafio da Avaliação. Torne as coisas visíveis, tanto para a execução quanto para a avaliação. Do lado da execução, forneça informações de feedforward: torne as opções prontamente disponíveis. Do lado da avaliação, forneça feedback: torne visíveis os resultados de cada ação. Possibilite determinar o estado do sistema de forma rápida, fácil e precisa, e que seja coerente com os objetivos, planos e expectativas da pessoa.

Devemos lidar com o erro aceitando-o, procurando compreender as suas causas e garantindo que ele não se repita. Devemos ajudar em vez de punir ou repreender.

CAPÍTULO SEIS

O DESIGN THINKING

Uma das minhas regras quando presto consultoria é simples: nunca resolver o problema que me pedem para resolver. Por que uma regra tão contraintuitiva? Porque, invariavelmente, o problema que me pedem para resolver não é o problema real, fundamental, o problema raiz. É, em geral, um sintoma. Tal como no Capítulo 5, em que a solução para os acidentes e erros era determinar a causa real e fundamental dos acontecimentos, no design, o segredo do sucesso é compreender qual é o verdadeiro problema.

É impressionante como é comum as pessoas resolverem o problema que têm à sua frente sem se darem ao trabalho de questionar nada. Nas minhas aulas com estudantes tanto de engenharia quanto de gestão, gosto de apresentar um problema para resolverem no primeiro dia de aula e depois ouvir na semana seguinte as suas maravilhosas soluções. Eles chegam com análises, desenhos e ilustrações de mestre. Os alunos de MBA mostram folhas de cálculo em que analisaram os dados demográficos da base de clientes potenciais. Mostram muitos números: custos, vendas, margens e lucros. Os engenheiros mostram desenhos e especificações minuciosos. É tudo muito bem-feito e apresentado com brilhantismo.

Quando todas as apresentações terminam, eu parabenizo-os, mas pergunto: "Como sabem que resolveram o problema correto?" Eles ficam confusos.

Os engenheiros e os empresários são treinados para resolver problemas. Por que alguém lhes daria um problema errado? "De onde acham que vêm os problemas?", pergunto. O mundo real não é como a universidade. Na universidade, os professores inventam problemas artificiais. No mundo real, os problemas não vêm embalados e bem-arrumados. Precisam ser descobertos. É fácil demais ver apenas os problemas superficiais e nunca ir mais fundo para resolver as questões reais.

RESOLVENDO O PROBLEMA CORRETO

Os engenheiros e os empresários são treinados para resolver problemas. Os designers são treinados para descobrir os problemas reais. Uma solução brilhante para o problema errado pode ser pior do que solução nenhuma: resolva o problema correto.

Os bons designers nunca começam tentando resolver o problema que lhes é apresentado: começam tentando compreender quais são as verdadeiras questões. Como resultado, em vez de convergirem para uma solução, divergem, estudando as pessoas e o que elas estão tentando alcançar, gerando ideia atrás de ideia atrás de ideia. Isso deixa os gestores loucos. Os gestores querem ver progressos: os designers parecem regredir quando lhes é dado um problema preciso e, em vez de começarem a trabalhar, ignoram-no e geram novas questões, novas direções a serem exploradas. E não apenas uma, mas muitas. O que se passa?

A ênfase principal deste livro é a importância de desenvolver produtos que se adequem às necessidades e capacidades das pessoas. O design pode ser motivado por muitas preocupações diferentes. Às vezes, é motivado pela tecnologia, outras vezes por pressões competitivas ou pela estética. Alguns projetos exploram os limites das possibilidades tecnológicas; outros exploram o alcance da imaginação, da sociedade, da arte ou da moda. O design de engenharia tende a enfatizar a confiabilidade, o custo e a eficiência. O objetivo deste livro, e da disciplina chamada design centrado no ser humano, é garantir que o resultado se adeque aos desejos, necessidades e capacidades humanas. Afinal de contas, por que fazemos produtos? Para serem utilizados pelas pessoas.

Os designers desenvolveram uma série de técnicas para evitar que sua atenção seja capturada por uma solução fácil demais. Consideram o problema original como uma sugestão, não como uma declaração final, e depois refletem amplamente sobre as questões subjacentes a esse problema (como foi feito na abordagem dos "Cinco por quês" para chegar à causa principal, descrita no Capítulo 5). O mais importante de tudo é que o processo seja repetitivo e expansivo. Os designers resistem à tentação de saltar de pronto para uma solução do problema declarado. Em vez disso, primeiro investem tempo para determinar qual questão básica e fundamental (raiz) precisa ser resolvida. Não tentam procurar uma solução até determinarem o problema real e, mesmo assim, em vez de resolverem esse problema, param para considerar uma vasta gama de potenciais soluções. Só então é que enfim convergem para uma proposta. Este processo é chamado de *design thinking*.

O design thinking não é uma propriedade exclusiva dos designers — todos os grandes inovadores o praticam, mesmo sem saber, não importa se são artistas ou poetas, escritores ou cientistas, engenheiros ou empresários. Mas, como os designers se orgulham da sua capacidade de inovar e de encontrar soluções criativas para problemas fundamentais, o design thinking tornou-se a marca registrada das empresas de design modernas. Duas das ferramentas poderosas do design thinking são o design centrado no ser humano e o modelo de design divergente-convergente de duplo diamante.

O design centrado no ser humano (HCD) é o processo que visa garantir que as necessidades das pessoas sejam satisfeitas, que o produto resultante seja compreensível e utilizável, que realize as tarefas desejadas e que a experiência de utilização seja positiva e agradável. Um design eficaz precisa satisfazer um grande número de restrições e preocupações, incluindo formato e forma, custo e eficiência, confiabilidade e eficácia, compreensibilidade e usabilidade, o prazer da aparência, o orgulho da posse e a alegria da utilização efetiva. O HCD é um processo para responder a esses requisitos, mas com ênfase em duas coisas: resolver o problema certo e fazê-lo de forma que satisfaça as necessidades e capacidades humanas.

Ao longo do tempo, as muitas pessoas e indústrias diferentes que estiveram envolvidas no design estabeleceram um conjunto comum de métodos para realizar o HCD. Cada uma tem o seu método preferido, mas todos são variações do mesmo tema comum: repetição através dos quatro estágios de observação, geração, prototipagem e teste. Mas, mesmo antes disso, há um princípio fundamental: resolver o problema correto.

Esses dois componentes do design — encontrar o problema certo e satisfazer as necessidades e capacidades humanas — dão origem a duas fases do processo de design. A primeira fase consiste em encontrar o problema certo, e a segunda em encontrar a solução certa. Ambas as fases utilizam o processo HCD. Essa abordagem de dupla fase do design levou o British Design Council a descrevê-la como um "diamante duplo". É assim que começamos a história.

O MODELO DE DUPLO DIAMANTE DO DESIGN

Normalmente, os designers começam questionando o problema que lhes é apresentado: aumentam o âmbito do problema, divergindo para examinar todas as questões fundamentais subjacentes. Em seguida, convergem para uma única declaração de problema. Durante a etapa de solução dos seus estudos, começam ampliando o espaço de soluções possíveis, a fase de divergência. Finalmente, convergem para uma solução proposta (Figura 6.1). Esse padrão de dupla divergência-convergência foi introduzido pela primeira vez em 2005 pelo British Design Council, que o chamou de *modelo de processo de design de duplo diamante*. O Design Council dividiu o processo de design em quatro etapas: "descobrir" e "definir" — para as etapas de divergência e convergência para encontrar o problema correto; e "desenvolver" e "entregar" — para as etapas de divergência e convergência para encontrar a solução correta.

FIGURA 6.1 O modelo de duplo diamante do design. Comece com uma ideia e, por meio da investigação inicial de design, expanda o pensamento para explorar as questões fundamentais. Só então é o momento de convergir para o problema real e subjacente. Da mesma forma, utilize ferramentas de investigação de design para explorar uma grande variedade de soluções antes de convergir para uma única. (Ligeiramente modificado a partir do trabalho do British Design Council, 2005.)

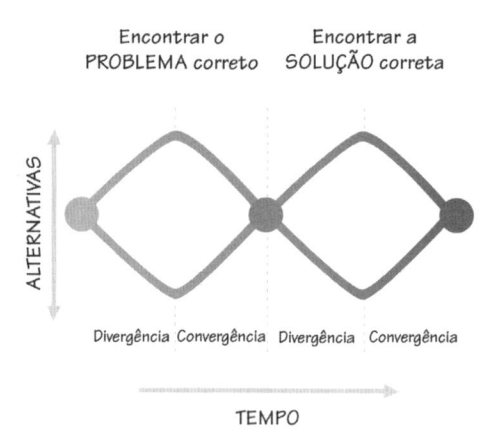

O processo duplo de divergir-convergir é bastante eficaz para libertar os designers de restrições desnecessárias aos espaços do problema e da solução. Mas é possível simpatizar com um gestor de produto que, ao dar aos designers um problema para resolver, os encontra questionando a tarefa e insistindo em viajar por todo o mundo para procurar uma compreensão mais profunda. Mesmo quando os designers começam a se concentrar no problema, não parecem fazer progressos, mas desenvolvem uma grande variedade de ideias e pensamentos, muitos apenas semidesenvolvidos, muitos claramente impraticáveis. Tudo isso pode ser bastante incômodo para o gestor de produto que, preocupado com o cumprimento do cronograma, quer uma convergência imediata. Para aumentar a frustração do gestor, quando os designers começam a convergir para uma solução, podem se dar conta de que formularam o problema de forma inadequada, e todo o processo precisa ser repetido (embora desta vez possa ser mais rápido).

Estas divergência e convergência repetidas são importantes para determinar o problema a resolver de forma correta e a melhor forma de resolvê-lo. Parece caótico e mal estruturado, mas na verdade segue princípios e procedimentos bem estabelecidos. Como o gestor de produto pode manter toda a equipe dentro do prazo, apesar dos métodos aparentemente aleatórios e divergentes dos designers? Incentivando a livre exploração, mas mantendo-os dentro dos limites das datas de entrega (e do orçamento). Não há nada como um prazo determinado para fazer com que as mentes criativas cheguem à convergência.

O PROCESSO DE DESIGN CENTRADO NO SER HUMANO

O diamante duplo descreve as duas etapas do design: encontrar o problema correto e satisfazer as necessidades humanas. Mas como isso é feito de verdade? É aqui que o processo de design centrado no ser humano entra em ação: dentro do processo de duplo diamante de divergência-convergência.

Há quatro atividades diferentes no processo de design centrado no ser humano (Figura 6.2):

1. Observação
2. Geração de ideias (ideação)
3. Prototipagem
4. Testes

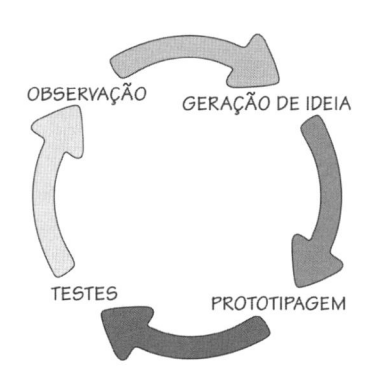

FIGURA 6.2 O ciclo repetitivo do design centrado no ser humano. Fazer observações sobre o público-alvo, gerar ideias, produzir protótipos e testá-los. Repetir até ficar satisfeito. Este método é muitas vezes chamado de *modelo em espiral* (em vez do círculo aqui representado), para realçar que cada repetição através das etapas gera progressos.

Estas quatro atividades são repetidas inúmeras vezes, com cada ciclo produzindo mais conhecimentos e se aproximando mais da solução desejada. Vamos agora examinar cada atividade em separado.

Observação

A investigação inicial para compreender a natureza do problema em si faz parte da disciplina de pesquisa do design. Trata-se de uma investigação sobre o cliente e as pessoas que vão utilizar os produtos estudados. Não é o mesmo tipo de investigação que os cientistas fazem nos seus laboratórios, tentando descobrir novas leis da natureza. O pesquisador de design vai conversar com os potenciais clientes, observando suas atividades, tentando compreender seus interesses, motivações e verdadeiras necessidades. A definição do problema para o design do produto resultará dessa compreensão profunda dos objetivos que as pessoas estão buscando e dos obstáculos que enfrentam. Uma das técnicas mais importantes consiste em observar os potenciais clientes no seu ambiente natural, na sua vida normal, onde quer que o produto ou serviço seja utilizado de verdade. Observá-los em casa, na escola e no escritório. Observá-los no deslocamento para o trabalho, em festas, na hora das refeições e com os amigos em um bar local. Acompanhá-los até o chuveiro, se necessário, porque é essencial compreender as situações reais com que se deparam, e não uma simples experiência isolada. Esta técnica chama-se *etnografia aplicada*, um método adaptado do campo da antropologia. A etnografia aplicada difere da prática mais lenta, mais metódica e orientada para a investigação dos antropólogos acadêmicos, pois os objetivos são diferentes. Por um lado, os pesquisadores de design pretendem determinar as necessidades humanas que podem ser satisfeitas com novos produtos. Por outro lado, os ciclos dos produtos são orientados por prazos e pelo orçamento, o que exige uma avaliação mais rápida do que é comum em estudos acadêmicos, que podem durar anos.

É importante que as pessoas observadas correspondam ao público-alvo. Repare que as informações básicas das pessoas, como idade, educação e renda, nem sempre são importantes: o que mais importa são as atividades que realizam. Mesmo quando olhamos para culturas muito diferentes, as atividades são muitas vezes surpreendentemente semelhantes. Como resultado, os estudos podem se concentrar nas atividades e na forma como são realizadas, ao mesmo tempo que consideram a forma como o ambiente e a cultura locais podem modificá-las. Em alguns casos, como os produtos muitos utilizados nas empresas, a atividade domina. Assim, os automóveis, os computadores e os telefones são bastante padronizados em todo o mundo, porque os seus designs refletem as atividades que são executadas com eles.

Em alguns casos, é necessária uma análise detalhada do grupo a que o produto se destina. As adolescentes japonesas são muito diferentes das mulheres japonesas e, por sua vez, muito diferentes das adolescentes alemãs. Se um produto se destina a subculturas como essas, a população exata deve ser estudada. Ou, em outras palavras, produtos diferentes servem necessidades diferentes. Alguns produtos são também símbolos de status ou de pertencimento a um grupo. Neste caso, apesar de desempenharem funções úteis, são também símbolos da moda. É aqui que os adolescentes de uma cultura diferem dos de outra, e mesmo das crianças mais novas e dos adultos da mesma cultura. Os pesquisadores de design devem ajustar cuidadosamente o foco das suas observações ao mercado e ao público a que o produto se destina.

O produto será utilizado em um país diferente de onde está sendo projetado? Só há uma maneira de descobrir: ir até lá (e sempre incluir nativos na equipe). Não pegue um atalho e fique em casa, falando com estudantes ou visitantes desse país enquanto permanece no seu: o que vai aprender dificilmente será um reflexo exato da população-alvo ou das formas em que o produto proposto será utilizado de verdade. Não há substituto para a observação direta e a interação com as pessoas que vão utilizar o produto.

A pesquisa em design apoia ambos os diamantes do processo de design. O primeiro diamante, encontrar o problema correto, requer uma compreensão profunda das verdadeiras necessidades das pessoas. Uma vez definido o problema, encontrar uma solução adequada exige, mais uma vez, um conhecimento profundo da população a que se destina o produto, da forma como essas pessoas realizam suas atividades, das suas capacidades e experiências anteriores e das questões culturais que podem ter impacto.

PESQUISA DE DESIGN *VERSUS* PESQUISA DE MERCADO

O design e o marketing são dois pilares importantes do grupo de desenvolvimento de produtos. Os dois domínios são complementares, mas cada um tem um foco diferente. O design quer saber do que as pessoas realmente precisam e como vão utilizar o produto ou serviço em questão. O marketing quer saber o que as pessoas vão comprar, o que inclui saber como elas tomam suas decisões de compra. Esses objetivos diferentes levam os dois grupos a desenvolver métodos de pesquisa distintos. Os designers tendem a utilizar métodos de observação qualitativos, por meio dos quais podem estudar as pessoas com profundidade, compreendendo como realizam suas atividades e os fatores ambientais envolvidos. Estes métodos consomem muito tempo, e por isso os designers em geral só examinam um pequeno número de pessoas, muitas vezes na ordem das dezenas.

O marketing preocupa-se com os clientes. Quem poderá comprar o produto? Que fatores podem levar essas pessoas a considerar e a comprar um produto?

O marketing utiliza tradicionalmente estudos quantitativos em grande escala, fiando-se bastante em grupos de foco, enquetes e questionários. Em marketing, não é raro conversar com centenas de pessoas em grupos de foco e entrevistar dezenas de milhares de pessoas com questionários e enquetes.

O advento da internet e a capacidade de avaliar enormes quantidades de dados deram origem a novos métodos de análise formal e quantitativa do mercado. Chama-se "big data" ou, às vezes, "análise de mercado". Para sites populares, é possível efetuar testes A/B, em que duas variantes potenciais de uma oferta são testadas. Uma fração de visitantes selecionada aleatoriamente (talvez dez por cento) recebe um conjunto de sites (o conjunto A); e outro grupo de visitantes selecionado aleatoriamente recebe a outra alternativa (o conjunto B). Em poucas horas, centenas de milhares de visitantes podem ter sido expostos a cada conjunto de teste, tornando fácil ver qual produz melhores resultados. Além disso, o site pode recolher uma grande quantidade de informações sobre as pessoas e seu comportamento: idade, renda, endereços domiciliares e profissionais, compras anteriores e outros sites visitados. As vantagens da utilização de grandes volumes de dados para estudos de mercado com frequência são salientadas. As deficiências raramente são percebidas, exceto quanto às preocupações com a invasão da privacidade pessoal. Para além das questões de privacidade, o verdadeiro problema é que as correlações numéricas não dizem nada sobre as necessidades reais das pessoas, seus desejos e as razões para as atividades que exercem. Como consequência, esses dados numéricos podem criar uma falsa impressão das pessoas. Mas a utilização de grandes volumes de dados e de análises de mercado é sedutora: sem viagens, com poucas despesas, e com números enormes, gráficos chamativos e estatísticas impressionantes, tudo muito persuasivo para os executivos que tentam decidir quais produtos novos devem desenvolver. Afinal de contas, o que é mais confiável — gráficos coloridos e bem apresentados, estatísticas e níveis de significância baseados em milhões de observações, ou as impressões subjetivas de um grupo heterogêneo de pesquisadores de design que trabalharam, dormiram e comeram em aldeias remotas, com instalações sanitárias mínimas e pouca infraestrutura?

Os diferentes métodos têm objetivos distintos e produzem resultados muito diferentes. Os designers queixam-se de que os métodos utilizados pelo marketing não retratam o comportamento real: o que as pessoas dizem que fazem e querem não corresponde ao seu comportamento ou desejos reais. Os profissionais de marketing queixam-se de que, embora os métodos de pesquisa de design produzam conhecimentos profundos, o pequeno número de pessoas observadas é motivo de preocupação. Os designers contrapõem com a observação de que os métodos tradicionais de marketing fornecem uma visão superficial de um grande número de pessoas.

O debate não é útil. Todos os grupos são necessários. A pesquisa sobre os clientes é um compromisso: conhecimentos profundos sobre as necessidades reais de um pequeno grupo de pessoas *versus* dados de compra amplos e confiáveis de uma vasta gama e de um grande número de pessoas. Precisamos de ambos. Os designers compreendem o que as pessoas realmente precisam. O marketing compreende o que as pessoas realmente compram. Não é a mesma coisa, e é por isso que ambas as abordagens são necessárias: os pesquisadores de marketing e de design devem trabalhar juntos em equipes complementares.

Quais são os requisitos para um produto de sucesso? Em primeiro lugar, se ninguém comprar o produto, todo o resto é irrelevante. O design do produto precisa reforçar todos os fatores que levam as pessoas a tomar decisões de compra. Em segundo lugar, depois de o produto ter sido comprado e posto em uso, deve resolver as necessidades reais para que as pessoas possam utilizá-lo, compreendê-lo e sentir prazer ao usá-lo. As especificações de design devem incluir ambos os fatores: marketing e design, compra e utilização.

Geração de ideias

Uma vez determinados os requisitos de design, o passo seguinte para uma equipe de design é gerar potenciais soluções. Este processo é chamado de *geração de ideias*, ou *ideação*. Este exercício pode ser efetuado em ambos os diamantes: durante a etapa de identificação do problema correto e, depois, durante a etapa de solução do problema.

Essa é a parte divertida do design: onde a criatividade é fundamental. Existem muitas formas de gerar ideias: muitos desses métodos são chamados de "brainstorming". Qualquer que seja o método utilizado, duas regras principais normalmente são seguidas:

- **Gerar numerosas ideias.** É perigoso se concentrar em uma ou duas ideias cedo demais no processo.
- **Ser criativo sem constrangimento.** Evitar criticar as ideias, quer sejam suas, quer sejam dos outros. Mesmo as ideias malucas, muitas vezes obviamente erradas, podem conter percepções criativas que podem mais tarde ser extraídas e utilizadas na seleção final de ideias. Evitar o descarte prematuro de ideias.

Gosto de acrescentar uma terceira regra:

- **Questionar tudo.** Gosto particularmente de perguntas "estúpidas". Uma pergunta estúpida questiona coisas tão fundamentais que todo mundo presume que a resposta é óbvia. Mas, quando a pergunta é levada a sério, muitas vezes revela-se profunda: o óbvio muitas vezes não é nem um pouco óbvio. O que consideramos óbvio é simplesmente a forma como as coisas sempre foram feitas, mas, agora que foi questionado, não sabemos realmente as razões. Muitas vezes, a solução para os problemas é descoberta com perguntas estúpidas, com o questionamento do óbvio.

Prototipagem

A única maneira de saber de verdade se uma ideia faz sentido é testá-la. Construa um protótipo rápido ou um mock-up de cada solução potencial. Nas fases iniciais desse processo, os mock-ups podem ser esboços à caneta, modelos de isopor e cartolina, ou imagens simples feitas com ferramentas de desenho básicas. Já fiz mock-ups com folhas de cálculo, slides do PowerPoint e esboços em cartões ou post-its. Às vezes, as ideias são transmitidas de forma superior com vídeos, especialmente se estiver desenvolvendo serviços ou sistemas automatizados que são difíceis de prototipar.

Uma técnica de prototipagem popular é chamada de "Mágico de Oz", em homenagem ao feiticeiro do livro clássico de L. Frank Baum (e também do filme clássico). O feiticeiro era, na verdade, apenas uma pessoa comum, mas, por meio do uso de efeitos visuais, conseguia parecer misterioso e onipotente. Em outras palavras, era tudo uma farsa: o feiticeiro não tinha poderes mágicos.

O método do Mágico de Oz pode ser utilizado para imitar um sistema enorme e poderoso muito antes de ele poder ser construído. Pode ser extremamente eficaz nas fases iniciais do desenvolvimento de um produto. Uma vez utilizei esse método para testar um sistema de reservas de passagens de avião que tinha sido inventado por um grupo de pesquisa no Centro de Pesquisa de Palo Alto da Xerox Corporation (hoje é simplesmente chamado de Centro de Pesquisa de Palo Alto, ou PARC, na sigla em inglês). Trouxemos pessoas para o meu laboratório em San Diego, uma de cada vez, colocamos todas sentadas em uma sala pequena e isolada e pedimos que escrevessem suas necessidades de viagem em um computador. As pessoas pensavam que estavam interagindo com um programa automático de assistência para viagens, mas, na realidade, um dos meus alunos de pós-graduação estava sentado em uma sala adjacente, lendo as perguntas escritas e digitando as respostas (consultando, quando necessário, calendários de viagem reais). Esta simulação nos ensinou muito sobre os requisitos de um sistema desse tipo. Aprendemos, por exemplo, que as frases que as pessoas usavam eram muito diferentes das que tínhamos concebido para o sistema. Por exemplo: uma das pessoas pediu uma passagem de ida e volta entre San Diego e San Francisco. Depois que o sistema determinou o voo desejado para San Francisco, ele perguntou: "Quando você gostaria de voltar?" A pessoa respondeu: "Gostaria de partir na terça-feira seguinte, mas tenho que estar de volta antes da minha primeira aula, às 9h." Rapidamente aprendemos que não era suficiente compreender as frases: também tínhamos que resolver problemas, utilizando conhecimentos consideráveis sobre coisas como aeroportos e locais de reunião, padrões de tráfego, atrasos na retirada de bagagem e carros de aluguel e, claro, estacionamento — mais do que o nosso sistema era capaz de fazer. Nosso objetivo inicial era compreender a linguagem. Os estudos demonstraram que esse objetivo era muito limitado: precisávamos compreender as atividades humanas.

A prototipagem durante a etapa de especificação do problema é feita principalmente para garantir que o problema seja bem compreendido. Se o público-alvo já estiver utilizando algo relacionado ao novo produto, isso pode ser considerado um protótipo. Durante a etapa de resolução do problema de design, são necessários protótipos reais da solução proposta.

Testes

Reúna um pequeno grupo de pessoas que corresponda o mais próximo possível ao público-alvo — aqueles a quem o produto se destina. Peça-lhes que utilizem os protótipos da forma como os utilizariam na realidade. Se o dispositivo for utilizado por uma pessoa, teste uma pessoa de cada vez. Se for utilizado por um grupo, teste um grupo. A única exceção é que, mesmo que a utilização normal seja feita por uma única pessoa, é útil pedir para duas pessoas que o utilizem em conjunto, uma operando o protótipo e a outra orientando as ações e interpretando os resultados (em voz alta). A utilização de pares dessa forma permite que as pessoas discutam suas ideias, hipóteses e frustrações de forma aberta e natural. A equipe de pesquisa deve observar, seja sentada atrás dos testados (para não distraí-los), seja assistindo por vídeo em outra sala (mas com a câmera de vídeo visível e após a descrição do procedimento). As gravações em vídeo dos testes costumam ser muito valiosas, tanto para serem exibidas mais tarde aos membros da equipe que não puderam estar presentes, como para serem revistas.

Ao fim do estudo, obtenha informações mais detalhadas sobre os processos de pensamento das pessoas, refazendo os seus passos, recordando-lhes sobre suas ações e questionando-as. Às vezes, é útil mostrar as gravações das suas atividades como lembrete.

Quantas pessoas devem ser avaliadas? As opiniões variam, mas o meu colega Jakob Nielsen há muito tempo defende o número cinco: cinco pessoas avaliadas individualmente. Depois disso, estudar os resultados, aperfeiçoá-los e fazer outra repetição, testando cinco pessoas diferentes. Cinco é normalmente suficiente para obter resultados importantes. E, se quiser realmente testar um número maior de pessoas, é muito mais eficaz fazer um teste com cinco, utilizar os resultados para melhorar o sistema e, em seguida, continuar a repetir o ciclo do teste de design até ter alcançado o número desejado. Isso permite várias repetições de melhoria, em vez de apenas uma.

Tal como na prototipagem, os testes ocorrem na etapa de especificação do problema, para garantir que ele seja bem compreendido, e, em seguida, na etapa de solução do problema, para garantir que o novo design satisfaça as necessidades e capacidades das pessoas que vão utilizá-lo.

Repetição

O papel da repetição no design centrado no ser humano é permitir o aperfeiçoamento e a melhoria contínuos. O objetivo é a prototipagem e os testes rápidos, ou, nas palavras de David Kelly, professor de Stanford e cofundador da empresa de design IDEO, "Falhar frequentemente, falhar rapidamente".

Muitos executivos (e responsáveis governamentais) excessivamente racionais não compreendem bem esse aspecto do processo de design. Por que alguém poderia querer falhar? Parecem pensar que basta determinar os requisitos e depois ir em busca deles. Acreditam que os testes só são necessários para garantir que os requisitos sejam cumpridos. É essa filosofia que leva a tantos sistemas inutilizáveis. Testes e modificações deliberadas tornam as coisas melhores. Falhas devem ser encorajadas — na verdade, elas não deveriam ser chamadas de falhas: deveriam ser pensadas como experiências de aprendizado. Se tudo funciona perfeitamente, pouco se aprende. A aprendizagem ocorre quando há dificuldades.

A parte mais difícil do design é obter os requisitos corretos, o que significa garantir que o problema certo está sendo resolvido e que a solução é adequada. Os requisitos elaborados de forma abstrata estão invariavelmente errados. Os que são produzidos perguntando às pessoas do que elas precisam estão invariavelmente errados. Os requisitos são desenvolvidos observando as pessoas no seu ambiente natural.

Quando se pergunta às pessoas do que precisam, elas pensam principalmente nos problemas cotidianos que enfrentam, raras vezes percebendo falhas maiores, necessidades maiores. Não questionam os principais métodos que utilizam.

Além disso, mesmo que expliquem com detalhes como realizam suas tarefas e depois concordem que foram compreendidas pelo pesquisador, ao executarem os testes, com frequência fogem da própria descrição. "Por quê?", você pergunta. "Ah, tive que fazer essa tarefa de forma diferente", podem responder; "esse foi um caso especial." Acontece que a maioria dos casos são "especiais". Qualquer sistema que não permita casos especiais vai falhar.

Para obter os requisitos corretos é necessário estudar e testar muitas vezes. Observe e estude: decida qual é o problema e utilize os resultados dos testes para determinar quais partes do design que funcionam e quais não funcionam. Em seguida, repita os quatro processos de novo. Recolha mais pesquisa de design, se necessário, crie mais ideias, desenvolva os protótipos e teste-os.

Em cada ciclo, os testes e as observações podem ser mais direcionados e mais eficientes. Com cada ciclo de repetição, as ideias tornam-se mais claras, as especificações mais bem definidas e os protótipos mais próximos do objetivo, o produto real. Após as primeiras repetições, é hora de começar a convergir para uma solução. As várias ideias de protótipos diferentes podem ser reunidas em uma só.

Quando o processo termina? Isso é de responsabilidade do gestor do produto, que deve oferecer a melhor qualidade possível e cumprir o cronograma. No desenvolvimento de produtos, o prazo e o custo constituem restrições muito fortes, e cabe à equipe de design cumprir esses requisitos e, ao mesmo tempo, chegar a um design aceitável e de alta qualidade. Não importa o tempo atribuído à equipe, os resultados finais só costumam aparecer nas últimas vinte e quatro horas antes do prazo final. (É como escrever: por mais tempo que lhe seja dado, o texto só é concluído poucas horas antes do prazo.)

Design centrado na atividade *versus* design centrado no ser humano

O foco intenso nos indivíduos é uma das características do design centrado no ser humano, garantindo que os produtos atendam, de fato, às necessidades reais, que sejam utilizáveis e compreensíveis. Mas e se o produto se destinar a pessoas do mundo todo? Muitos fabricantes produzem basicamente o mesmo produto para o mundo inteiro. Embora os automóveis tenham ligeiras modificações em função das necessidades de um país, são em essência iguais em todo lugar. O mesmo acontece com as máquinas fotográficas, os computadores, os telefones, os tablets, os televisores e as geladeiras. Sim, existem algumas diferenças regionais, mas muito poucas. Mesmo os produtos concebidos especificamente para uma cultura — panelas de arroz, por exemplo — são adotados por outras culturas em outros locais.

Como podemos satisfazer todas essas pessoas tão diferentes e tão díspares? A resposta é nos concentrarmos nas atividades, não no indivíduo. Chamo isso de *design centrado na atividade*. Deixemos que a atividade defina o produto e a sua estrutura. Deixemos que o modelo conceitual do produto seja construído em torno do modelo conceitual da atividade.

Por que isso funciona? Porque as atividades das pessoas em todo o mundo tendem a ser semelhantes. Além disso, embora as pessoas não estejam dispostas a aprender sistemas que parecem ter requisitos arbitrários e incompreensíveis, estão bastante dispostas a aprender coisas que parecem ser essenciais para a atividade. Será que isso viola os princípios do design centrado no ser humano? De forma alguma: considere-o uma melhoria do HCD. Afinal de contas, as atividades são realizadas por e para as pessoas. As abordagens centradas nas atividades são abordagens centradas no ser humano, muito mais adequadas para populações grandes e não homogêneas.

Considere mais uma vez o automóvel, que é basicamente idêntico no mundo inteiro. Ele requer numerosas ações, muitas das quais fazem pouco sentido fora da atividade e que aumentam a complexidade da condução e o período bastante longo que é necessário para se tornar um condutor competente e completo. É necessário dominar os pedais, girar o volante, usar os sinais de mudança de direção, controlar as luzes e observar a estrada, tudo isso enquanto se está atento aos acontecimentos em ambos os lados e atrás do veículo e, talvez, enquanto se conversa com as outras pessoas no automóvel. Além disso, é necessário prestar atenção nas marcações do painel, em especial ao indicador de velocidade, à temperatura da água, à pressão do óleo e ao nível de combustível. A localização dos espelhos retrovisores e laterais exige que os olhos se afastem da estrada durante um período de tempo considerável.

As pessoas aprendem a dirigir com bastante sucesso, apesar da necessidade de dominarem tantas tarefas concomitantes. Dado o design do automóvel e a atividade de condução, cada tarefa parece adequada. Sim, podemos melhorar as coisas. As transmissões automáticas eliminam a necessidade do terceiro pedal, a embreagem. As telas de informação significam que as informações críticas do painel de medições e da navegação podem ser apresentadas no espaço à frente do condutor, portanto, não são necessários movimentos oculares para monitorá-las (embora isso exija uma mudança de atenção, tirando a atenção da estrada). Um dia, substituiremos os três espelhos diferentes por uma tela de vídeo que mostra objetos de todos os lados do carro em uma só imagem, simplificando ainda mais a ação. Como podemos melhorar as coisas? Com um estudo cuidadoso das atividades que ocorrem durante a condução.

Dê apoio às atividades, tendo em vista as capacidades humanas, e as pessoas aceitarão o design e aprenderão o que for necessário.

SOBRE AS DIFERENÇAS ENTRE TAREFAS E ATIVIDADES

Um comentário: há uma diferença entre tarefa e atividade. Enfatizo a necessidade do design para atividades: o design para tarefas normalmente é muito restritivo. Uma atividade é uma estrutura de alto nível, como "fazer compras". Uma tarefa é um componente de nível inferior de uma atividade, como "ir até o mercado", "encontrar um cesto de compras", "utilizar uma lista para orientar as compras" etc.

Uma atividade é um conjunto de tarefas reunidas, mas todas realizadas juntas para alcançar um objetivo comum de alto nível. Uma tarefa é um conjunto organizado e coeso de operações dirigidas a um único objetivo de baixo nível. Os produtos devem dar apoio tanto às atividades quanto às várias tarefas envolvidas. Dispositivos bem concebidos reúnem as várias tarefas necessárias para apoiar uma atividade, fazendo com que funcionem perfeitamente umas com as outras e assegurando que o trabalho realizado por uma não interfira nos requisitos de outra.

As atividades são hierárquicas, portanto uma atividade de alto nível (ir para o trabalho) terá várias atividades de nível inferior abaixo de si. Por sua vez, as atividades de baixo nível geram "tarefas", e as tarefas acabam por ser executadas por "operações" básicas. Os psicólogos americanos Charles Carver e Michael Scheier sugerem que os objetivos têm três níveis fundamentais que controlam as atividades. Os objetivos "ser" estão no nível mais elevado e abstrato e governam a manifestação do ser de uma pessoa: determinam as razões pelas quais as pessoas agem, são fundamentais e duradouros e determinam sua autoimagem. O nível imediatamente inferior, o objetivo "fazer", é muito mais prático para a atividade cotidiana e assemelha-se mais ao objetivo que analiso nas sete fases da atividade. O "fazer" determina os planos e as ações que devem ser realizados para uma atividade. O nível mais baixo dessa hierarquia é o objetivo "motor", que especifica o modo como as ações são executadas: situa-se mais no nível das tarefas e operações do que das atividades. O psicólogo alemão Marc Hassenzahl mostrou como essa análise de três níveis pode ser utilizada para orientar o desenvolvimento e a análise da experiência de uma pessoa (a experiência do usuário, normalmente abreviada como UX, na sigla em inglês) na interação com os produtos.

Concentrar-se nas tarefas é muito limitador. O sucesso da Apple com o seu *player* de música, o iPod, deveu-se ao fato da empresa ter apoiado toda a atividade envolvida no ato de ouvir música: descobri-la, comprá-la, colocá-la no *player*, desenvolver playlists (que podiam ser compartilhadas) e ouvir a música. A Apple também permitiu que outras empresas aumentassem as capacidades do sistema com alto-falantes externos, microfones e todo tipo de acessórios. A Apple tornou possível projetar a música para toda a casa através dos sistemas de som de outras empresas. O sucesso da Apple deveu-se à combinação de dois fatores: um design brilhante e o apoio a toda a atividade de ouvir música com prazer.

Se fizermos o design focado nos indivíduos, os resultados podem ser maravilhosos para as pessoas específicas para as quais foram concebidos, mas menos adequados para as outras. Faça um design focado nas atividades e o resultado será utilizável por todos. Uma das principais vantagens é que, se os requisitos de design forem coerentes com as suas atividades, as pessoas tendem a tolerar a complexidade e as demandas para aprender algo novo: se a complexidade e as coisas novas forem apropriadas para a tarefa, parecerão naturais e serão vistas como justificáveis.

Design repetitivo *versus* fases lineares

O processo de design tradicional é linear, muitas vezes chamado de *método cascata*, porque o progresso segue uma única direção e, uma vez tomadas as decisões, é difícil ou impossível voltar atrás. Isso contrasta com o método repetitivo do design centrado no ser humano, em que o processo é circular, com refinamento contínuo, mudança contínua e incentivo ao retrocesso, repensando as decisões iniciais. Muitos programadores de software experimentam variações do tema, designadas por nomes como Scrum e Agile.

Os métodos lineares, em cascata, fazem sentido lógico. Faz sentido que a pesquisa de design preceda o design, que o design preceda o desenvolvimento de engenharia, que a engenharia preceda a fabricação, e assim por diante. A repetição faz sentido para ajudar a esclarecer a declaração do problema e os requisitos; mas, quando os projetos são grandes, envolvendo pessoas, prazos e orçamento consideráveis, seria terrivelmente dispendioso permitir que a repetição durasse tempo demais. Por outro lado, os proponentes do desenvolvimento repetitivo já viram muitas equipes de projeto apressarem-se para desenvolver requisitos que mais tarde se revelaram deficientes, desperdiçando enormes quantias de dinheiro. Muitos projetos de grande escala falharam, ao custo de vários bilhões de dólares.

Os métodos em cascata mais tradicionais são chamados de métodos *gated*, porque têm um conjunto linear de fases ou estágios, com um portão (*gate*, em inglês) bloqueando a transição de um estágio para o seguinte. O portão é uma revisão feita por gerentes durante a qual o progresso é avaliado e a decisão de prosseguir para a próxima etapa é tomada.

Qual método é superior? Como é sempre o caso quando se trata de um debate acirrado, ambos têm prós e contras. No design, uma das atividades mais difíceis é acertar as especificações. Em outras palavras, determinar que o problema correto está sendo resolvido. Os métodos repetitivos são concebidos para adiar a formação de especificações rígidas, para começar divergindo em um grande conjunto de possíveis requisitos ou declarações de problemas antes da convergência e, depois, divergir de novo em um grande número de potenciais soluções antes de convergir. Os primeiros protótipos devem ser testados através de uma interação real com o público-alvo, a fim de aperfeiçoar os requisitos.

No entanto, o método repetitivo é mais adequado para as fases iniciais de design de um produto, e não para as fases posteriores. Ele também apresenta dificuldade em escalar os seus procedimentos para lidar com grandes projetos. É dificílimo implementá-lo com sucesso em projetos que envolvem centenas ou mesmo milhares de desenvolvedores, levam anos para serem concluídos e custam milhões ou bilhões de dólares. Esses grandes projetos incluem bens de consumo complexos e grandes trabalhos de programação, tais como automóveis, sistemas operacionais para computadores, tablets e telefones, processadores de texto e folhas de cálculo.

Momentos de decisão (os *gates*) dão aos gestores um controle muito maior sobre o processo do que os métodos repetitivos. No entanto, são complicados. As análises de gestão em cada um dos "portões" podem levar um tempo considerável, tanto na preparação como no tempo de decisão após as apresentações. Semanas podem ser desperdiçadas devido à dificuldade de coordenar as agendas de todos os executivos seniores dos diferentes departamentos da empresa que desejam dar uma opinião.

Muitos grupos estão experimentando diferentes formas de gerir o processo de desenvolvimento de produtos. Os melhores métodos combinam os benefícios da repetição e da revisão em etapas. A repetição ocorre dentro das etapas, entre os portões. O objetivo é ter o melhor dos dois mundos: experimentação repetitiva para refinar o problema e a solução, juntamente com revisões de gestão nos portões.

O truque é adiar a especificação exata dos requisitos do produto até que alguns testes repetitivos com protótipos rapidamente implementados tenham sido feitos, mantendo ao mesmo tempo um controle firme sobre calendário, orçamento e qualidade. Pode parecer impossível criar protótipos de alguns projetos de grande escopo (por exemplo, grandes sistemas de transporte), mas, mesmo nesses casos, muito pode ser feito. Os protótipos podem ser objetos em escala, construídos por fabricantes de modelos ou por métodos de impressão 3D. Até mesmo rascunhos e vídeos de desenhos animados bem renderizados ou esboços de animação simples podem ser úteis. A ajuda da informática de realidade virtual permite que as pessoas se imaginem utilizando o produto final e, no caso de um edifício, que se imaginem morando ou trabalhando nele. Todos esses métodos podem fornecer um feedback rápido antes de gastar muito tempo ou dinheiro.

A parte mais difícil do desenvolvimento de produtos complexos é a gestão: organizar, comunicar e sincronizar as muitas pessoas, grupos e departamentos diferentes que são necessários para fazer o processo acontecer. Os grandes projetos são especialmente difíceis, não só devido ao problema de gerir tantas pessoas e grupos diferentes, mas também porque o longo horizonte de tempo dos projetos apresenta novas dificuldades. Durante os muitos anos necessários para passar da formulação do projeto à sua conclusão, os requisitos e as tecnologias provavelmente vão mudar, tornando alguns dos trabalhos propostos irrelevantes e obsoletos; as pessoas que vão utilizar os resultados poderão muito bem mudar; e as pessoas envolvidas na execução do projeto definitivamente vão mudar.

Algumas pessoas deixarão o projeto, talvez por problemas de saúde, aposentadoria ou promoção. Algumas mudarão de emprego e outras passarão para outras funções na mesma empresa. Qualquer que seja a razão, perde-se um tempo considerável para encontrar substitutos e deixá-los a par de todos os conhecimentos e competências necessários. Às vezes, isso nem sequer é possível, porque o conhecimento crucial sobre as decisões e os métodos do projeto está no que chamamos de *conhecimento implícito*, ou seja, dentro da cabeça dos profissionais. Quando eles saem da equipe, o seu conhecimento implícito vai com eles. A gestão de grandes projetos é um desafio difícil.

O QUE ACABEI DE DIZER? NÃO É BEM ASSIM QUE FUNCIONA

As seções anteriores descrevem o processo de design centrado no ser humano para o desenvolvimento de produtos. Mas há uma velha piada sobre a diferença entre a teoria e a prática:

> *Na teoria, não há diferença entre a teoria e a prática.*
> *Na prática, há.*

O processo HCD descreve o ideal. Mas a realidade da vida dentro de uma empresa muitas vezes obriga as pessoas a se comportarem de forma bastante diferente desse ideal. Um membro desiludido da equipe de design de uma empresa de produtos de consumo me disse que, apesar de a sua empresa dizer acreditar na experiência do usuário e seguir o design centrado no ser humano, na prática, só havia dois caminhos para novos produtos:

1. Acrescentar características para se equiparar à concorrência
2. Acrescentar uma caraterística impulsionada por uma nova tecnologia

"Buscamos as necessidades humanas?", perguntou, retoricamente. "Não", respondeu ele próprio.

Isso é bastante comum: as pressões do mercado acrescidas a uma empresa orientada para a engenharia produzem cada vez mais funcionalidades, complexidade e confusão. Mas mesmo as empresas que têm a intenção de buscar as necessidades humanas são frustradas pelos graves desafios do processo de desenvolvimento de produtos, principalmente os desafios de tempo e dinheiro insuficientes. Na verdade, tendo visto muitos produtos sucumbirem a esses desafios, proponho uma "Lei para o Desenvolvimento de Produtos":

A Lei de Don Norman para o desenvolvimento de produtos

No dia em que um processo de desenvolvimento de produto começa, já está atrasado e com o orçamento estourado.

Os lançamentos de produtos são sempre acompanhados de calendários e orçamentos. Normalmente, o calendário é determinado por considerações externas, incluindo feriados, oportunidades especiais de anúncio de produtos e até mesmo os calendários das fábricas. Um produto em que trabalhei recebeu o prazo irreal de quatro semanas porque a fábrica na Espanha iria entrar de férias e, quando os funcionários regressassem, seria tarde demais para lançar o produto a tempo da temporada de compras do Natal.

Além disso, o desenvolvimento de produtos demora até para começar. As pessoas nunca estão sentadas sem nada para fazer, à espera de serem chamadas para fazer o produto. Não, elas têm que ser recrutadas, avaliadas e, depois, transferidas dos seus empregos atuais. Tudo isso leva tempo, tempo esse que raramente é programado.

Imagine, então, que uma equipe de design recebe a notícia de que está prestes a trabalhar em um novo produto. "Maravilhoso", grita a equipe. "Vamos enviar imediatamente os nossos pesquisadores de design para estudar o público-alvo." "Quanto tempo vai demorar?", pergunta o gestor de produto. "Ah, podemos fazer rápido: uma semana ou duas para tratar dos preparativos e depois duas semanas *in loco*. Talvez uma semana para avaliar os resultados. Quatro ou cinco semanas no total." "Lamento", diz o gestor de produto, "não temos tempo. Aliás, não temos orçamento para colocar uma equipe em campo por duas semanas." "Mas é essencial, se quisermos compreender o cliente de verdade", argumenta a equipe de design. "Tem toda a razão", diz o gestor de produto, "mas estamos atrasados: não temos tempo nem dinheiro para isso. Fica para a próxima. Da próxima vez faremos tudo certo." Exceto que nunca há uma próxima vez, porque, quando a próxima vez chega, os mesmos argumentos são repetidos: esse produto também começa atrasado e com o orçamento estourado.

O desenvolvimento de produto envolve uma mistura incrível de disciplinas, desde designers a engenheiros e programadores, fabricação, embalagem, vendas, marketing e serviços. E mais. O produto precisa ser atraente para a base de clientes atual, bem como para se expandir para novos clientes. As patentes criam um campo minado para os designers e engenheiros, pois hoje em dia é quase impossível conceber ou construir algo que não entre em conflito com patentes existentes, o que implica um novo design para abrir caminho pelas minas.

Cada uma das diferentes disciplinas tem uma visão do produto, cada uma tem requisitos distintos, porém específicos, a cumprir. Muitas vezes, os requisitos apresentados por cada disciplina são contraditórios ou incompatíveis com os das outras disciplinas. Mas todos eles são corretos quando vistos da sua própria perspectiva. Na maioria das empresas, no entanto, as disciplinas trabalham separadamente, o design passa os seus resultados para a engenharia e a programação, que modificam os requisitos para atender às suas necessidades. Em seguida, eles passam seus resultados para a fabricação, que faz mais modificações, e depois o marketing pede alterações. É uma bagunça.

Qual é a solução?

A forma de lidar com a escassez de tempo que elimina a capacidade de fazer uma boa pesquisa de design inicial é separar esse processo da equipe de produto: ter pesquisadores de design sempre em campo, sempre estudando potenciais produtos e clientes. Depois, quando a equipe de produto for montada, os designers podem dizer: "Já examinamos esse caso, aqui estão nossas recomendações." O mesmo argumento aplica-se aos pesquisadores de mercado.

O choque de disciplinas pode ser resolvido por equipes multidisciplinares cujos participantes aprendem a compreender e a respeitar os requisitos uns dos outros. As boas equipes de desenvolvimento de produtos funcionam como grupos harmoniosos, com representantes de todas as disciplinas relevantes presentes em todos os momentos. Se todos os pontos de vista e requisitos puderem ser compreendidos por todos os participantes, normalmente é possível pensar em soluções criativas que satisfaçam a maioria das questões. Observe que trabalhar com essas equipes é também um desafio. Todos falam uma linguagem técnica diferente. Cada disciplina acredita que é a parte mais importante do processo. Muitas vezes, cada disciplina pensa que as outras são idiotas, que estão fazendo solicitações sem sentido. É necessário um gestor de produto competente para criar compreensão e respeito mútuos. Mas isso pode ser feito.

As práticas de design descritas pelo duplo diamante e o processo de design centrado no ser humano são o ideal. Embora o ideal raramente possa ser cumprido na prática, é sempre bom tê-lo como objetivo, mas ser realista quanto ao tempo e aos desafios orçamentais. Estes podem ser ultrapassados, mas apenas se forem reconhecidos e integrados ao processo. As equipes multidisciplinares permitem uma melhor comunicação e colaboração, muitas vezes poupando tempo e dinheiro.

O DESAFIO DO DESIGN

É difícil fazer um bom design. É por isso que é uma profissão tão rica e envolvente, com resultados que podem ser poderosos e eficazes. Pedimos aos designers que descubram como gerir coisas complexas, como a interação entre a tecnologia e as pessoas. Os bons designers aprendem depressa, pois hoje é preciso que desenhem uma câmera; amanhã, um sistema de transportes ou a estrutura organizacional de uma empresa. Como uma pessoa pode trabalhar em tantos domínios diferentes? Porque os princípios fundamentais do design para as pessoas são os mesmos em todos os domínios. As pessoas são as mesmas e, por isso, os princípios de design também.

Os designers são apenas uma parte da complexa cadeia de processos e diferentes profissões envolvidas na produção de um produto. Embora o tema deste livro seja a importância de satisfazer as necessidades das pessoas que vão utilizar o produto, outros aspectos do produto também são importantes. Por exemplo, a sua eficácia de engenharia, que inclui suas capacidades, confiabilidade e facilidade de manutenção; seu custo; e sua viabilidade financeira, que normalmente significa rentabilidade. Será que as pessoas vão comprá-lo? Cada um desses aspectos dispõe o seu próprio conjunto de requisitos, por vezes em oposição aos dos outros aspectos. O prazo e o orçamento costumam ser as duas restrições mais graves.

Os designers esforçam-se para determinar as necessidades reais das pessoas e satisfazê-las, enquanto o marketing se preocupa em determinar o que as pessoas vão efetivamente comprar. O que as pessoas precisam e o que compram são duas coisas diferentes, mas ambas são importantes. Não importa que o produto seja excelente, se ninguém comprá-lo. Do mesmo modo, se os produtos de uma empresa não forem rentáveis, a empresa pode muito bem falir. Nas empresas disfuncionais, cada divisão é cética em relação ao valor acrescentado ao produto pelas outras divisões.

Em uma organização bem gerida, os membros da equipe, provenientes de todos os vários aspectos do ciclo do produto, reúnem-se para partilhar os seus requisitos e trabalhar de maneira harmoniosa para conceber e produzir um produto que os satisfaça ou, pelo menos, que o faça com compromissos aceitáveis. Nas empresas disfuncionais, cada equipe trabalha sozinha, muitas vezes batendo de frente com as outras equipes, vendo os designs ou especificações serem alterados por outros de forma que cada equipe considera sem sentido. Produzir um bom produto requer muito mais do que boas competências técnicas: requer uma organização harmoniosa, com bom funcionamento, cooperação e respeito.

O processo de design tem que lidar com inúmeras restrições. Nas seções a seguir, analiso esses outros fatores.

Os produtos têm requisitos múltiplos e contraditórios

Os designers precisam agradar aos seus clientes, que nem sempre são os usuários finais. Consideremos os principais eletrodomésticos, como fogões, geladeiras, máquinas de lavar louça e máquinas de lavar e secar roupa; e até torneiras e termostatos para sistemas de aquecimento e ar-condicionado. Esses produtos muitas vezes são adquiridos por promotores imobiliários ou proprietários. Nos negócios, os departamentos de compras tomam decisões para as grandes empresas; e os proprietários ou gestores, para as pequenas empresas. Em todos esses casos, o comprador está provavelmente interessado sobretudo no preço, talvez no tamanho ou no aspecto, mas é quase certo que não há preocupação quanto à facilidade de utilização. E depois de os aparelhos serem comprados e instalados, o comprador deixa de ter interesse neles. O fabricante precisa atender às necessidades dessas pessoas, porque são elas que efetivamente compram o produto. Sim, as necessidades dos usuários finais são importantes, mas para a empresa parecem ser de importância secundária.

Em algumas situações, o custo domina. Suponha, por exemplo, que você faz parte de uma equipe de design de fotocopiadoras de escritório. Nas grandes empresas, as fotocopiadoras são compradas pelo Centro de Impressão e Duplicação e depois distribuídas pelos vários departamentos. As fotocopiadoras são compradas depois de um "pedido de propostas" formal ter sido enviado aos fabricantes e revendedores de máquinas. A seleção é quase sempre baseada no preço e em uma lista de características necessárias. Usabilidade? Não é considerada. Custos de treinamento? Não são considerados. Manutenção? Não é considerada. Não existem requisitos relativos à compreensão ou à utilização do produto, apesar de, no final, esses aspectos do produto poderem acabar custando à empresa muito dinheiro em tempo perdido, maior necessidade de chamadas de serviço e de treinamento, e até mesmo diminuição do moral dos funcionários e menor produtividade.

O foco no preço de venda é uma das razões pelas quais temos fotocopiadoras e sistemas telefônicos inutilizáveis nos locais de trabalho. Se as pessoas se queixassem o bastante, a usabilidade poderia tornar-se um requisito nas especificações de compra, e esse requisito poderia chegar aos designers. Mas, sem esse feedback, os designers com frequência precisam desenvolver os produtos o mais baratos possível, porque são esses que vendem. Os designers precisam compreender os seus clientes, e, em muitos casos, o cliente é a pessoa que compra o produto e não a pessoa que o utiliza efetivamente. É tão importante estudar aqueles que compram como aqueles que utilizam o produto.

Para tornar as coisas ainda mais difíceis, é necessário levar em conta outro conjunto de pessoas: os engenheiros, os desenvolvedores, os fabricantes, os serviços, as vendas e o pessoal de marketing que precisam traduzir as ideias da equipe de design em realidade e, depois, vender e dar suporte ao produto após o seu envio. Esses grupos também são usuários, não do produto em si, mas dos resultados da equipe de design. Os designers estão habituados a satisfazer as necessidades dos usuários do produto, mas raramente consideram as necessidades dos outros grupos envolvidos no processo do produto. Mas, se as suas necessidades não forem levadas em consideração, à medida que o desenvolvimento do produto avança no processo, desde o design à engenharia, ao marketing, à fabricação etc., cada novo grupo descobrirá que o produto não satisfaz as suas necessidades e, assim, vai alterá-lo. Mas as alterações fragmentadas e posteriores enfraquecem invariavelmente a coesão do produto. Se todos esses requisitos fossem abordados no início do processo de design, poderia ter sido encontrada uma solução muito mais satisfatória.

Em geral, os diferentes departamentos das empresas têm pessoas inteligentes que tentam fazer o que é melhor para a empresa como um todo. Quando fazem alterações em um projeto, é porque as suas necessidades não foram satisfeitas de forma adequada. Suas preocupações e necessidades são legítimas, mas as alterações introduzidas dessa forma são quase sempre prejudiciais. A melhor forma de prevenir essa situação é assegurar que os representantes de todos os departamentos estejam presentes durante todo o processo de design, começando com a decisão de lançar o produto, continuando até o envio para os clientes, requisitos de serviço, consertos e devoluções. Desta forma, todas as preocupações podem ser ouvidas assim que descobertas. Deve haver uma equipe multidisciplinar que supervisione todo o processo de design, engenharia e fabricação, e que compartilhe todos os problemas e preocupações dos departamentos desde o primeiro dia, para que todos possam conceber o produto para satisfazê-los e, quando surgirem conflitos, o grupo possa determinar em conjunto a solução mais satisfatória. Infelizmente, são raras as empresas que estão organizadas dessa forma.

O design é uma atividade complexa. Mas a única forma desse processo complexo se concretizar é se todas as partes relevantes trabalharem em conjunto, como uma única equipe. Não é o design contra a engenharia, contra o marketing, contra a fabricação: é o design em conjunto com todos eles. O design deve considerar as vendas e o marketing, os serviços de assistência, a engenharia e a fabricação, os custos e os prazos. É por isso que é um desafio tão grande. É por isso que é tão divertido e gratificante quando tudo se encaixa para criar um produto de sucesso.

O design para pessoas especiais

Não existe uma pessoa mediana. Este fato apresenta um problema ao designer, que normalmente tem que criar um design único para todo mundo. O designer pode consultar manuais com tabelas que mostram o alcance médio dos braços e a altura sentada, a distância que uma pessoa média pode esticar para trás enquanto está sentada e o espaço necessário para ancas, joelhos e cotovelos. *Antropometria física* é o nome dessa área de estudos. Com esses dados, o designer pode tentar cumprir os requisitos de tamanho para quase todo mundo, por exemplo, de um percentil de 90, 95 ou mesmo 99. Suponhamos que o produto é concebido para acomodar um percentil 95, ou seja, para todos exceto os 5% de pessoas que são menores ou maiores. Isso deixa de fora muita gente. Os Estados Unidos têm aproximadamente 300 milhões de pessoas, portanto 5% são 15 milhões. Mesmo que o design tenha como objetivo o percentil 99, continuaria a deixar de fora 3 milhões de pessoas. E isso é só para os Estados Unidos. O mundo tem 7 bilhões de pessoas. Se o design for feito para o percentil 99 do mundo, 70 milhões de pessoas ficam de fora.

Alguns problemas não se resolvem com ajustes ou médias: se fizermos a média entre um canhoto e um destro, o que obtemos? Muitas vezes é simplesmente impossível construir um produto que se adapte a todo mundo, portanto a solução é construir diferentes versões do produto. Afinal de contas, não ficaríamos satisfeitos com uma loja que vendesse apenas um tamanho e um tipo de roupa: esperamos roupas que se adaptem ao nosso corpo, e as pessoas têm uma grande variedade de tamanhos. Não esperamos que a grande variedade de produtos que encontramos em uma loja de roupa se aplique a todas as pessoas ou atividades; esperamos uma grande variedade de utensílios de cozinha, automóveis e ferramentas para podermos selecionar os que se adaptam melhor às nossas necessidades. Um dispositivo simplesmente não pode funcionar para todo mundo. Mesmo ferramentas tão simples como os lápis precisam ser concebidas de forma diferente para diferentes atividades e tipos de pessoas.

Consideremos os problemas especiais dos idosos e doentes, dos portadores de deficiência física, das pessoas com deficiências visuais ou auditivas, que são muito baixas ou muito altas, ou falantes de outras línguas. Faça um design para diferentes níveis de interesses e competências. Não se restrinja a estereótipos generalizados e imprecisos. Voltarei a falar nesses grupos na próxima seção.

O problema do estigma

"Não quero ir para um asilo. Teria que ficar sempre rodeado de todas aquelas pessoas idosas." (Comentário de um homem de 95 anos.)

Muitos dispositivos concebidos para ajudar pessoas com dificuldades específicas falham. Podem ser bem concebidos, podem resolver o problema, mas são rejeitados pelos usuários a que se destinam. Por quê? A maioria das pessoas não quer tornar públicas suas enfermidades. Na verdade, muitas pessoas não querem sequer admitir que têm dificuldades, nem mesmo para si próprias.

Quando Sam Farber quis desenvolver um conjunto de utensílios domésticos que a sua esposa com artrite pudesse utilizar, trabalhou muito para encontrar uma solução que fosse boa para todos. O resultado foi uma série de ferramentas que revolucionaram esse setor. Por exemplo, os descascadores de legumes costumavam ser uma ferramenta de metal simples e barata, muitas vezes com a forma mostrada à esquerda na Figura 6.3. Eles eram difíceis de usar, dolorosos de segurar e nem eram tão eficazes, mas todo mundo presumia que era assim que deveriam ser.

Após uma pesquisa considerável, Farber decidiu-se pelo descascador apresentado à direita na Figura 6.3 e criou uma empresa, a OXO, para fabricá-lo e distribuí-lo. Apesar de o descascador ter sido concebido para alguém com artrite, foi anunciado como um descascador melhor para todo mundo. E era. Embora o design fosse mais caro do que o descascador normal, o sucesso foi tão grande que, atualmente, muitas empresas produzem variações dele. Você pode ter dificuldade em ver o descascador da OXO como revolucionário porque, atualmente, muitos fabricantes seguiram seus passos. O design tornou-se um tema importante até mesmo para ferramentas simples, como os descascadores, como demonstrado pelo descascador central da Figura 6.3.

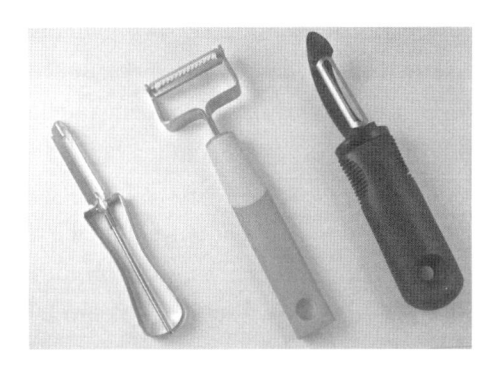

FIGURA 6.3 Três descascadores de legumes. O descascador de legumes tradicional de metal é mostrado à esquerda: barato, mas desconfortável. O descascador da OXO que revolucionou a indústria é mostrado à direita. O resultado dessa revolução é mostrado no meio, um descascador da empresa suíça Kuhn Rikon: colorido e confortável.

Considere os dois atributos especiais sobre o descascador da OXO: custo e design para alguém com uma enfermidade. Custo? O descascador original era muito barato, por isso um descascador que é muitas vezes mais caro do que o mais barato continua sendo barato. E quanto ao design especial para pessoas com artrite? As vantagens para essas pessoas nunca foram mencionadas, por isso, como elas o encontraram? A OXO fez o que era certo e apresentou ao mundo que esse era um produto melhor. E o mundo ouviu e tornou-o bem-sucedido. E quanto às pessoas que precisavam do ajuste melhor? Não demorou muito para que o boca-a-boca se espalhasse. Hoje, muitas empresas seguiram o caminho da OXO, produzindo descascadores que funcionam extremamente bem, são confortáveis e coloridos. Ver Figura 6.3.

Você usaria um andador, uma cadeira de rodas, muletas ou uma bengala? Muitas pessoas evitam esses instrumentos, mesmo que precisem deles, devido à imagem negativa que transmitem: o estigma. Por quê? Há alguns anos, a bengala estava na moda: as pessoas que não precisavam delas usavam-nas de qualquer maneira, rodando-as, apontando com elas, escondendo uísque, facas ou armas dentro delas. Basta ver qualquer filme que retrate a Londres do século XIX. Por que os dispositivos para aqueles que precisam deles não podem ser tão sofisticados e estar na moda hoje em dia?

De todos os dispositivos destinados a ajudar os idosos, talvez o mais evitado seja o andador. A maior parte desses aparelhos é feia. Gritam: "Deficiência." Por que não transformá-los em produtos que tragam orgulho? Talvez uma afirmação de moda. Este pensamento já começou com alguns aparelhos médicos. Algumas empresas estão fabricando aparelhos auditivos e óculos para crianças e adolescentes com cores e estilos especiais, para agradar a esses grupos. Acessórios de moda. Por que não?

Para os jovens que estão lendo este capítulo, não virem a cara. As deficiências físicas podem começar cedo, a partir dos vinte e poucos anos. Por volta dos quarenta anos, os olhos da maioria das pessoas já não conseguem se ajustar suficientemente para focar, e a visão não é capaz de abranger toda a gama de distâncias, portanto é necessário algo que compense essa deficiência, sejam óculos de leitura, lentes bifocais, lentes de contato especiais ou mesmo correção cirúrgica.

Muitas pessoas na casa dos oitenta e noventa anos ainda estão em boa forma física e mental, e a sabedoria acumulada dos seus anos leva a um desempenho superior em muitas tarefas. No entanto, a força física e a agilidade diminuem, o tempo de reação torna-se mais lento e a visão e a audição apresentam deficiências, além de uma diminuição da capacidade de dividir a atenção ou de alternar entre tarefas depressa.

Para quem está disposto a envelhecer, lembro que, embora as capacidades físicas diminuam com a idade, muitas capacidades mentais continuam a melhorar, em especial as que dependem de um acúmulo especializado de experiência, de uma reflexão profunda e de um conhecimento mais amplo. As pessoas mais jovens são mais ágeis, mais dispostas a experimentar e a correr riscos. As pessoas mais velhas têm mais conhecimento e sabedoria. O mundo se beneficia de uma mistura, assim como as equipes de design.

O design para pessoas com necessidades especiais é muitas vezes chamado de *design inclusivo* ou *universal*. Estes nomes são apropriados, pois é comum que todos se beneficiem. Se as letras forem maiores, com tipografias de alto contraste, todos poderão lê-las melhor. Em condições de pouca luz, mesmo as pessoas com a melhor visão do mundo se beneficiarão desse tipo de letra. Torne as coisas ajustáveis e verá que mais pessoas poderão utilizá-las, e mesmo as pessoas que já gostavam delas antes poderão gostar mais agora. Assim como eu recorro à chamada mensagem de erro da Figura 4.6 como a minha forma normal de sair de um programa, porque é mais fácil do que a forma correta, as características especiais criadas para pessoas com necessidades especiais acabam muitas vezes sendo úteis para uma grande variedade de pessoas.

A melhor solução para o problema do design para todos é a flexibilidade: no tamanho das imagens nas telas dos computadores; nos tamanhos, alturas e ângulos das mesas e cadeiras. Permita que as pessoas ajustem os seus próprios assentos, mesas e dispositivos de trabalho. Permita que ajustem a iluminação, o tamanho dos caracteres e o contraste. A flexibilidade nas nossas estradas pode significar garantir a existência de percursos alternativos com diferentes limites de velocidade. As soluções fixas invariavelmente falharão com algumas pessoas; as soluções flexíveis oferecem, pelo menos, uma oportunidade para as pessoas com necessidades diferentes.

COMPLEXIDADE É BOM; É A CONFUSÃO QUE É RUIM

A cozinha do dia a dia é complexa. Temos vários instrumentos apenas para servir e comer alimentos. A cozinha comum contém todo tipo de utensílios de corte, unidades de aquecimento e aparelhos de cozimento. A forma mais fácil de compreender a complexidade é tentar cozinhar em uma cozinha desconhecida. Mesmo os excelentes cozinheiros têm dificuldade em trabalhar em um ambiente novo.

A cozinha de outra pessoa parece complicada e confusa, mas a sua própria não. O mesmo provavelmente pode ser dito de todas as partes da casa. Repare que esse sentimento de confusão é, na realidade, um sentimento de conhecimento. A minha cozinha parece confusa para você, mas não para mim. Por sua vez, a sua cozinha parece confusa para mim, mas não para você. Portanto, a confusão não está na cozinha: está na mente. "Por que as coisas não podem ser simples?" Bem, uma das razões é que a vida é complexa, assim como as tarefas com que nos deparamos. As nossas ferramentas têm que corresponder a elas.

Tenho uma opinião tão forte sobre esse assunto que escrevi um livro inteiro sobre ele, *Living with Complexity*, no qual defendo que a complexidade é essencial: a confusão é que é indesejável. Fiz uma distinção entre "complexidade", que precisamos para corresponder às atividades em que participamos, e "complicado", que defini como "confuso". E como evitamos a confusão? Ah, é aqui que entram em jogo as competências do designer.

O princípio mais importante para domar a complexidade é fornecer um bom modelo conceitual, algo que já foi bem abordado neste livro. Considere a aparente complexidade da cozinha. As pessoas que a utilizam compreendem por que cada item está armazenado onde está: normalmente existe uma estrutura para a aparente aleatoriedade. Até as exceções se enquadram: mesmo que a razão seja algo como "Era grande demais para caber na gaveta e eu não sabia onde o colocar", isso é razão suficiente para dar estrutura e compreensão à pessoa que guardou o objeto. As coisas complexas deixam de ser complicadas quando são compreendidas.

PADRONIZAÇÃO E TECNOLOGIA

Se examinarmos a história dos avanços em todos os campos tecnológicos, veremos que algumas melhorias chegam naturalmente pela própria tecnologia e outras pela padronização. A história inicial do automóvel é um bom exemplo. Os primeiros carros eram muito difíceis de operar. Exigiam força e habilidade além das capacidades de muitos. Alguns problemas foram resolvidos com a automação: o engasgo, o tempo da faísca e o motor de arranque. Outros aspectos dos automóveis e da condução foram padronizados pelo longo processo dos comitês internacionais de padronização:

- De que lado da estrada se deve conduzir (constante em um país, mas variável entre países).
- De que lado do automóvel o condutor deve sentar-se (depende do lado da estrada pelo qual o automóvel é conduzido).
- A localização dos componentes essenciais: volante, freio, embreagem e acelerador (a mesma, quer seja do lado esquerdo ou direito do carro).

A padronização é um tipo de restrição cultural. Com a padronização, quando se aprende a dirigir um carro, a pessoa se sente justificadamente confiante de que pode dirigir qualquer carro, em qualquer lugar do mundo. A padronização proporciona um grande avanço na usabilidade.

Estabelecendo normas

Tenho amigos suficientes em comitês de normas nacionais e internacionais para perceber que o processo de determinação de um padrão ou norma aceito internacionalmente é trabalhoso. Mesmo quando todas as partes concordam com os méritos da padronização, a tarefa de selecionar as normas torna-se uma questão longa e politizada. Uma pequena empresa pode padronizar os seus produtos sem grande dificuldade, mas é muito mais difícil para um organismo industrial, nacional ou internacional chegar a um acordo sobre as normas. Existe até um procedimento normalizado para estabelecer normas nacionais e internacionais. Um conjunto de organizações nacionais e internacionais trabalha com normas; quando uma nova norma é proposta, tem de percorrer o seu caminho por toda a hierarquia organizacional. Cada passo é complexo, pois, se há três formas de fazer algo, então haverá com certeza fortes defensores de cada uma delas, além de pessoas que argumentarão que é cedo demais para padronizar.

Cada proposta é debatida na reunião do comitê de normas, onde é apresentada, e depois levada de volta à organização patrocinadora — que por vezes é uma empresa, outras vezes uma sociedade profissional —, onde são recolhidas as opiniões contra e a favor. Depois, o comitê de normas volta a se reunir para discutir

FIGURA 6.4 O relógio não padrão. Que horas são? Este relógio é tão lógico quanto o padrão, exceto que os ponteiros se movem na direção oposta e o "12" não está no seu lugar habitual. Mas a lógica é a mesma. Então, por que é tão difícil de ler? Que horas são nele agora? 7h11, é claro.

as discordâncias. E de novo, e de novo, e de novo. Qualquer empresa que já esteja comercializando um produto que cumpra a norma proposta terá uma enorme vantagem econômica, portanto, os debates são muitas vezes afetados tanto pela economia e política das questões como pelo real conteúdo tecnológico. É quase certo que o processo demorará cinco anos, e muitas vezes mais.

A norma resultante é em geral um compromisso entre as várias posições concorrentes, muitas vezes um compromisso inferior. Às vezes, a resposta é chegar a um acordo com várias normas incompatíveis. Vejamos a existência de unidades métricas e inglesas; de automóveis com condução à esquerda e à direita. Existem várias normas internacionais para as tensões e frequências da eletricidade, e vários tipos diferentes de plugues e tomadas elétricas — que não encaixam umas nas outras.

Porque as normas são necessárias: uma ilustração simples

Com todas essas dificuldades e com os contínuos avanços tecnológicos, as normas são realmente necessárias? Sim, são. Vejamos o relógio comum. Ele é padronizado. Pense na dificuldade que você teria para ver as horas em um relógio ao contrário, em que os ponteiros girassem "no sentido anti-horário". Existem alguns desses relógios, principalmente como peças de humor. Quando um relógio viola de verdade as normas, como o da Figura 6.4 na página anterior, é difícil determinar que horas estão sendo mostradas. Por quê? A lógica por trás da indicação das horas é idêntica à dos relógios convencionais: existem apenas duas diferenças — os ponteiros giram na direção oposta (sentido anti-horário) e a localização do "12", em geral no topo, foi deslocada. Esse relógio é tão lógico quanto o relógio convencional. Ele nos incomoda porque padronizamos um esquema diferente, na própria definição do termo *sentido horário*. Sem essa padronização, a leitura de um relógio seria mais difícil: teríamos sempre que descobrir o mapeamento.

Uma norma que demorou tanto tempo que a tecnologia a ultrapassou

Eu próprio participei no final do incrivelmente longo e complexo processo político de estabelecimento das normas estadunidenses para a televisão de alta definição. Na década de 1970, os japoneses desenvolveram um sistema nacional de televisão com uma resolução muito superior às normas então em uso: chamaram de "televisão de alta definição".

Em 1995, duas décadas mais tarde, a indústria de televisão nos Estados Unidos propôs a sua própria norma de televisão de alta definição (HDTV) à Federal Communications Commission (FCC). Mas a indústria de computadores apontou que as propostas não eram compatíveis com a forma como os computadores exibiam as imagens, pelo que a FCC se opôs às normas propostas. A Apple mobilizou outros membros da indústria e, como vice-presidente de tecnologia avançada, fui selecionado para ser o porta-voz da Apple. (Na descrição a seguir, ignore o jargão — ele não importa.) A indústria de TV propôs uma grande variedade de formatos admissíveis, incluindo os que têm pixels retangulares e a varredura entrelaçada. Devido às limitações técnicas na década de 1990, foi sugerido que a imagem de maior qualidade tivesse 1.080 linhas entrelaçadas (1080i). Nós queríamos apenas uma varredura progressiva, e por isso insistimos em 720 linhas, exibidas progressivamente (720p), argumentando que a natureza progressiva da varredura compensava o menor número de linhas.

A batalha foi acirrada. A FCC disse a todas as partes concorrentes para se fecharem em uma sala e não saírem até chegarem a um acordo. Como resultado, passei muitas horas em escritórios de advogados. Acabamos chegando a um acordo louco que reconhecia múltiplas variações da norma, com resoluções de 480i e 480p (chamada de *definição-padrão*), 720p e 1080i (chamadas de *alta definição*) e duas proporções diferentes para as telas (a proporção entre largura e altura), 4:3 (= 1,3) — a norma antiga — e 16:9 (= 1,8) — a nova norma. Além disso, sugerimos um grande número de velocidades de fotogramas (basicamente, quantas vezes por segundo a imagem era transmitida). Sim, isso era uma norma ou, mais exatamente, um grande número de normas. Na verdade, um dos métodos de transmissão permitidos era utilizar qualquer método (desde que tivesse as suas próprias especificações juntamente com o sinal). Foi uma confusão, mas chegamos a um acordo. Depois de a norma ter sido oficializada em 1996, foram necessários cerca de dez anos para que a HDTV fosse aceita, com a ajuda, finalmente, de uma nova geração de telas que eram grandes, finas e mais baratas. Todo esse processo demorou cerca de trinta e cinco anos desde as primeiras emissões dos japoneses.

Valeu a pena lutar? Sim e não. Nos trinta e cinco anos que foram necessários para alcançar a norma, a tecnologia continuou a evoluir, e assim a norma resultante era muito superior à primeira proposta, feita tantos anos antes. Além disso, a HDTV de hoje é um enorme avanço em relação ao que tínhamos antes (agora chamado de *definição-padrão*). Mas as minúcias dos detalhes que constituíam o foco da luta entre as empresas de computadores e de televisores eram disparatadas. Os meus peritos técnicos tentaram continuamente demonstrar a superioridade das imagens 720p em relação às 1080i, mas precisei de horas assistindo a cenas especiais sob a orientação de um perito para conseguir perceber as deficiências das imagens interligadas (as diferenças só aparecem com imagens complexas em movimento). Então, por que nos preocupamos com isso?

As telas de televisão e as técnicas de compressão melhoraram tanto que o entrelaçamento já não é necessário. As imagens de 1080p, à época consideradas impossíveis, são agora comuns. Algoritmos sofisticados e processadores de alta velocidade tornam possível transformar uma norma em outra; mesmo os pixels retangulares já não são um problema.

No momento em que escrevo estas palavras, o principal problema é a discrepância entre as proporções. Os filmes têm muitas proporções diferentes (nenhuma delas é a nova norma), portanto, quando as telas de televisão mostram filmes, precisam cortar parte da imagem ou deixar partes da tela preta. Por que a proporção de tela da HDTV foi definida para 16:9 (ou 1,8) se nenhum filme utilizava essa proporção? Porque os engenheiros gostaram: eleve ao quadrado a antiga proporção de tela de 4:3 e você chegará à nova, 16:9.

Atualmente, estamos prestes a embarcar em mais uma luta de normas sobre televisão. Primeiro, há a televisão tridimensional: 3D. Depois, há propostas de ultra-alta definição: 2.160 linhas (e também uma duplicação da resolução horizontal): quatro vezes a resolução do nosso melhor televisor atual (1080p). Uma empresa quer uma resolução oito vezes superior e outra propõe uma proporção de tela de 21:9 (= 2,3). Já vi essas imagens e são maravilhosas, embora só tenham relevância para telas grandes (de pelo menos 60 polegadas, ou 1,5 m de comprimento diagonal) e quando o espectador está próximo.

As normas podem demorar tanto tempo a ser estabelecidas que, quando entram em vigor, podem ser irrelevantes. No entanto, elas são necessárias. Simplificam as nossas vidas e tornam possível que diferentes marcas de equipamento trabalhem em conjunto e harmonia.

Uma norma que nunca pegou: hora digital

Padronize e isso simplificará a vida: todos aprendem o sistema uma só vez. Mas não padronize cedo demais; você pode ficar preso em uma tecnologia primitiva, ou pode ter introduzido regras que se revelam grosseiramente ineficientes, ou mesmo que induzem a erros. Se a padronização for feita tarde demais, é possível que já existam tantas formas de fazer as coisas que não seja possível chegar a um acordo sobre uma norma internacional. Se houver acordos sobre uma tecnologia antiquada, pode ser caro demais mudar para a norma nova. O sistema métrico é um bom exemplo: é um esquema muito mais simples e mais utilizável para representar distância, peso, volume e temperatura do que o antigo sistema inglês de pés, libras, segundos e graus na escala Fahrenheit. Mas as nações industrializadas com um forte compromisso com o antigo padrão de medição afirmam que não podem suportar os enormes custos e a confusão da conversão. Por isso, estamos presos em dois padrões, pelo menos por mais algumas décadas.

Você consideraria mudar a forma como especificamos o tempo? O sistema atual é arbitrário. O dia está dividido em vinte e quatro unidades — horas — bastante arbitrárias, mas padronizadas. Mas, nos Estados Unidos, nós contamos o tempo em unidades de doze, não de vinte e quatro, por isso tem que haver dois ciclos de doze horas cada, mais a convenção especial de a.m. e p.m. para sabermos de que ciclo estamos falando. Depois dividimos cada hora em sessenta minutos e cada minuto em sessenta segundos.

E se mudássemos para divisões métricas: segundos divididos em décimos, milissegundos e microssegundos? Teríamos dias, milésimos de dias e microdias. Teria que haver uma nova hora, um novo minuto e um novo segundo:

chamaríamos de hora digital, minuto digital e segundo digital. Seria fácil: dez horas digitais para o dia, cem minutos digitais para a hora digital, cem segundos digitais para o minuto digital.

Cada hora digital duraria exatamente 2,4 vezes uma hora antiga: 144 minutos antigos. Assim, o antigo período de uma hora da sala de aula ou do programa de televisão seria substituído por um período de meia hora digital, ou 50 minutos digitais — apenas 20 por cento mais longo do que a hora atual. Poderíamos nos adaptar às diferenças de duração com relativa facilidade.

O que eu penso disso? Eu prefiro. Afinal, o sistema decimal, a base da maior parte da utilização mundial dos números e da aritmética, utiliza a aritmética de base 10, e, como resultado, as operações aritméticas são muito mais simples no sistema métrico. Muitas sociedades utilizaram outros sistemas, sendo comuns os de base 12 e 60. Assim, doze para o número de itens em uma dúzia, polegadas em um pé, horas em um dia e meses em um ano; sessenta para o número de segundos em um minuto, segundos em um grau e minutos em uma hora.

Os franceses propuseram que o tempo fosse transformado em um sistema decimal em 1792, durante a Revolução Francesa, momento em que se deu a grande mudança do sistema métrico. O sistema métrico para pesos e comprimentos foi adotado, mas não para o tempo. A hora decimal foi utilizada durante tempo suficiente para que fossem fabricados relógios decimais, mas acabou por ser descartada. Uma pena. É muito difícil mudar hábitos bem estabelecidos. Ainda usamos o teclado QWERTY e os Estados Unidos ainda medem as coisas em polegadas e pés, jardas e milhas, Fahrenheit, onças e libras. O mundo ainda mede o tempo em unidades de 12 e 60, e divide o círculo em 360 graus.

Em 1998, a Swatch, empresa relojoeira suíça, fez a sua própria tentativa de introduzir o tempo decimal através daquilo a que chamou "Swatch International Time". A Swatch dividiu o dia em 1.000 ".beats", sendo cada .beat ligeiramente inferior a 90 segundos (cada .beat corresponde a um minuto digital). Este sistema não utilizava fusos horários, e assim as pessoas do mundo inteiro estariam em sincronia com os seus relógios. No entanto, não simplifica o problema da sincronização das reuniões, porque seria difícil fazer com que o sol se comportasse corretamente. As pessoas continuariam querendo acordar perto do nascer do sol, e isso corresponderia a horas Swatch diferentes em todo o mundo. Consequentemente, mesmo que as pessoas tivessem os seus relógios sincronizados, continuaria sendo necessário saber quando acordavam, comiam, iam e voltavam do trabalho e iam dormir, e essas horas variariam ao redor do mundo. Não é claro se a Swatch estava falando sério com a sua proposta ou se era uma grande sacada publicitária. Depois de alguns anos de publicidade, durante os quais a empresa fabricou relógios digitais que indicavam as horas em .beats, tudo se esvaiu.

Por falar em normalização, a Swatch chamou sua unidade básica de tempo de ".beat", sendo o primeiro caractere um ponto final. Essa grafia não normalizada causa estragos nos sistemas de correção ortográfica, que não estão preparados para lidar com palavras que começam com sinais de pontuação.

TORNANDO AS COISAS DELIBERADAMENTE DIFÍCEIS

> *Como pode um bom design (que seja utilizável e compreensível) ser equilibrado com a necessidade de "sigilo" ou privacidade, ou proteção? Quero dizer, algumas aplicações do design envolvem áreas sensíveis e necessitam de um controle rigoroso sobre quem as utiliza e compreende. Talvez não queiramos que qualquer usuário comum compreenda o suficiente de um sistema para comprometer a sua segurança. Não é possível argumentar que algumas coisas não devem ser bem projetadas? As coisas não podem ser mantidas um pouco enigmáticas, para que apenas aqueles que têm autorização, educação formal, ou o que quer que seja, possam fazer uso do sistema? Claro que temos senhas, chaves e outros tipos de verificações de segurança, mas isso pode se tornar cansativo para o usuário privilegiado. Parece que, se o bom design não for ignorado em alguns contextos, o objetivo da existência do sistema será anulado. (Uma pergunta que me foi enviada por e-mail por uma aluna, Dina Kurktchi. É a pergunta certa.)*

Em Stapleford, Inglaterra, deparei-me com uma porta de escola que era muito difícil de abrir, exigindo o funcionamento simultâneo de dois trincos, um no topo da porta e outro embaixo. Os trincos eram difíceis de encontrar, de alcançar e de utilizar. Mas as dificuldades eram deliberadas. Tratava-se de um bom design. A porta ficava em uma escola para crianças portadoras de deficiência, e a escola não queria que as crianças saíssem para a rua sem estarem acompanhadas por um adulto. Só os adultos eram altos o suficiente para acionar os dois trincos. A violação das regras de facilidade de utilização era exatamente o necessário.

As coisas, em sua maioria, são concebidas para serem fáceis de utilizar, mas não são. Mas algumas coisas são difíceis de utilizar de propósito — e deveriam sê-lo. O número de coisas que deveriam ser difíceis de usar é surpreendentemente grande:

- Qualquer porta concebida para manter as pessoas dentro ou fora.
- Sistemas de segurança, projetados para que apenas pessoas autorizadas possam utilizá-los.
- Equipamento perigoso, que deve ter acesso restrito.
- Operações perigosas que possam causar a morte ou ferimentos se efetuadas por acidente ou por engano.
- Portas, armários e cofres secretos: não se pretende que o cidadão comum saiba que existem, quanto mais que seja capaz de manipulá-los.
- Casos deliberadamente destinados a perturbar a ação normal de rotina (como discutido no Capítulo 5). Os exemplos incluem o reconhecimento exigido antes de apagar de forma permanente um arquivo do computador, a trava de segurança das pistolas e espingardas e os pinos dos extintores de incêndio.
- Controles que requerem duas ações diferentes para que o sistema funcione, separados de modo que sejam necessárias duas pessoas para operá-los, impedindo que uma única pessoa efetue uma ação não autorizada (utilizados em sistemas de segurança ou operações de segurança crítica).
- Armários e frascos de medicamentos e substâncias perigosas difíceis de abrir para impedir o manuseio de crianças.
- Jogos, uma categoria em que os designers desrespeitam deliberadamente as leis da compreensibilidade e da usabilidade. Os jogos são concebidos para serem difíceis; em alguns jogos, parte do desafio consiste em descobrir o que deve ser feito e como.

Mesmo quando a falta de usabilidade ou compreensibilidade é deliberada, continua sendo importante conhecer as regras de um design compreensível e utilizável, por duas razões. Primeira, mesmo os projetos feitos para serem difíceis não são totalmente impossíveis. Em geral, há uma parte difícil, concebida para impedir que pessoas não autorizadas utilizem o dispositivo; o resto deve seguir os princípios normais de um bom design. Segunda, mesmo que o seu trabalho seja tornar algo difícil de fazer, você precisa saber como fazê-lo. Neste caso, as regras são úteis, pois indicam, de forma inversa, como realizar a tarefa. Você pode violar sistematicamente as regras da seguinte forma:

- Esconder componentes críticos: tornar as coisas invisíveis.
- Utilizar mapeamentos não naturais para o lado da execução do ciclo de ação, de modo que a relação dos controles com as coisas controladas seja inadequada ou aleatória.
- Tornar as ações fisicamente difíceis de executar.
- Exigir um timing e uma manipulação física precisos.
- Não dar qualquer feedback.
- Utilizar mapeamentos não naturais para o lado da avaliação do ciclo de ação, de modo que o estado do sistema seja difícil de interpretar.

Os sistemas de segurança apresentam um problema especial ao design. Muitas vezes, o recurso de design adicionado para garantir a segurança elimina um perigo, apenas para criar outro secundário. Quando trabalhadores cavam um buraco em uma rua, precisam colocar barreiras para evitar que carros e pessoas caiam dentro dele. As barreiras resolvem um problema, mas elas próprias representam outro perigo, muitas vezes atenuado pelo acréscimo de sinais e luzes intermitentes para avisar da existência das barreiras. As portas de emergência, as luzes e os alarmes com frequência precisam ser acompanhados por sinais de aviso ou barreiras que controlem quando e como podem ser utilizados.

DESIGN: DESENVOLVENDO TECNOLOGIA PARA AS PESSOAS

O design é uma disciplina maravilhosa, que junta tecnologia e pessoas, negócios e política, cultura e comércio. As diferentes pressões sobre o design são severas, apresentando enormes desafios para o designer. Ao mesmo tempo, os designers devem ter sempre em mente que os produtos serão utilizados por pessoas. É isso que faz do design uma disciplina tão gratificante: por um lado, restrições terrivelmente complexas a superar; por outro, a oportunidade de desenvolver coisas que ajudam e enriquecem a vida das pessoas, que trazem benefícios e prazer.

CAPÍTULO SETE

O DESIGN NO MUNDO DOS NEGÓCIOS

As realidades do mundo impõem severas restrições ao design de produtos. Até agora, descrevi o caso ideal, partindo do pressuposto de que os princípios do design centrado no ser humano poderiam ser seguidos num ambiente isolado, ou seja, sem levar em consideração o mundo real da concorrência, dos custos e dos prazos. Os requisitos contraditórios virão de diferentes fontes, todas legítimas, todas precisando ser resolvidas. Todos os envolvidos devem fazer concessões.

Chegou a hora de examinar as preocupações externas ao design centrado no ser humano que afetam o desenvolvimento de produtos. Começo com o impacto das forças competitivas que impulsionam a introdução de características extras, muitas vezes em excesso: a causa da doença apelidada de "febre de funcionalidades", cujo principal sintoma é o "funcionalismo furtivo". A partir daí, examino os fatores que impulsionam essas mudanças, começando pelos tecnológicos. Quando surgem novas tecnologias, surge também a tentação de desenvolver novos produtos de imediato. Mas o tempo necessário para que produtos radicalmente novos tenham êxito mede-se em anos, décadas ou, em alguns casos, séculos. Este fato me leva a examinar as duas formas de inovação de produtos relevantes para o design: a gradual (menos glamorosa, porém mais comum) e a radical (mais glamorosa, mas raramente bem-sucedida).

Concluo com reflexões sobre a história e as perspectivas futuras deste livro. Sua primeira edição teve uma vida longa e frutífera. Vinte e cinco anos é um período incrivelmente longo para um livro centrado na tecnologia se manter relevante. Se esta edição revista e ampliada durar igualmente muito tempo, isso significa cinquenta anos de *O design do dia a dia*. Nestes próximos vinte e cinco anos, quais novos desenvolvimentos terão lugar? Qual será o papel da tecnologia nas nossas vidas, no futuro dos livros, e quais serão as obrigações morais da profissão do designer? E, finalmente, por quanto tempo os princípios deste livro continuarão a ser relevantes? Não é de surpreender que eu acredite que serão sempre tão relevantes como eram há vinte e cinco anos, tão relevantes como são hoje. Por quê? A razão é simples. O design da tecnologia para se adaptar às necessidades e capacidades humanas é determinado pela psicologia das pessoas. Sim, as tecnologias podem mudar, mas as pessoas permanecem as mesmas.

FORÇAS COMPETITIVAS

Hoje, os fabricantes de todo o mundo competem entre si. As pressões de concorrência são fortes. Afinal de contas, existem apenas algumas formas básicas através das quais um fabricante pode competir: três das mais importantes são o preço, as funcionalidades e a qualidade — infelizmente, muitas vezes nessa ordem de importância. A rapidez é importante, para que nenhuma outra empresa se antecipe na corrida pela presença no mercado. Estas pressões tornam difícil seguir o processo completo e repetitivo de melhoria contínua do produto. Mesmo os produtos relativamente estáveis, como automóveis, eletrodomésticos, televisores e computadores, enfrentam as múltiplas forças de um mercado competitivo que encorajam a introdução de alterações sem testes e aperfeiçoamentos suficientes.

Eis um exemplo simples e real. Estou trabalhando com uma nova empresa startup, que está desenvolvendo uma linha inovadora de equipamentos de cozinha. Os fundadores tinham algumas ideias únicas, inovando a tecnologia de preparo de alimentos muito além do que qualquer outra disponível para uso doméstico. Fizemos inúmeros testes em campo, construímos vários protótipos e contratamos um designer industrial de competência ímpar. Modificamos várias vezes o conceito original do produto, com base no feedback inicial de potenciais usuários e conselhos de especialistas do setor. Mas, quando estávamos prestes a iniciar a primeira produção de alguns protótipos feitos à mão que poderiam ser mostrados a potenciais investidores e clientes (uma proposta dispendiosa para uma pequena empresa autofinanciada), outras empresas começaram a apresentar conceitos semelhantes nas feiras comerciais. O que aconteceu? As ideias foram roubadas? Não, é o que chamamos de *Zeitgeist*, uma palavra alemã que significa "espírito do tempo". Em outras palavras, o momento era oportuno, as ideias estavam "no ar". A concorrência surgiu mesmo antes de termos entregue o nosso primeiro produto. O que uma pequena empresa startup pode fazer? Ela não tem dinheiro para competir com as grandes empresas. Precisa modificar as suas ideias para se manter à frente da concorrência e apresentar uma demonstração que entusiasme os potenciais clientes e impressione os potenciais investidores e, mais importante ainda, os potenciais distribuidores do produto. São os distribuidores que são os verdadeiros clientes, não as pessoas que compram o produto nas lojas e o utilizam nas suas casas. O exemplo ilustra as verdadeiras pressões comerciais sobre as empresas: a necessidade de rapidez, a preocupação com os custos, a concorrência que pode obrigar a empresa a alterar as suas ofertas e a necessidade de satisfazer várias classes de clientes — investidores, distribuidores e, claro, as pessoas que vão efetivamente utilizar o produto. Onde a empresa deve concentrar os seus recursos limitados? Mais estudos com usuários? Desenvolvimento mais rápido? Características novas e únicas?

As mesmas pressões que a empresa startup enfrentou também afetam as empresas estabelecidas. Mas elas também sofrem outras pressões. A maioria dos produtos tem um ciclo de desenvolvimento de um a dois anos. Para lançar um novo modelo todos os anos, o processo de design precisa ter começado mesmo antes de o modelo anterior ter sido lançado. Além disso, raramente existem mecanismos para recolher e transmitir as experiências dos clientes. Em uma época anterior, existia uma estreita ligação entre designers e usuários. Atualmente, estão separados por barreiras. Algumas empresas proíbem os designers de trabalhar com os clientes, uma restrição bizarra e sem sentido. Por que fazem isso? Em parte para evitar vazamentos de informação sobre os novos produtos para a concorrência, mas também porque os clientes podem deixar de comprar as ofertas atuais se forem levados a acreditar que um novo artigo mais avançado está para ser lançado em breve. Mas, mesmo quando não existem tais restrições, a complexidade das grandes organizações aliada à pressão implacável para terminar o produto torna essa interação difícil. Lembre-se da Lei de Norman do Capítulo 6: No dia em que um processo de desenvolvimento de produto começa, já está atrasado e com o orçamento estourado.

Febre de funcionalidades: uma tentação mortal

Em cada produto de sucesso esconde-se o portador de uma doença insidiosa chamada "febre de funcionalidades", cujo principal sintoma é o "funcionalismo furtivo". A doença parece ter sido identificada e nomeada pela primeira vez em 1976, mas as suas origens remontam provavelmente às tecnologias mais antigas, enterradas nas eras anteriores à aurora da história. Parece inevitável, sem prevenção conhecida. Deixe-me explicar.

Suponhamos que seguimos todos os princípios deste livro para criar um produto maravilhoso, centrado no ser humano. O produto obedece a todos os princípios de design. Resolve os problemas das pessoas e satisfaz algumas necessidades importantes. É atrativo e fácil de utilizar e compreender. Como resultado, suponhamos que o produto seja bem-sucedido: muitas pessoas compram e dizem aos seus amigos para comprarem também. O que há de errado nisso?

O problema é que, depois de o produto estar disponível há algum tempo, inevitavelmente surgem vários fatores que pressionam a empresa a adicionar novas funcionalidades. Esses fatores incluem:

- Os clientes atuais gostam do produto, mas expressam o desejo de ter mais funcionalidades, mais opções, mais capacidade.
- Uma empresa concorrente acrescenta novas funcionalidades aos próprios produtos, o que gera pressões competitivas para corresponder a essa oferta, mas para fazer ainda mais, a fim de ficar à frente da concorrência.

- Os clientes estão satisfeitos, mas as vendas estão caindo porque o mercado está saturado: todos os que querem o produto já o possuem. É hora de acrescentar melhorias maravilhosas que façam as pessoas desejar o novo modelo, mais moderno.

A "febre de funcionalidades" é infecciosa. Os novos produtos são invariavelmente mais complexos, mais poderosos e diferentes em tamanho do que a sua primeira versão. É possível ver essa tensão nos *players* de música, celulares e computadores, em especial em smartphones e tablets. Os dispositivos portáteis tornam-se cada vez menores a cada lançamento, apesar da adição de mais e mais funcionalidades (tornando-os cada vez mais difíceis de operar). Alguns produtos, como automóveis, geladeiras domésticas, televisores e fogões de cozinha, também se tornam mais complexos a cada versão, ficando maiores e mais potentes.

Sejam os produtos maiores ou menores, cada nova edição tem invariavelmente mais funcionalidades do que a anterior. A febre de funcionalidades é uma doença traiçoeira, difícil de erradicar e impossível de inocular. É fácil para as pressões de marketing insistirem no acréscimo de novas funcionalidades, mas não há necessidade — ou orçamento — para se livrarem das antigas, já desnecessárias.

Como você pode saber que está diante da febre de funcionalidades? Pelo seu principal sintoma, o "funcionalismo furtivo". Quer um exemplo? Veja a Figura 7.1, que ilustra as alterações que atingiram a simples moto Lego desde o meu primeiro encontro com ela na primeira edição deste livro. A moto original (Figura 4.1 e Figura 7.1A) tinha apenas quinze componentes e podia ser montada sem quaisquer instruções: tinha restrições suficientes para que cada peça tivesse uma localização e orientação únicas. Mas agora, como mostra a Figura 7.1B, a mesma moto ficou enorme, com vinte e nove peças. Eu precisei de instruções.

O funcionalismo furtivo é a tendência a aumentar o número de funcionalidades de um produto, muitas vezes para além do que faz sentido. Não há como um produto continuar a ser utilizável e compreensível quando tem todas as funcionalidades especiais que foram adicionadas ao longo do tempo.

Em seu livro *Different*, a professora de Harvard Youngme Moon argumenta que é essa tentativa de igualar a concorrência que faz com que todos os produtos se tornem iguais. Quando as empresas tentam aumentar as vendas igualando todas as características dos seus concorrentes, acabam prejudicando a si próprias. Afinal, quando os produtos de duas empresas coincidem em termos de características, passa a não haver qualquer razão para um cliente preferir um em detrimento de outro. Este é o design orientado para a concorrência. Infelizmente, a mentalidade de igualar a lista de características do concorrente está presente em muitas organizações. Mesmo que as primeiras versões de um produto sejam bem-feitas, centradas no ser humano e focadas em necessidades reais, é rara a empresa que se contenta em deixar um bom produto intocado.

FIGURA 7.1 A febre de funcionalidade ataca a Lego. A Figura A mostra a moto Lego original disponível em 1988, quando a utilizei na primeira edição deste livro (à esquerda), ao lado da versão de 2013 (à direita). A versão antiga tinha apenas quinze peças. Não era necessário nenhum manual para montá-la. Para a nova versão, a caixa anuncia orgulhosamente: "29 peças". Consegui montar a versão original sem instruções. A Figura B mostra até onde cheguei com a nova versão antes de desistir e ter que consultar o manual de instruções. Por que a Lego achou que tinha que mudar a moto? Talvez porque a febre de funcionalidade tenha atingido as verdadeiras motos da polícia, fazendo-as aumentar em tamanho e complexidade, e a Lego sentiu que o seu brinquedo tinha que corresponder ao mundo. (Fotos do autor.)

A maioria das empresas compara as características e funcionalidades do próprio produto com a concorrência para determinar onde há fraquezas, de modo a reforçar essas áreas. Isso está errado, argumenta Moon. Uma estratégia melhor é concentrar-se nas áreas em que são mais fortes e reforçá-las ainda mais. Em seguida, concentrar todo o marketing e toda a publicidade para realçar os pontos fortes. Isso faz com que o produto se destaque do restante. Quanto aos pontos fracos, ignore os irrelevantes, diz Moon. A lição é simples: não siga os outros cegamente; concentre-se nos pontos fortes e não nos pontos fracos. Se o produto tiver pontos fortes reais, pode se dar ao luxo de ser apenas "bom o suficiente" nas outras áreas.

Um bom design exige certo afastamento das pressões competitivas e garantias que o produto seja consistente, coerente e compreensível. Essa postura demanda que a liderança da empresa resista às forças de marketing que estão sempre implorando para acrescentar essa ou aquela caraterística, cada uma delas considerada essencial para um determinado segmento de mercado. Os melhores produtos surgem quando essas vozes concorrentes são ignoradas e, em vez disso, a empresa se concentra nas verdadeiras necessidades das pessoas que utilizam o produto.

Jeff Bezos, o fundador e CEO da Amazon, chama a sua abordagem de "obcecada pelo cliente". Tudo se concentra nos requisitos dos clientes da Amazon. A concorrência é ignorada, os requisitos tradicionais de marketing são ignorados. A atenção é concentrada em questões simples, orientadas para o cliente: o que os clientes querem; como as suas necessidades podem ser satisfeitas da melhor forma; o que pode ser feito para melhorar o serviço e o valor para o cliente? Concentre-se no cliente, argumenta Bezos, e o resto se faz sozinho. Muitas empresas afirmam aspirar a essa filosofia, mas poucas são capazes de segui-la. Em geral, isso só é possível quando o chefe da empresa, o diretor-geral, é também o fundador. Assim que a empresa passa o controle para outras pessoas, em especial aquelas que seguem o ditado tradicional do MBA de colocar o lucro acima das preocupações do cliente, a ideia vai por água abaixo. Os lucros podem, de fato, aumentar a curto prazo, mas a qualidade do produto acaba se deteriorando ao ponto de os clientes abandonarem a empresa. A qualidade só se obtém através da concentração e atenção contínuas às pessoas que importam: os clientes.

AS NOVAS TECNOLOGIAS FORÇAM AS MUDANÇAS

Atualmente, temos novos requisitos. Hoje precisamos escrever em dispositivos pequenos e portáteis que não têm espaço para um teclado completo. As telas sensíveis ao toque e aos gestos permitem uma nova forma de escrever.

O reconhecimento da escrita manual e a compreensão da fala nos permitem evitar ter que escrever.

Considere os quatro produtos apresentados na Figura 7.2. Sua aparência e métodos de funcionamento mudaram radicalmente durante o seu século de existência. Os primeiros telefones, como o da Figura 7.2A, não tinham teclados: um operador humano intervinha para fazer as ligações. Mesmo quando os operadores foram substituídos por sistemas de ligação automáticos, o "teclado" era um seletor rotativo com dez orifícios, um para cada dígito. Quando o mostrador foi substituído por teclas de pressão, sofreu um ligeiro caso de febre de funcionalidade: as dez posições do mostrador foram substituídas por doze teclas: os dez dígitos, mais * e #.

Mas muito mais interessante é a fusão de dispositivos. O computador humano deu origem aos laptops, pequenos computadores portáteis. O telefone móvel deu lugar a pequenos telemóveis portáteis (chamados de celulares em grande parte do mundo). Os telefones inteligentes tinham grandes telas sensíveis ao toque, acionadas por gestos. Logo, os computadores fundiram-se em tablets, tal como os celulares. As câmeras fotográficas fundiram-se com os celulares. Hoje em dia, as conversas, as videoconferências, a escrita, a fotografia (tanto fixa como em vídeo) e a interação colaborativa de todos os tipos são cada vez mais feitas por um único dispositivo, disponível com uma grande variedade de tamanhos de tela, potência computacional e portabilidade. Não faz sentido chamar esses objetos de computadores, telefones ou câmeras: precisamos de um novo nome. Vamos chamá-los de "telas inteligentes". No século XXII, continuaremos a ter telefones? Prevejo que, embora continuemos a falar uns com os outros a distância, não teremos qualquer dispositivo chamado "telefone".

À medida que a pressão para a criação de telas maiores forçou o desaparecimento dos teclados físicos (apesar da tentativa de criar teclados minúsculos, operados com um único dedo), os teclados eram apresentados na tela sempre que necessário, sendo cada letra tocada, uma de cada vez. Isto é lento, mesmo quando o sistema tenta prever a palavra que está sendo digitada, para que a digitação possa parar assim que a palavra correta apareça. Logo foram desenvolvidos vários sistemas que permitiam ao dedo ou à caneta traçar um caminho entre as letras da palavra: sistemas de gestos de palavras. Os gestos eram suficientemente diferentes uns dos outros para que nem sequer fosse necessário

FIGURA 7.2 100 anos de telefones e teclados. As Figuras A e B mostram a evolução do telefone, desde o telefone de manivela da Western Electric da década de 1910, em que rodar a manivela à direita gerava um sinal que alertava o operador, até ao telefone da década de 2010. Parece que não têm nada em comum. As Figuras C e D contrastam um teclado da década de 1910 com um da década de 2010. Os teclados continuam a estar dispostos da mesma forma, mas, no primeiro, é necessário pressionar fisicamente cada tecla; no segundo, é possível passar o dedo pelas letras correspondentes (a imagem mostra a palavra *many* sendo digitada). Créditos: A, B e C: fotos do autor; os objetos em A e C são cortesia do Museum of American Heritage, Palo Alto, Califórnia. D mostra o teclado "Swype" da Nuance. Imagem usada como cortesia da Nuance Communications, Inc.

tocar em todas as letras — bastava que o padrão gerado pela aproximação ao caminho correto fosse próximo o bastante do desejado. Esta tornou-se uma forma rápida e fácil de escrever (Figura 7.2D).

Com os sistemas baseados em gestos, é possível repensar profundamente o sistema. Por que manter as letras na mesma disposição QWERTY? A geração de padrões seria ainda mais rápida se as letras fossem reorganizadas para maximizar a velocidade quando se utiliza um único dedo ou uma caneta para traçar as letras. Boa ideia, mas, quando um dos pioneiros no desenvolvimento dessa técnica, Shumin Zhai, que na época trabalhava na IBM, experimentou esse modelo, deparou-se com o problema do legado. As pessoas conheciam o QWERTY e recusaram-se a ter que aprender uma organização de letras diferente. Atualmente, o sistema de gestos de palavras é amplamente utilizado, mas com teclados QWERTY (como na Figura 7.2D).

A tecnologia muda a forma como fazemos as coisas, mas as necessidades fundamentais se mantêm inalteradas. A necessidade de escrever pensamentos, de contar histórias, de fazer análises críticas ou de escrever ficção e não ficção permanecerá. Alguns textos serão escritos utilizando os teclados tradicionais, mesmo em novos dispositivos tecnológicos, porque o teclado continua a ser a forma mais rápida de introduzir palavras em um sistema, quer seja em papel, eletrônico, físico ou virtual. Algumas pessoas preferirão falar as suas ideias, ditando-as. Mas é provável que as palavras faladas sejam transformadas em palavras impressas (mesmo que a impressão seja simplesmente em um dispositivo de visualização), porque a leitura é muito mais rápida e superior à audição. A leitura pode ser feita depressa: é possível ler cerca de trezentas palavras por minuto e folhear, saltando para a frente e para trás, adquirindo informações na casa de milhares de palavras por minuto. A audição é lenta e seriada, em geral a uma velocidade de cerca de sessenta palavras por minuto, e embora esse número possa ser duplicado ou triplicado com tecnologias de compressão de fala e treinamento, continua sendo mais lenta do que a leitura, e não é fácil de analisar de forma superficial. Mas os novos meios de comunicação e as novas tecnologias complementarão os antigos, e a escrita deixará de dominar tanto como no passado, quando era o único meio amplamente disponível. Agora que qualquer pessoa pode digitar e ditar, tirar fotos e fazer vídeos, desenhar cenas animadas e produzir experiências criativas que, no século XX, exigiam enormes quantidades de tecnologia e grandes equipes, os tipos de dispositivos que nos permitem realizar essas tarefas e as formas como são controlados vão proliferar.

O papel da escrita na civilização mudou ao longo dos seus cinco mil anos de existência. Atualmente, a escrita tornou-se cada vez mais comum, embora cada vez mais como mensagens curtas e informais. Hoje, nós nos comunicamos por uma grande variedade de meios: voz, vídeo, escrita à mão e digitada, às vezes com os dez dedos, outras apenas com os polegares e, por vezes, com gestos. Ao longo do tempo, as formas como interagimos e nos comunicamos mudam com a tecnologia. Mas, como a psicologia fundamental dos seres humanos permanecerá inalterada, as regras de design deste livro continuarão aplicáveis.

É claro que não foi só a comunicação e a escrita que mudaram. As mudanças tecnológicas tiveram impacto em todas as esferas das nossas vidas, desde a forma como a educação é conduzida, à medicina, à alimentação, ao vestuário e aos transportes. Atualmente, podemos fabricar coisas em casa, utilizando impressoras 3D. Podemos jogar jogos com parceiros em todo o mundo. Os automóveis são capazes de se conduzir sozinhos e os seus motores mudaram de combustão interna para uma variedade de elétricos puros e híbridos. Se houver uma indústria ou uma atividade que ainda não tenha sido transformada pelas novas tecnologias, certamente será.

A tecnologia é um poderoso motivador de mudança. Às vezes para melhor, outras para pior. Por vezes para satisfazer necessidades importantes, outras simplesmente porque a tecnologia torna a mudança possível.

QUANTO TEMPO DEMORA PARA INTRODUZIR UM NOVO PRODUTO?

Quanto tempo é necessário para que uma ideia se transforme em um produto? E depois disso, quanto tempo demora até que o produto se torne um sucesso duradouro? Os inventores e fundadores de startups gostam de pensar que o intervalo entre a ideia e o sucesso é um processo único, com o total medido em meses. Na verdade, trata-se de múltiplos processos, em que o tempo total é medido em décadas, ou até séculos.

A tecnologia muda depressa, mas as pessoas e a cultura mudam devagar. A mudança é, portanto, ao mesmo tempo rápida e lenta. Pode levar meses para passar da invenção ao produto, mas depois décadas — às vezes muitas décadas — para que o produto seja aceito. Os produtos mais antigos perduram muito tempo depois de se tornarem obsoletos, muito depois de quando se espera que desapareçam. Grande parte da vida cotidiana é ditada por convenções com séculos de idade, que já não fazem qualquer sentido e cujas origens foram esquecidas por todos, exceto pelo historiador.

Mesmo as nossas tecnologias mais modernas seguem esse ciclo de tempo: são inventadas depressa, aceitas devagar e, mais devagar ainda, desaparecem e morrem. No início dos anos 2000, a introdução comercial do controle gestual para telefones celulares, tablets e computadores transformou radicalmente a forma como interagíamos com os nossos dispositivos. Enquanto todos os dispositivos eletrônicos anteriores tinham muitos botões na parte externa, teclados físicos e formas de acionar inúmeros menus de comandos, percorrê-los e selecionar o comando desejado, os novos dispositivos eliminaram quase todos os controles e menus físicos.

O desenvolvimento de tablets controlados por gestos foi revolucionário? Para a maioria das pessoas, sim, mas não para os tecnólogos. As telas sensíveis ao toque, capazes de detectar as posições de pressões simultâneas dos dedos (mesmo que por várias pessoas), estavam nos laboratórios de pesquisa havia quase trinta anos (são as chamadas telas multitoque). Os primeiros dispositivos foram desenvolvidos pela Universidade de Toronto no início da década de 1980. A Mitsubishi desenvolveu um produto que vendeu para escolas de design e laboratórios de pesquisa, nos quais muitos dos gestos e técnicas atuais estavam sendo explorados. Por que, então, demorou tanto tempo para que esses dispositivos multitoque se tornassem produtos de sucesso? Porque foram necessárias décadas para transformar a tecnologia de pesquisa em componentes que fossem suficientemente baratos e confiáveis para os produtos do dia a dia. Várias pequenas empresas tentaram fabricar telas, mas os primeiros dispositivos capazes de suportar múltiplos toques eram muito caros ou pouco confiáveis.

Há outro problema: o conservadorismo geral das grandes empresas. A maioria das ideias radicais fracassa: as grandes empresas não são tolerantes ao fracasso. As pequenas empresas podem avançar com ideias novas e empolgantes porque, se falharem, bem, o custo é relativamente baixo. No mundo da alta tecnologia, muitas pessoas têm novas ideias, reúnem alguns amigos e os primeiros funcionários que topam o risco, e criam uma nova empresa para explorar as suas visões. A maioria dessas empresas fracassa. Apenas algumas serão bem-sucedidas, quer crescendo para se tornar uma empresa maior, quer sendo adquiridas por uma grande empresa.

Talvez você se surpreenda com a grande porcentagem de fracassos, mas isso deve-se apenas ao fato de não serem divulgados: só ouvimos falar dos poucos que se tornam bem-sucedidos. A maioria das startups fracassa, mas o fracasso no mundo da alta tecnologia da Califórnia não é considerado algo ruim. Na realidade, é considerado um distintivo de honra, pois significa que a empresa viu um potencial futuro, bancou o risco e tentou. Apesar de a empresa ter fracassado, os envolvidos aprenderam lições que tornam mais provável que a sua próxima tentativa seja bem-sucedida. O fracasso pode ocorrer por muitas razões: talvez o mercado não estivesse preparado; talvez a tecnologia não estivesse pronta para ser comercializada; talvez a empresa tenha ficado sem dinheiro antes de conseguir ganhar tração.

Quando uma startup embrionária, a Fingerworks, se esforçava para desenvolver uma superfície tátil acessível e confiável que distinguisse entre os vários dedos, quase desistiu porque estava prestes a ficar sem dinheiro. No entanto, a Apple, ansiosa para entrar nesse mercado, comprou a Fingerworks. Quando passou a fazer parte da Apple, as suas necessidades financeiras foram satisfeitas e a tecnologia da Fingerworks tornou-se a força motriz dos novos produtos da Apple. Hoje em dia, os dispositivos controlados por gestos estão por todo lado, e esse tipo de interação parece natural e óbvio, mas, naquele momento, não era nem natural nem óbvio. Foram necessárias quase três décadas desde a invenção do multitoque para que as empresas conseguissem fabricar a tecnologia com a robustez, a versatilidade e o custo baixo necessários para que a ideia fosse implantada no mercado de consumo doméstico. As ideias demoram muito tempo para percorrer a concepção entre o design e o produto de sucesso.

Videophone: concebido em 1879 — ainda não existe

O artigo da Wikipédia sobre videofones, de onde foi retirada a Figura 7.3, diz o seguinte: "O desenho animado de George du Maurier de 'uma câmara elétrica obscura' é frequentemente citado como uma das primeiras previsões da televisão e também antecipou o videofone, em formatos de tela larga e telas planas." Embora o título do desenho dê crédito a Thomas Edison, ele não teve nada a ver com o assunto. Às vezes, chamamos isso de lei de Stigler: os nomes de pessoas famosas são frequentemente associados a ideias, mesmo que não tenham tido nada a ver com elas.

O mundo do design de produtos oferece muitos exemplos da lei de Stigler. Pensa que os produtos são uma invenção da empresa que capitalizou a ideia com mais sucesso, e não da empresa que a originou. No mundo dos produtos, as ideias originais são a parte mais fácil. A produção efetiva da ideia como um produto de sucesso é que é difícil. Considere a ideia de uma conversa em vídeo. Pensar na ideia foi tão fácil que, como podemos ver na Figura 7.3, o ilustrador da revista *Punch*, Du Maurier, conseguiu fazer um desenho de como seria apenas dois anos depois de o telefone ter sido inventado. O fato de ele ter conseguido fazer isso significava provavelmente que a ideia já estava circulando. No final da década de 1890, Alexander Graham Bell já tinha pensado em uma série de questões de design. Mas o maravilhoso cenário ilustrado de Du Maurier ainda não se tornou realidade, um século e meio depois. Hoje em dia, o videofone está apenas começando a se estabelecer como um meio de comunicação cotidiano.

FIGURA 7.3 Prevendo o futuro: o videofone em 1879. A legenda diz: "O telefonoscópio de Edison (transmite luz e som). (*Todas as noites, antes de se deitarem, Pater e Materfamilias instalam uma câmara elétrica obscura sobre a lareira do seu quarto e alegram os seus olhos com a visão dos seus filhos em Antípodas e conversam alegremente com eles através do fio.*)" (Publicado na edição de 9 de dezembro de 1878 da revista *Punch*. De "Telefonoscópio", Wikipédia.)

É extremamente difícil desenvolver todos os detalhes necessários para garantir que uma nova ideia funcione, sem falar em encontrar componentes que possam ser fabricados em quantidade suficiente, com confiabilidade e adaptabilidade. Um conceito totalmente novo pode levar décadas para ser aprovado pelo público. Os inventores com frequência acreditam que as suas novas ideias vão revolucionar o mundo em meses, mas a realidade é mais dura. A maioria das novas invenções falham, e mesmo as poucas que obtêm sucesso demoram décadas até conseguir atingi-lo. Sim, mesmo as que consideramos "rápidas". Na maior parte das vezes, a tecnologia passa despercebida ao público, enquanto circula pelos laboratórios de pesquisa ao redor do mundo ou é testada por algumas empresas startups malsucedidas ou por aventureiros que a adotam cedo demais.

As ideias que são muito precoces fracassam com frequência, mesmo que em algum momento outros as introduzam com sucesso. Já vi isso acontecer várias vezes. Quando entrei para a Apple, assisti ao lançamento de uma das primeiras câmeras digitais comerciais: a Apple QuickTake. Fracassou. Provavelmente você nem sabe que a Apple algum dia fabricou câmeras. Fracassou porque a tecnologia era limitada, o preço elevado e o mundo simplesmente não estava preparado para abandonar o filme e o processamento químico das fotografias. Fui conselheiro de uma empresa startup que produziu a primeira moldura fotográfica digital do mundo. Fracassou. Mais uma vez, a tecnologia não era boa o suficiente e o produto era relativamente caro. Obviamente, hoje em dia, as câmeras digitais e as molduras fotográficas digitais são produtos de grande sucesso, mas nem a Apple nem a empresa em que trabalhei fazem parte dessa história.

Mesmo quando as câmeras digitais começaram a ganhar terreno na fotografia, demorou várias décadas até substituírem o filme para fotografia. Está demorando mais ainda para substituir os filmes em película pelos produzidos em câmeras digitais. No momento em que escrevo, apenas um pequeno número de filmes é feito digitalmente, e apenas um pequeno número de cinemas projeta digitalmente. Há quanto tempo esse esforço está em curso? É difícil determinar quando o esforço começou, mas já foi há muito tempo. Foram necessárias décadas para que a televisão de alta definição substituísse a resolução-padrão e muito fraca da geração anterior (NTSC nos Estados

Unidos e PAL e SECAM em outros locais). Por que tanto tempo para obter uma imagem e um som muito melhores? As pessoas são muito conservadoras. As estações de radiodifusão teriam que substituir todo o seu equipamento. Os donos de imóveis precisariam de novos aparelhos. De modo geral, os únicos que defendem esse tipo de mudanças são os entusiastas da tecnologia e os fabricantes de equipamentos. Uma disputa acirrada entre as emissoras de televisão e a indústria da informática, que queriam normas diferentes, também atrasou a evolução (descrita no Capítulo 6).

No caso do videofone apresentado na Figura 7.3, a ilustração é maravilhosa, mas os detalhes são estranhamente inexistentes. Onde teria de ser colocada a câmera de vídeo para mostrar aquele panorama maravilhoso das crianças brincando? Repare que "Pater e Materfamilias" estão sentados no escuro (porque a imagem de vídeo é projetada por uma "câmara obscura", que tem uma saída muito fraca). Onde está a câmera de vídeo que filma os pais, e se eles estão sentados no escuro, como podem ser vistos? Também é interessante pensar que, embora a qualidade do vídeo pareça ainda melhor do que a que poderíamos obter hoje, o som continua a ser captado por telefones em forma de trombeta, cujos utilizadores devem encostar o tubo de fala à boca e falar (provavelmente alto). Pensar no conceito de uma ligação de vídeo foi relativamente fácil. Pensar nos detalhes foi muito difícil, e, depois, conseguir construir o aparelho e colocá-lo em prática — já passou bem mais de um século desde que essa imagem foi desenhada e mal conseguimos realizar esse sonho.

Foram necessários quarenta anos para a criação dos primeiros videofones funcionais (na década de 1920), depois mais dez anos para o primeiro produto (em meados da década de 1930, na Alemanha), que fracassou. Os Estados Unidos só experimentaram o serviço comercial de videofone na década de 1960, trinta anos depois da Alemanha; esse serviço também fracassou. Foram tentados todos os tipos de ideias, incluindo instrumentos de videofone dedicados, dispositivos que utilizam o televisor doméstico, videoconferências com computadores pessoais domésticos, salas especiais de videoconferência em universidades e empresas, e pequenos videotelefones, alguns dos quais podem ser usados no pulso. Foi preciso esperar pelo início do século XXI para que a utilização aumentasse.

A videoconferência começou finalmente a tornar-se comum no início da década de 2010. Nas empresas e nas universidades foram instaladas salas de videoconferência caríssimas. Os melhores sistemas comerciais fazem parecer que se está na mesma sala que os participantes distantes, utilizando uma transmissão de imagens de alta qualidade e vários monitores de grandes dimensões para apresentar imagens em tamanho real das pessoas sentadas à mesa (uma empresa, a Cisco, até vende a mesa). Passaram-se cento e quarenta anos desde a primeira concepção publicada, noventa anos desde a primeira demonstração prática e oitenta anos desde o primeiro lançamento comercial. Além disso, os custos, tanto do equipamento em cada local como das taxas de transmissão de dados, são muito mais elevados do que a maioria das pessoas ou negócios pode pagar (em média): hoje, são utilizados sobretudo em escritórios de empresas. Atualmente, muitas pessoas participam de videoconferências em seus dispositivos com telas inteligentes, mas a experiência não é tão boa como a proporcionada pelas melhores instalações comerciais. Ninguém confundiria essas experiências com o fato de estar na mesma sala que os participantes, algo a que aspiram as instalações comerciais de maior qualidade (com notável sucesso).

Todas as inovações modernas, especialmente as que mudam vidas de forma significativa, levam várias décadas para passar da concepção ao sucesso comercial. Uma regra geral é de vinte anos entre as primeiras demonstrações em laboratórios de pesquisa até chegar ao produto comercial, e, depois, uma década ou duas desde o primeiro lançamento comercial até a aceitação generalizada do público. Exceto que, na realidade, a maioria das inovações fracassa completamente e nunca chega ao público. Mesmo as ideias que são excelentes e que acabarão obtendo sucesso fracassam com frequência quando são apresentadas pela primeira vez. Estive associado a uma série de produtos que falharam à época do lançamento, mas que tiveram muito sucesso mais tarde quando foram reintroduzidos (por outras empresas), sendo a verdadeira diferença o momento em que foram lançados. Os produtos que fracassaram na primeira introdução comercial incluem o primeiro automóvel estadunidense (Duryea), as primeiras máquinas de escrever, as primeiras câmeras digitais e os primeiros computadores domésticos (por exemplo, o computador Altair 8800 de 1975).

O longo processo de desenvolvimento do teclado da máquina de escrever

A máquina de escrever é um dispositivo mecânico antigo, que atualmente se encontra sobretudo em museus, embora ainda seja utilizado em países em desenvolvimento. Além de ter uma história fascinante, ela ilustra as dificuldades de introdução de novos produtos na sociedade, a influência do marketing no design e o longo e árduo caminho que leva à aceitação de um novo produto. A história afeta a todos nós, porque a máquina de escrever forneceu ao mundo a disposição das teclas nos teclados atuais, apesar da evidência de que não é a disposição mais eficiente. A tradição e o costume, junto com o grande número de pessoas já habituadas a um esquema existente, tornam a mudança difícil ou mesmo impossível. É mais uma vez o problema do legado: a forte dinâmica do legado inibe a mudança.

Desenvolver a primeira máquina de escrever bem-sucedida envolveu muito mais do que simplesmente descobrir um mecanismo confiável para imprimir as letras no papel, embora essa fosse uma tarefa difícil por si só. Uma questão era a interface do utilizador: como as letras deveriam ser apresentadas ao datilógrafo? Em outras palavras, o design do teclado.

Consideremos o teclado da máquina de escrever, com a sua disposição arbitrária e diagonal das teclas e sua disposição ainda mais arbitrária das letras. Christopher Latham Sholes desenhou o atual teclado-padrão na década de 1870. Seu projeto de máquina de escrever, com seu teclado de organização estranha, acabou por se tornar a máquina de escrever Remington, a primeira máquina de escrever de sucesso: a disposição do seu teclado logo foi adotada por todos.

O design do teclado tem uma história longa e peculiar. As primeiras máquinas de escrever experimentaram uma grande variedade de layouts, utilizando três temas básicos. Um era circular, com as letras dispostas em ordem alfabética; o operador encontrava o local correto e pressionava uma alavanca, levantava uma haste ou fazia qualquer outra operação mecânica que o dispositivo exigisse. Outro layout popular era semelhante a um teclado de piano, com as letras dispostas numa longa fila; alguns dos primeiros teclados, incluindo uma versão inicial de Sholes, tinham até teclas pretas e brancas. Tanto a disposição circular como o teclado de piano revelaram-se incômodos. No final, todos os teclados das máquinas de escrever acabaram por utilizar várias filas de teclas em uma configuração retangular, com diferentes empresas utilizando diferentes disposições das letras. As alavancas manipuladas pelas teclas eram grandes e desajeitadas, e o tamanho, o espaçamento e a disposição das teclas eram ditados por essas considerações mecânicas, e não pelas características da mão humana. Por isso, o teclado era inclinado e as teclas eram dispostas em diagonal para dar espaço às ligações mecânicas. Apesar de já não utilizarmos ligações mecânicas, o design do teclado mantém-se inalterado, mesmo nos dispositivos eletrônicos mais modernos.

A ordem alfabética das teclas parece lógica e sensata: por que mudou? A razão está enraizada na tecnologia inicial dos teclados. As primeiras máquinas de escrever tinham longas alavancas conectadas às teclas. As alavancas moviam as barras de digitação individuais para entrar em contato com o papel, normalmente por trás (as letras que estavam sendo digitadas não podiam ser vistas da frente da máquina de escrever). Esses longos braços de datilografia colidiam frequentemente e travavam, obrigando o datilógrafo a separá-los manualmente. Para evitar o entrelace, Sholes dispôs as teclas e as barras de

FIGURA 7.4 A máquina de escrever Sholes de 1872. Remington, o fabricante da primeira máquina de escrever bem-sucedida, também fabricava máquinas de costura. A Figura A mostra a influência da máquina de costura no projeto, com a utilização de um pedal para o que se tornou a tecla "retorno". Um peso pendurado na estrutura fazia avançar a prensa depois de cada letra ser batida, ou quando a placa grande e retangular sob a mão esquerda do datilógrafo era pressionada (esta é a "barra de espaço"). Pressionar o pedal levantava o peso. A Figura B mostra uma ampliação do teclado. Note que a segunda linha mostra um ponto final (.) em vez de R. Do *Scientific American's* "The Type Writer" (Anônimo, 1872).

datilografia de modo que as letras que eram frequentemente datilografadas em sequência não viessem de barras de datilografia próximas demais. Após algumas repetições e experiências, surgiu um padrão que hoje rege os teclados usados em todo o mundo, embora com variações regionais. A parte superior do teclado americano tinha as teclas QWERTYUIOP, o que dá origem ao nome desse layout: QWERTY. O mundo adotou essa disposição básica, embora na Europa, por exemplo, seja possível encontrar teclados QZERTY, AZERTY e QWERTZ. As diferentes línguas utilizam alfabetos distintos, e por isso, obviamente, alguns teclados tiveram que deslocar as teclas para dar espaço a caracteres adicionais.

Repare que a lenda popular diz que as teclas foram dispostas de forma a tornar a datilografia mais lenta. Isto está errado: o objetivo era fazer com que as barras de digitação mecânica se aproximassem umas das outras em grandes ângulos, minimizando, assim, a possibilidade de colisão. Na verdade, hoje sabemos que a disposição QWERTY garante uma velocidade de digitação rápida. Ao colocar as letras que formam pares frequentes relativamente afastadas, a digitação é acelerada porque tende a fazer com que os pares de letras sejam digitados com mãos diferentes.

Há uma história não confirmada de que um vendedor reorganizou o teclado para tornar possível digitar a palavra *typewriter* (máquina de escrever) na segunda linha, uma alteração que violou o princípio de design de separar letras que eram digitadas em sequência. A Figura 7.4B mostra que o antigo teclado Sholes não era QWERTY: a segunda fileira de teclas tinha um ponto (.) onde hoje temos o R, e as teclas P e R estavam na fileira de baixo (além de outras diferenças). A deslocação do R e do P da quarta fileira para a segunda torna possível escrever a palavra *typewriter* usando apenas as teclas da segunda fileira.

Não há como confirmar a validade da história. Além disso, só ouvi sobre a troca das teclas de ponto e R, nada foi dito sobre a tecla P. Por ora, suponhamos que a história é verdadeira: consigo imaginar as mentes dos engenheiros ficando indignadas. Isto parece o tradicional confronto entre os engenheiros lógicos e cabeças-duras e a força de vendas e marketing, pouco compreendida. Será que o vendedor estava errado? (Hoje em dia chamaríamos isso de uma decisão de marketing, mas a área de marketing ainda não existia.) Bem, antes de tomar partido, perceba que, até então, todas as empresas de máquinas de escrever tinham fracassado. A Remington ia lançar uma máquina de escrever com uma disposição estranha das teclas. A equipe de vendas tinha razão para estar preocupada. Tinham razão em tentar tudo o que pudessem para melhorar os esforços de venda. E, de fato, conseguiram: a Remington tornou-se líder em máquinas de escrever. De fato, o seu primeiro modelo não foi bem-sucedido. Demorou algum tempo até que o público aceitasse a máquina de escrever.

Será que o teclado foi realmente alterado para permitir que a palavra *typewriter* fosse escrita em uma única linha? Não consigo encontrar provas sólidas. Mas é evidente que as posições do R e do P foram deslocadas para a segunda linha: compare a Figura 7.4B com o teclado atual.

O teclado foi concebido através de um processo evolutivo, mas as principais forças motrizes foram a mecânica e o marketing. Apesar de não ser possível entrelaçar as teclas nos teclados eletrônicos e computadores, e de o estilo de digitação ter mudado, estamos comprometidos com esse teclado, presos a ele para sempre. Mas não se desespere: é realmente uma boa disposição. Uma área legítima de preocupação é a elevada incidência de um tipo de lesão que afeta os datilógrafos: a síndrome do túnel do carpo. Esta doença resulta de movimentos repetitivos frequentes e prolongados da mão e do pulso, e é comum entre datilógrafos, músicos e pessoas que escrevem muito à mão, costuram, praticam alguns esportes e trabalham em linhas de montagem. Os teclados gestuais, como o apresentado na Figura 7.2D, podem reduzir a incidência. O Instituto Nacional de Saúde dos Estados Unidos aconselha: "Podem ser utilizados complementos ergonômicos, tais como teclados divididos, tabuleiros de teclado, almofadas de digitação e apoios de pulso, para melhorar a postura do pulso durante a digitação. Faça pausas frequentes quando estiver escrevendo e pare sempre que sentir formigamento ou dor."

August Dvorak, um psicólogo educacional, desenvolveu cuidadosamente um teclado melhor na década de 1930. A disposição do teclado Dvorak é de fato superior à do QWERTY, mas não tanto quanto se afirma. Estudos efetuados no meu laboratório mostraram que a velocidade de digitação em um QWERTY era apenas ligeiramente mais lenta do que em um Dvorak, não sendo suficientemente diferente para que valesse a pena perturbar o legado.

Milhões de pessoas teriam que aprender um novo estilo de datilografia. Milhões de máquinas de escrever teriam que ser mudadas. Uma vez estabelecida uma norma, os interesses instalados das práticas existentes impedem a mudança, mesmo quando seria uma melhoria. Além disso, no caso QWERTY *versus* Dvorak, o ganho simplesmente não vale a pena. O "bom o suficiente" triunfa novamente.

E quanto aos teclados por ordem alfabética? Agora que já não temos restrições mecânicas na ordenação dos teclados, não seriam pelo menos mais fáceis de aprender? Não. Como as letras precisam ser dispostas em várias fileiras, não basta saber o alfabeto. Também é preciso saber onde as linhas se separam, e, atualmente, cada teclado alfabético separa as linhas em pontos diferentes. Uma grande vantagem do QWERTY — que os pares de letras frequentes são digitados com mãos opostas — deixaria de ser verdade. Em outras palavras, esqueçam. Nos meus estudos, as velocidades de datilografia QWERTY e Dvorak eram consideravelmente mais rápidas do que as dos teclados alfabéticos. E uma disposição alfabética das teclas não era mais rápida do que uma disposição aleatória.

Conseguiríamos fazer melhor se pudéssemos bater mais do que um dedo de cada vez? Sim, os estenógrafos de tribunal conseguem escrever mais rápido do que qualquer outra pessoa. Usam teclados de acordes, escrevendo sílabas, e não letras individuais, diretamente na página — cada sílaba representada pela pressão simultânea de teclas, sendo cada combinação chamada de "acorde". O teclado mais comum para os gravadores dos tribunais americanos requer que sejam batidas entre duas e seis teclas simultaneamente para codificar os dígitos, a pontuação e os sons fonéticos do inglês.

Embora os teclados de acordes possam ser muito rápidos — alcançar mais de trezentas palavras por minuto é comum —, os acordes são difíceis de aprender e de decorar; todo o conhecimento precisa estar na cabeça. Se você se aproximar de qualquer teclado normal, pode usá-lo imediatamente. Basta procurar a letra que quer e bater nessa tecla. Com um teclado de acordes, você precisa bater em várias teclas simultaneamente. Não há forma de etiquetar corretamente as teclas e não há como saber o que fazer só de olhar. O datilógrafo ocasional não será bem-sucedido.

DUAS FORMAS DE INOVAÇÃO: GRADUAL E RADICAL

Existem duas formas principais de inovação de produtos: uma segue um processo evolutivo natural e lento; a outra é alcançada através de um novo desenvolvimento radical. Em geral, as pessoas tendem a pensar na inovação como sendo radical, grandes mudanças, enquanto a forma mais comum e poderosa é, na verdade, pequena e gradual.

Embora cada passo da evolução gradual seja modesto, melhorias contínuas, lentas e constantes podem resultar em mudanças bastante significativas ao longo do tempo. Consideremos o automóvel. Os veículos movidos a vapor (os primeiros automóveis) foram desenvolvidos no final do século XVIII. O primeiro automóvel comercial foi construído em 1888 pelo alemão Karl Benz (a sua empresa, Benz & Cie, fundiu-se mais tarde com a Daimler e é atualmente conhecida como Mercedes-Benz).

O automóvel de Benz foi uma inovação radical. E embora a sua empresa tenha sobrevivido, a maioria dos seus rivais não conseguiu o mesmo. A primeira empresa estadunidense de automóveis foi a Duryea, que durou apenas alguns anos: ser o pioneiro não garante o sucesso. Embora o automóvel em si tenha sido uma inovação radical, desde a sua introdução ele tem avançado através de melhorias lentas e constantes, ano após ano: mais de um século de inovação gradual (com algumas alterações radicais nos componentes). Devido ao século de melhorias graduais, os automóveis atuais são muito mais silenciosos, mais rápidos, mais eficientes, mais confortáveis, mais seguros e mais baratos (ajustados à inflação) do que os veículos antigos.

A inovação radical muda os paradigmas. A máquina de escrever foi uma inovação radical que teve um impacto dramático na escrita no escritório e em casa. Ajudou a criar uma função para as mulheres nos escritórios como datilógrafas e secretárias, o que levou à redefinição do cargo de secretária como um beco sem saída e não como o primeiro passo para um cargo executivo. Da mesma forma, o automóvel transformou a vida doméstica, permitindo que as pessoas morassem longe do trabalho e tendo um impacto radical no mundo dos negócios. O automóvel também se revelou uma enorme fonte de poluição atmosférica (embora tenha eliminado o estrume dos cavalos das ruas das cidades). É uma das principais causas de morte acidental, com uma taxa de mortalidade mundial de mais de um milhão por ano. A introdução da iluminação elétrica, do avião, do rádio, da televisão, do computador doméstico e das redes sociais, todos tiveram impactos sociais enormes. Os telefones celulares mudaram a indústria telefônica e a utilização de um sistema de comunicação técnica chamado comutação de pacotes conduziu à internet. Estas são inovações radicais. A inovação radical muda vidas e setores. A inovação gradual torna as coisas melhores. Precisamos de ambas.

Inovação gradual

A maior parte dos projetos de design evolui através da inovação gradual por meio de testes e aperfeiçoamentos contínuos. No caso ideal, o design é testado, as áreas problemáticas são apontadas e modificadas e, em seguida, o produto é testado de novo e remodelado mais uma vez. Se uma alteração piorar as coisas, bem, é simplesmente alterada de novo na rodada seguinte. Em algum momento, as características ruins são transformadas em boas, enquanto as boas são mantidas. O termo técnico para esse processo é *hill climbing*, análogo a subir uma colina com os olhos vendados. Mova o seu pé em uma direção. Se estiver descendo, tente outra direção. Se constatar uma subida, dê um passo à frente. Continue fazendo isso até chegar a um ponto em que todos os passos sejam para baixo; então você está no topo da colina, ou pelo menos em um pico local.

Hill climbing, ou subida de colina. Este método é o segredo da inovação gradual. Este é o cerne do processo de design centrado no ser humano discutido no Capítulo 6. Será que o método *hill climbing* funciona sempre? Embora garanta que o projeto chegará ao topo da colina, e se o projeto não estiver na melhor colina possível? O *hill climbing* não consegue encontrar colinas mais altas: só consegue encontrar o pico da colina de onde partiu. Quer experimentar uma colina diferente? Tente a inovação radical, embora seja tão provável que encontre uma colina pior quanto uma melhor.

Inovação radical

A inovação gradual começa com produtos existentes e melhora-os. A inovação radical começa do zero, muitas vezes impulsionada por novas tecnologias que tornam possíveis novas capacidades. Assim, a invenção da válvula termiônica foi uma inovação radical, abrindo caminho para rápidos avanços no rádio e na televisão. Do mesmo modo, a invenção do transistor permitiu avanços imensos nos dispositivos eletrônicos, na capacidade de cálculo, no aumento da confiabilidade e na redução dos custos. O desenvolvimento dos satélites GPS desencadeou uma enxurrada de serviços baseados em localização.

Um segundo fator é a reconsideração do significado de tecnologia. As redes de dados modernas servem de exemplo. Os jornais, as revistas e os livros eram outrora considerados parte da indústria editorial, muito diferente do rádio e da televisão. Todos eles eram diferentes dos filmes e da música. Mas, quando a internet se expandiu, juntamente com a potência e as telas de computador melhores e mais baratas, tornou-se claro que todas essas indústrias distintas eram, na realidade, apenas formas diferentes de fornecer informação, de modo que tudo podia ser transmitido aos clientes através de um único meio. Esta redefinição colapsa as indústrias da edição, da telefonia, da televisão e da radiodifusão por cabo, e da música. Continuamos tendo livros, jornais e revistas, programas de televisão e filmes, musicistas e músicas, mas a forma de distribuição mudou, exigindo uma restruturação enorme das indústrias correspondentes. Os jogos eletrônicos, outra inovação radical, combinam-se com o cinema e o vídeo, por um lado, e com os livros, por outro, para formar novos tipos de interatividade. O colapso das indústrias ainda está acontecendo, e o que vai substituí-las ainda não é claro.

A inovação radical é o que muitas pessoas procuram, pois é a grande e espetacular forma de mudança. Mas a maioria das ideias radicais fracassa, e mesmo as que obtêm êxito podem levar décadas e, como este capítulo já ilustrou, até séculos. A inovação gradual de produtos é difícil, mas essas dificuldades tornam-se insignificantes quando comparadas com os desafios enfrentados pela inovação radical. As inovações graduais ocorrem aos milhões todos os anos; a inovação radical é muito menos frequente.

Que setores estão prontos para a inovação radical? Experimente a educação, os transportes, a medicina e a habitação, todos eles sem uma transformação significativa há muito tempo.

O DESIGN DO DIA A DIA: 1988-2038

A tecnologia muda depressa, as pessoas e a cultura mudam devagar. Ou, como dizem os franceses:

> *Plus ça change, plus c'est la même chose.*
> Quanto mais as coisas mudam, mais elas continuam as mesmas.

A mudança evolutiva das pessoas está sempre acontecendo, mas o ritmo da mudança evolutiva humana mede-se em milhares de anos. As culturas humanas mudam um pouco mais rapidamente em períodos medidos em décadas ou séculos. As microculturas, como a forma como os adolescentes diferem dos adultos, podem mudar em uma geração. O que isso significa é que, embora a tecnologia esteja sempre introduzindo novos meios de fazer as coisas, as pessoas são resistentes a mudanças na forma como as fazem.

Consideremos três exemplos simples: a interação social, a comunicação e a música. Estes exemplos representam três atividades humanas diferentes, mas cada uma delas é tão fundamental para a vida humana que as três persistiram ao longo da história e persistirão, apesar das grandes mudanças nas tecnologias que apoiam essas atividades. São semelhantes à alimentação: as novas tecnologias mudarão os tipos de alimentos que comemos e a forma como são preparados, mas nunca eliminarão a necessidade de comer. As pessoas muitas vezes me pedem para prever "a próxima grande mudança". Minha resposta é pedir que examinem alguns fundamentos, como a interação social, a comunicação, os esportes e os jogos, a música e o entretenimento. As mudanças terão lugar em esferas de atividade como essas. São esses os únicos fundamentos? Claro que não: acrescente a educação (e a aprendizagem), os negócios (e o comércio), os transportes, a autoexpressão, as artes e, claro, o sexo. E não se esqueça de atividades importantes de sustento, como a necessidade de boa saúde, comida e bebida, vestuário e habitação. As necessidades fundamentais também permanecerão as mesmas, mesmo que sejam satisfeitas de formas radicalmente diferentes.

O design do dia a dia foi publicado pela primeira vez em 1988 (quando se chamava *A psicologia do dia a dia*). Desde a publicação original, a tecnologia mudou tanto que, embora os princípios tenham se mantido constantes, muitos dos exemplos de 1988 já não são relevantes. A tecnologia de interação mudou. Ah, sim, as portas e os interruptores, as torneiras e os registros continuam a oferecer as mesmas dificuldades que ofereciam naquela época, mas agora temos novas fontes de dificuldades e confusão. Os mesmos princípios que funcionavam antes ainda se aplicam, mas agora também precisam ser aplicados a máquinas inteligentes, à interação contínua com grandes fontes de dados, às redes sociais e aos sistemas e produtos de comunicação que permitem a interação ao longo da vida com amigos e conhecidos em todo o mundo.

Gesticulamos e dançamos para interagir com os nossos dispositivos, e, por sua vez, eles interagem conosco através do som, do toque e de múltiplas telas de todos os tamanhos — algumas que vestimos, outras no chão, nas paredes ou no teto, e outras ainda projetadas diretamente nos nossos olhos. Falamos com os nossos dispositivos e eles respondem. À medida que se tornam cada vez mais inteligentes, assumem muitas das atividades que pensávamos serem exclusivas das pessoas. A inteligência artificial está presente nas nossas vidas e nos nossos aparelhos, dos termostatos aos automóveis. As tecnologias estão sempre mudando.

Conforme as tecnologias mudam, as pessoas permanecem as mesmas?

À medida que desenvolvemos novas formas de interação e comunicação, quais novos princípios são necessários? O que acontece quando usamos óculos de realidade aumentada ou incorporamos cada vez mais tecnologia ao nosso corpo? Os gestos e os movimentos corporais são divertidos, mas não muito precisos.

Durante muitos milênios, apesar de a tecnologia ter sofrido mudanças radicais, as pessoas permaneceram as mesmas. Será que isso vai se manter no futuro? O que acontecerá se acrescentarmos cada vez mais melhorias ao corpo humano? As pessoas com próteses nos membros serão mais rápidas, mais fortes e melhores corredores ou esportistas do que os jogadores sem próteses. Os aparelhos auditivos implantados e as lentes e córneas artificiais já estão sendo utilizados. Os dispositivos de memória e de comunicação implantados significarão que algumas pessoas terão uma realidade aumentada de maneira permanente, sem nunca ficarem sem informação. Os dispositivos de comunicação implantados poderão melhorar o pensamento, a resolução de problemas e a tomada de decisões. As pessoas poderão tornar-se ciborgues: parte biologia, parte tecnologia artificial. Por sua vez, as máquinas se tornarão mais parecidas com as pessoas, com capacidades computacionais semelhantes às dos neurônios e comportamentos semelhantes aos humanos. Além disso, os novos desenvolvimentos no domínio da biologia vão se somar à lista de suplementos artificiais, com a modificação genética de pessoas, e processadores e dispositivos biológicos para máquinas.

Todas essas mudanças levantam questões éticas consideráveis. A ideia de que, mesmo que a tecnologia mude, as pessoas continuam as mesmas, há muito defendida, pode já não se manter. Além disso, está surgindo uma nova espécie, dispositivos artificiais que têm muitas das capacidades dos animais e das pessoas, por vezes capacidades superiores. (Sabemos há algum tempo que as máquinas podem ser melhores do que as pessoas em algumas coisas: são claramente mais fortes e mais rápidas. Até a simples calculadora de mesa pode fazer aritmética melhor do que nós, e é por isso que a usamos. Muitos programas de computador podem fazer matemática avançada melhor do que nós, o que os torna assistentes valiosos.) As pessoas estão mudando; as máquinas estão mudando. Isso também significa que as culturas estão mudando.

Não há dúvida de que a cultura humana sofreu um grande impacto com o advento da tecnologia. As nossas vidas, a dimensão da nossa família e a forma como vivemos, bem como o papel desempenhado pelas empresas e pela educação nas nossas vidas, são todas regidas pelas tecnologias da época. As modernas tecnologias de comunicação alteram a natureza do trabalho conjunto. À medida que algumas pessoas adquirem capacidades cognitivas avançadas devido a implantes, enquanto algumas máquinas adquirem qualidades humanas melhoradas através de tecnologias avançadas, inteligência artificial e, talvez, tecnologias biônicas, podemos esperar ainda mais mudanças. Tecnologia, pessoas e culturas: tudo vai mudar.

Coisas que nos tornam inteligentes

Se juntarmos a utilização de movimentos e gestos de corpo inteiro a telas auditivas e visuais de alta qualidade que podem ser sobrepostas aos sons e às imagens do mundo para amplificá-los, explicá-los e registrá-los, daremos às pessoas um poder que ultrapassa tudo o que já foi conhecido. O que significam os limites da memória humana quando uma máquina pode nos recordar de tudo o que aconteceu antes, exatamente no momento em que a informação é necessária? Um argumento é que a tecnologia nos torna inteligentes: nos lembramos de muito mais coisas do que antes e as nossas capacidades cognitivas se tornam muito melhores.

Outro argumento é que a tecnologia nos torna burros. É certo que parecemos inteligentes com a tecnologia, mas, se ela sai de cena, ficamos piores do que antes de ela existir. Nos tornamos dependentes das tecnologias para navegar no mundo, para manter conversas interessantes, para escrever de forma inteligente e para nos lembrarmos das coisas.

Quando a tecnologia puder fazer a nossa aritmética, lembrar-se por nós e dizer-nos como devemos nos comportar, então não teremos necessidade de aprender essas coisas. Mas, no momento em que a tecnologia desaparece, ficamos desamparados, incapazes de realizar qualquer função básica. Estamos agora tão dependentes da tecnologia que, quando somos privados dela, sofremos. Somos incapazes de fazer as nossas próprias roupas a partir de plantas e peles de animais, incapazes de cultivar e colher alimentos ou de caçar animais. Sem a tecnologia, morreríamos de fome e de frio. Sem as tecnologias cognitivas, será que cairemos em um estado de ignorância equivalente?

Estes receios nos acompanham há muito tempo. Na Grécia antiga, Platão conta-nos que Sócrates se queixava do impacto dos livros, argumentando que a dependência de material escrito diminuiria não só a memória, mas também a própria necessidade de pensar, de debater, de aprender por meio de discussões.

Afinal, dizia Sócrates, quando uma pessoa nos diz algo, podemos questionar a afirmação, discuti-la e debatê-la, melhorando assim o material e a compreensão. Com um livro, bem, o que se pode fazer? Não é possível contra-argumentar.

Mas, ao longo dos anos, o cérebro humano manteve-se praticamente o mesmo. A inteligência humana com certeza não diminuiu. É bem verdade que já não aprendemos a memorizar grandes quantidades de material. Já não precisamos ser tão proficientes em aritmética, pois as calculadoras — presentes como dispositivos isolados ou em quase todos os computadores ou telefones celulares — resolvem essa tarefa para nós. Mas será que isso nos torna estúpidos? Será que o fato de eu já não conseguir me lembrar do meu próprio número de telefone indica a minha crescente debilidade? Não, pelo contrário, isso liberta a mente da tirania mesquinha de cuidar do trivial e permite que as pessoas se concentrem no que é importante e crucial.

A dependência da tecnologia é um benefício para a humanidade. Com a tecnologia, o cérebro não melhora nem piora. Em vez disso, é a tarefa que muda. O homem mais a máquina são mais poderosos do que o homem ou a máquina sozinhos.

A melhor máquina de jogar xadrez pode vencer o melhor jogador de xadrez humano. Mas adivinhem só, a combinação de humano e máquina pode vencer o melhor humano e a melhor máquina. Além disso, essa combinação vencedora não precisa ter o melhor humano ou a melhor máquina. Como explicou Erik Brynjolfsson, professor do MIT, em uma reunião da Academia Nacional de Engenharia:

> *O melhor jogador de xadrez do mundo atualmente não é um computador ou um humano, mas uma equipe de humanos e computadores que trabalham em conjunto. Nas competições de xadrez livre, em que competem equipes de humanos e computadores, os vencedores não tendem a ser as equipes com os computadores mais potentes ou os melhores jogadores de xadrez. As equipes vencedoras são capazes de tirar partido das capacidades únicas dos seres humanos e dos computadores para trabalharem em conjunto. Esta é uma metáfora para o que podemos fazer no futuro: fazer com que as pessoas e a tecnologia trabalhem em conjunto de novas formas para criar valor.* (Brynjolfsson, 2012.)

Por quê? Brynjolfsson e Andrew McAfee citam o campeão mundial de xadrez humano Garry Kasparov, explicando por que "o vencedor geral de um recente torneio de estilo livre não tinha nem os melhores jogadores humanos nem os computadores mais poderosos". Kasparov descreveu uma equipe composta por:

> *dois jogadores de xadrez amadores americanos que utilizavam três computadores ao mesmo tempo. A sua capacidade de manipular e "treinar" os seus computadores para analisar profundamente as posições contrariou de forma eficaz o conhecimento superior de xadrez dos seus grandes mestres adversários e o maior poder computacional dos outros participantes. Humano fraco + máquina + melhor processo foi superior ao melhor computador sozinho e, surpreendentemente, superior a um humano forte + máquina + processo inferior.* (Brynjolfsson & McAfee, 2011.)

Além disso, Brynjolfsson e McAfee argumentam que o mesmo padrão é encontrado em muitas atividades, incluindo negócios e ciência: "A chave para ganhar a corrida não é competir contra as máquinas, mas competir com as máquinas. Felizmente, os humanos são mais fortes bem onde os computadores são fracos, criando uma parceria potencialmente bela."

O cientista cognitivo (e antropólogo) Edwin Hutchins, da Universidade da Califórnia, em San Diego, tem defendido o poder da cognição distribuída, em que alguns componentes são feitos por pessoas (que podem estar distribuídas no tempo e no espaço); outros componentes, pelas nossas tecnologias. Foi ele que me ensinou como essa combinação nos torna poderosos. Isso responde à pergunta: a nova tecnologia nos torna estúpidos? Não, pelo contrário, altera as tarefas que realizamos. Tal como o melhor jogador de xadrez é uma combinação de humanos e tecnologia, nós, em combinação com a tecnologia, somos mais inteligentes do que nunca. Como digo no meu livro *Things That Make Us Smart*, o poder da mente sem ajuda é altamente superestimado. São as coisas que nos tornam inteligentes.

> *O poder da mente sem ajuda é muito supervalorizado. Sem ajuda externa, o raciocínio profundo e sustentado é difícil. A memória, o pensamento e o raciocínio sem ajuda são todos limitados em termos de poder. A inteligência*

humana é muito flexível e adaptativa, excelente na invenção de procedimentos e objetos que ultrapassam os seus próprios limites. Os verdadeiros poderes provêm da criação de ajudas externas que aumentam as capacidades cognitivas. Como aumentamos a memória, o pensamento e o raciocínio? Por meio da invenção de ajudas externas: são as coisas que nos tornam inteligentes. A ajuda vem em parte do comportamento social e cooperativo; em parte da exploração da informação presente no ambiente; e em parte do desenvolvimento de ferramentas de pensamento — artefatos cognitivos — que complementam as capacidades e reforçam os poderes mentais. (O parágrafo inicial do Capítulo 3, *Things That Make Us Smart*, 1993.)

O FUTURO DOS LIVROS

Uma coisa é termos ferramentas que ajudam a escrever livros convencionais, mas outra coisa é termos ferramentas que transformam drasticamente o livro.

Por que um livro deve ser composto por palavras e algumas ilustrações a serem lidas de forma linear da frente para trás? Por que não há de ser composto por pequenas seções, legíveis na ordem que se desejar? Por que não há de ser dinâmico, com segmentos de vídeo e áudio, talvez mudando de acordo com quem está lendo, incluindo notas feitas por outros leitores ou espectadores, ou incorporando os últimos pensamentos do autor, talvez mudando mesmo enquanto é lido, onde a palavra texto pode significar tudo: voz, vídeo, imagens, diagramas e palavras?

Alguns autores, especialmente de ficção, podem ainda preferir a narração linear de histórias, porque os autores são contadores de histórias e, nelas, a ordem em que as personagens e os acontecimentos são introduzidos é importante para construir o suspense, manter o leitor fascinado e gerir os altos e baixos emocionais que caracterizam uma grande narrativa. Mas para livros de não ficção, como este, a ordem não é tão importante. Este livro não tenta manipular as suas emoções, mantê-lo em suspense ou ter picos dramáticos. Você deve poder experimentá-lo na ordem que preferir, lendo os itens fora da sequência e pulando o que não for relevante para as suas necessidades.

E se este livro fosse interativo? Imagine que, se você tivesse dificuldade em entender alguma coisa, pudesse clicar na página e eu aparecia e daria uma explicação mais detalhada. Tentei fazer isso há muitos anos, com três dos meus livros, todos combinados em um livro eletrônico interativo. Mas a tentativa foi vítima dos demônios do design de produtos: as boas ideias que aparecem cedo demais fracassam.

Foi preciso muito esforço para produzir esse livro. Trabalhei com uma grande equipe de pessoas da Voyager Books, voando para Santa Monica, Califórnia, durante cerca de um ano, fazendo visitas para filmar os trechos e gravar a minha parte. Robert Stein, o diretor da Voyager, reuniu uma equipe talentosa de editores, produtores, videógrafos, designers interativos e ilustradores. Infelizmente, o resultado foi produzido em um sistema informático chamado HyperCard, uma ferramenta inteligente desenvolvida pela Apple, mas à qual nunca foi dado o suporte necessário. Em certo momento, a Apple deixou de dar suporte ao programa e hoje, apesar de eu ainda ter cópias dos discos originais, eles não funcionam em nenhuma máquina existente. (E mesmo que funcionassem, a resolução de vídeo é muito baixa para os padrões atuais.)

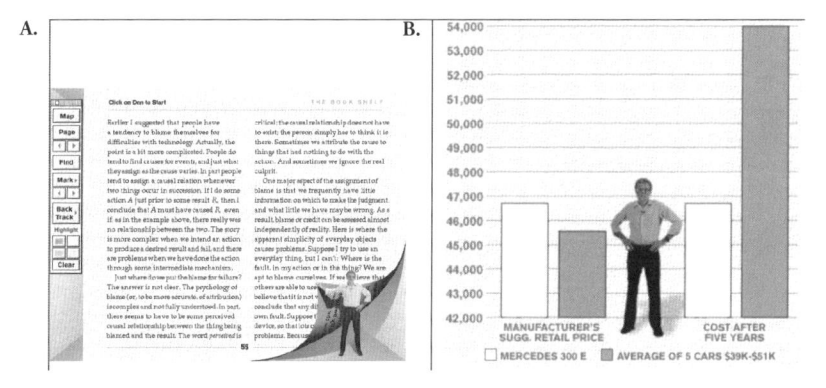

FIGURA 7.5 O livro eletrônico interativo da Voyager. A Figura A, à esquerda, sou eu entrando em uma página de *O design do dia a dia*. Na Figura B, à direita, apareço explicando um ponto sobre o design de gráficos no meu livro *Things That Make Us Smart*.

Repare na frase "foi preciso muito esforço para produzir este livro". Nem sequer me lembro de quantas pessoas estiveram envolvidas, mas os créditos incluem o seguinte: editor-produtor, diretor artístico – designer gráfico, programador, designers de interface (quatro pessoas, incluindo eu), a equipe de produção (vinte e sete pessoas) e, depois, um agradecimento especial a dezessete pessoas.

Sim, hoje em dia qualquer pessoa pode gravar um ensaio de voz ou vídeo. Qualquer pessoa pode filmar um vídeo e fazer uma edição simples. Mas, para produzir um livro multimídia de nível profissional com cerca de trezentas páginas ou duas horas de vídeo (ou uma combinação de ambos), que será lido e apreciado por pessoas do mundo inteiro, é necessário um enorme talento e uma variedade de competências. Os amadores podem fazer um vídeo de cinco ou dez minutos, mas qualquer coisa além disso requer excelentes capacidades de edição. Além disso, é necessário um escritor, um operador de câmera, um técnico de gravação e um técnico de iluminação. É preciso um diretor para coordenar essas atividades e para selecionar a melhor abordagem para cada cena (capítulo). É necessário um editor competente para juntar os segmentos. Um livro eletrônico sobre o meio ambiente, o livro interativo de Al Gore, *Our Choice* (2011), enumera um grande número de cargos das pessoas responsáveis por ele: coordenadores editoriais (duas pessoas), editor, diretor de produção, editor de produção e supervisor de produção, arquiteto de software, engenheiro de interface de usuário, engenheiro, gráficos interativos, animações, design gráfico, editor de fotografia, editores de vídeo (dois), videógrafo, músico e capista. Qual é o futuro do livro? Muito caro.

O advento das novas tecnologias está tornando os livros, os meios de comunicação interativos e todo o tipo de material educativo e recreativo mais eficaz e agradável. Cada uma das muitas ferramentas facilita a criação. Como resultado, assistiremos a uma proliferação de materiais. A maioria será amadora, incompleta e, de certa forma, incoerente. Mas mesmo as produções amadoras podem ter funções valiosas nas nossas vidas, como demonstra a imensa proliferação de vídeos caseiros disponíveis na internet, ensinando-nos tudo, desde como cozinhar *pajeon* coreano até consertar uma torneira ou compreender as equações de Maxwell das ondas eletromagnéticas. Mas, para um material profissional de alta qualidade que conte uma história coerente de uma forma confiável, em que os fatos tenham sido verificados e a mensagem tenha autoridade, em que o material flua, são necessários especialistas. A mistura de tecnologias e ferramentas facilita a criação rápida e bruta, mas torna muito mais difícil a criação de material polido e de nível profissional. A sociedade do futuro: algo a aguardar com prazer, contemplação e receio.

AS OBRIGAÇÕES MORAIS DO DESIGN

O fato de o design afetar a sociedade não é novidade para os designers. Muitos levam a sério as implicações do seu trabalho. Mas a manipulação consciente da sociedade tem graves inconvenientes, entre os quais o fato de nem todos concordarem sobre quais são os objetivos apropriados. Por consequência, o design assume um significado político; de fato, as filosofias de design variam de forma importante entre sistemas políticos. Nas culturas ocidentais, o design tem refletido a importância capitalista do mercado, com ênfase nas características exteriores consideradas atrativas para o comprador. Na economia de consumo, o gosto não é o critério na comercialização de alimentos ou bebidas caros, assim como a usabilidade não é o critério principal na comercialização de eletrodomésticos e aparelhos de escritório. Estamos rodeados de objetos de desejo, não de objetos úteis.

Características desnecessárias, modelos desnecessários: bom para o negócio, ruim para o meio ambiente

No mundo dos produtos consumíveis, como os alimentos e as notícias, há sempre uma necessidade de mais alimentos e notícias. Quando o produto é consumido, então os clientes são consumidores. Um ciclo interminável. No mundo dos serviços, o mesmo se aplica. Alguém precisa cozinhar e servir a comida em um restaurante, cuidar de nós quando estamos doentes, fazer as transações diárias de que todos precisamos. Os serviços podem ser autossustentáveis porque a necessidade está sempre presente.

Mas uma empresa que fabrica e vende bens duradouros enfrenta um problema: assim que todos os que querem o produto o possuem, não há necessidade de mais. As vendas cessarão. A empresa irá à falência.

Na década de 1920, os fabricantes planejavam deliberadamente formas de tornar os seus produtos obsoletos (embora a prática já existisse muito antes disso). Os produtos eram construídos com um tempo de vida limitado. Os automóveis foram concebidos para se desfazerem. Conta-se que Henry Ford comprava carros Ford sucateados e mandava os seus engenheiros desmontá-los para ver que peças apresentavam defeitos e quais ainda estavam em bom estado. Os engenheiros presumiam que isso era feito para encontrar as peças fracas e torná-las mais fortes. Não. Ford explicou que queria encontrar as peças que ainda estavam em bom estado. A empresa poderia economizar dinheiro se redesenhasse essas peças para que falhassem ao mesmo tempo que as outras.

Fazer as coisas quebrarem não é a única forma de manter as vendas. A indústria do vestuário feminino é um exemplo: o que está na moda este ano não está no próximo, e assim as mulheres são encorajadas a substituir o seu guarda-roupa em cada estação, todos os anos. A mesma filosofia foi logo expandida à indústria de automóveis, onde as mudanças drásticas de estilo com frequência regular tornavam óbvio quais pessoas estavam atualizadas e quais estavam defasadas, conduzindo veículos antiquados. O mesmo se aplica às nossas telas inteligentes, às câmeras e aos televisores. Até a cozinha e a lavanderia, onde os eletrodomésticos costumavam durar décadas, sofreram o impacto da moda. Agora, as características obsoletas, o estilo obsoleto e até as cores obsoletas encorajam os proprietários a renová-los. Existem algumas diferenças de gênero. Os homens não são tão sensíveis como as mulheres à moda no vestuário, mas compensam essa diferença com o seu interesse pelas últimas modas em automóveis e em outras tecnologias.

Mas por que comprar um computador novo quando o antigo está funcionando perfeitamente bem? Por que comprar um fogão ou geladeira novos, um telefone ou uma máquina fotográfica novos? Será que precisamos mesmo do dispensador de cubos de gelo na porta da geladeira, da tela na porta do forno, do sistema de navegação que utiliza imagens tridimensionais? Qual é o custo para o meio ambiente de todos os materiais e energia utilizados para fabricar os novos produtos, sem falar nas dificuldades para descartar os antigos de forma segura?

Outro modelo de sustentabilidade nos negócios é o modelo de assinaturas. Você tem um aparelho de leitura eletrônica, um *player* de música ou de vídeo?

Assine o serviço que lhe fornece artigos e notícias, música e entretenimento, vídeo e filmes. Todos esses são bens consumíveis, portanto, apesar da tela inteligente ser um bem fixo e duradouro, a assinatura garante um fluxo constante de dinheiro em troca de serviços. É claro que isso só funciona se o fabricante do bem durável for também o prestador de serviços. Caso contrário, que alternativas existem?

Ah, o modelo do ano: um novo modelo pode ser introduzido anualmente, tão bom quanto o do ano anterior, mas alegando ser melhor. A potência e as funcionalidades sempre aumentam. Veja todas as novas opções. Como você vivia sem elas? Entretanto, cientistas, engenheiros e inventores estão ocupados desenvolvendo tecnologias ainda mais recentes. Você gosta da sua televisão? E se fosse em três dimensões? Com múltiplos canais de som surround? Com óculos virtuais para ficar rodeado pelas imagens, em 360 graus? Vire a cabeça ou o corpo e veja o que se passa atrás de si. Quando assistimos a esportes, podemos estar dentro da equipe, vivenciando o jogo junto com o time. Os automóveis não só se conduzirão sozinhos para torná-los mais seguros, como também proporcionarão muito entretenimento ao longo do percurso. Os jogos continuarão a acrescentar camadas e capítulos, novas histórias e personagens e, claro, ambientes virtuais em 3D. Os eletrodomésticos falarão uns com os outros, contando às casas remotas os segredos dos nossos padrões de utilização.

O design das coisas do dia a dia corre o grande risco de se tornar o design de coisas supérfluas, sobrecarregadas e desnecessárias.

DESIGN THINKING E O PENSAMENTO SOBRE DESIGN

O design só é bem-sucedido se o produto final for bem-sucedido — se as pessoas o comprarem, utilizarem e gostarem, espalhando, assim, a novidade. Um design que as pessoas não compram é um design fracassado, por melhor que a equipe de design o considere.

Os designers precisam criar coisas que satisfaçam as necessidades das pessoas, em termos de função, em termos de serem compreensíveis e utilizáveis, e em termos da sua capacidade de proporcionar satisfação emocional, orgulho e prazer. Em outras palavras, o design deve ser encarado como uma experiência total.

Mas os produtos de sucesso precisam de mais do que um ótimo design. Têm que ser capazes de ser produzidos de forma confiável, eficiente e dentro do prazo. Se o design complicar tanto os requisitos de engenharia que não possam ser cumpridos dentro dos limites de custo e de programação, então o design tem falhas. Do mesmo modo, se a fabricação não puder produzi-lo, então o projeto é imperfeito.

As considerações de marketing são importantes. Os designers querem satisfazer as necessidades das pessoas. O marketing quer garantir que as pessoas comprem e utilizem o produto. São dois conjuntos diferentes de requisitos: o design deve satisfazer ambos. Não importa o quão fantástico é o design se as pessoas não o comprarem. E não importa quantas pessoas compram algo se não gostarem dele quando começarem a utilizá-lo. Os designers serão mais eficazes à medida que aprenderem mais sobre vendas e marketing, e sobre a parte financeira dos negócios

Por fim, os produtos têm um ciclo de vida complexo. Muitas pessoas precisarão de assistência na utilização de um dispositivo, seja porque o design ou o manual não são claros, seja porque estão fazendo algo novo que não foi considerado no desenvolvimento do produto, ou por muitas outras razões. Se o serviço prestado a essas pessoas for inadequado, o produto será prejudicado. Do mesmo modo, se o dispositivo tiver que sofrer manutenção, ser consertado ou atualizado, a forma como isso é gerido afeta a apreciação que as pessoas fazem do produto.

No mundo atual, sensível ao meio ambiente, o ciclo de vida completo do produto deve ser levado em consideração. Quais são os custos ambientais dos materiais, do processo de fabricação, da distribuição, da assistência técnica e dos consertos? Quando chegar o momento de substituir a unidade, qual é o impacto ambiental da reciclagem ou da reutilização da antiga?

O processo de desenvolvimento de produtos é complexo e difícil. Mas, para mim, é por isso que pode ser tão gratificante. Os grandes produtos passam por uma série de desafios. Satisfazer as diversas necessidades requer habilidade e paciência. Requer uma combinação de elevadas competências técnicas, grandes competências comerciais e uma boa quantidade de competências sociais pessoais para interagir com os muitos outros grupos envolvidos, todos os quais têm as próprias necessidades, e todos os quais acreditam que elas são cruciais.

O design consiste em uma série de desafios maravilhosos e emocionantes, sendo que cada um é uma oportunidade. Como todos os grandes dramas, tem os seus altos e baixos emocionais, seus picos e vales. Os grandes produtos superam os pontos baixos e acabam em alta.

Agora está por sua conta. Se você é um designer, ajude a travar a batalha pela usabilidade. Se é um usuário, junte a sua voz àqueles que clamam por produtos utilizáveis. Escreva aos fabricantes. Boicote os projetos não utilizáveis. Apoie os bons designs comprando-os, mesmo que isso signifique sair do seu caminho usual, mesmo que isso signifique gastar um pouco mais. E expresse as suas preocupações às lojas que vendem os produtos; os fabricantes ouvem os seus clientes.

Quando visitar museus de ciência e tecnologia, faça perguntas se tiver dificuldade em compreender. Dê a sua opinião sobre as exposições e seu funcionamento, para o melhor ou para o pior. Incentive os museus a avançarem para uma melhor usabilidade e compreensibilidade.

E divirta-se. Caminhe pelo mundo examinando os detalhes do design. Aprenda a observar. Orgulhe-se das pequenas coisas que ajudam: pense com carinho na pessoa que as colocou ali com tanto cuidado. Perceba que até os detalhes são importantes, que o designer pode ter tido de lutar para incluir algo útil. Se tiver dificuldades, lembre-se de que a culpa não é sua: é do design ruim. Dê prêmios a quem pratica um bom design: envie flores. Ofenda os que não o fazem: envie ervas daninhas.

A tecnologia está sempre mudando. Muitas coisas são para o bem. Muita coisa não é. Toda a tecnologia pode ser utilizada de formas nunca previstas pelos inventores. Um desenvolvimento emocionante é o que chamo de "a ascensão dos pequenos".

A ascensão dos pequenos

Sonho com o poder dos indivíduos, sozinhos ou em pequenos grupos, de libertarem seus espíritos criativos, sua imaginação e seus talentos para desenvolverem uma vasta gama de inovações. As novas tecnologias prometem tornar isso possível. Agora, pela primeira vez na história, os indivíduos podem compartilhar suas ideias, seus pensamentos e sonhos. Podem produzir os seus próprios produtos, os seus próprios serviços e colocá-los à disposição de qualquer pessoa no mundo. Todos podem ser o seu próprio mestre, exercendo os seus talentos e interesses especiais.

O que move esse sonho? O surgimento de ferramentas pequenas e eficientes que dão poder aos indivíduos. A lista é grande e cresce continuamente. Considere o aumento das explorações musicais através de instrumentos convencionais, eletrônicos e virtuais. Considere o surgimento da autopublicação, contornando as editoras, gráficas e distribuidores convencionais, e substituindo-os por edições eletrônicas baratas disponíveis para qualquer pessoa no mundo fazer o download em seus leitores de livros eletrônicos.

Veja o aparecimento de bilhões de pequenos vídeos, disponíveis para todos. Alguns são simplesmente para os próprios autores, outros têm alto nível educativo, alguns são humorísticos, outros sérios. Abrangem tudo, desde como fazer spätzle a compreender matemática, ou simplesmente dançar ou tocar um instrumento musical. Alguns filmes são puramente de entretenimento. As universidades estão entrando nessa onda, compartilhando currículos inteiros, incluindo vídeos de palestras. Os estudantes universitários publicam os seus trabalhos como vídeos e textos, permitindo que o mundo inteiro se beneficie dos seus esforços. Considere o mesmo fenômeno na escrita, na comunicação de eventos e na criação de música e arte.

Acrescente a essas capacidades a disponibilidade imediata de motores, sensores, computação e comunicação baratos. Agora considere o potencial quando as impressoras 3D aumentarem o seu desempenho e diminuírem o seu preço, permitindo aos indivíduos fabricar artigos personalizados quando quiserem. Designers de todo o mundo lançarão suas ideias e seus planos, permitindo novas indústrias de produção em massa personalizada. Pequenas quantidades poderão ser feitas de forma tão econômica como as grandes, e os indivíduos poderão desenhar os seus próprios artigos ou confiar em um número cada vez maior de designers independentes que lançarão produtos que podem ser personalizados e impressos em lojas de impressão 3D locais ou em suas próprias casas.

Pense no surgimento de especialistas que ajudam a planejar refeições e cozinhá-las, que modificam projetos para adaptá-los às necessidades e circunstâncias, que dão explicações sobre uma grande variedade de tópicos. Os especialistas compartilham os seus conhecimentos em blogs e na Wikipédia, tudo por altruísmo, sendo recompensados pelos agradecimentos dos seus leitores.

Sonho com um renascimento do talento, em que as pessoas tenham o poder de criar, de utilizar as suas capacidades e seus talentos. Alguns podem desejar a segurança e a estabilidade de trabalhar para organizações. Outros podem querer criar novas empresas. Alguns podem fazer isso como passatempo. Alguns podem se juntar em pequenos grupos e cooperativas, para poderem garantir a variedade de competências exigidas pela tecnologia moderna, para ajudarem a compartilhar os seus conhecimentos, para ensinarem uns aos outros e para reunirem a massa crítica que será sempre necessária, mesmo para pequenos projetos. Alguns podem se colocar no mercado para fornecer as competências necessárias exigidas pelos grandes projetos, mantendo a sua própria liberdade e autoridade.

No passado, a inovação acontecia nos países industrializados, e, com o tempo, cada inovação se tornou mais poderosa, mais complexa, muitas vezes repleta de funcionalidades. A tecnologia mais antiga era repassada aos países em desenvolvimento. O custo para o meio ambiente poucas vezes era levado em conta. Mas, com a ascensão dos pequenos, com tecnologias novas, flexíveis e pouco dispendiosas, as dinâmicas de poder estão mudando. Hoje, qualquer pessoa no mundo pode criar, projetar e fabricar. As nações recentemente desenvolvidas estão tirando vantagem disso, projetando e construindo por si próprias, para si próprias. Além disso, por necessidade, desenvolvem dispositivos avançados que requerem menos energia, que são mais simples de fabricar, de manter e de utilizar. Desenvolvem procedimentos médicos que não exigem refrigeração ou acesso contínuo à energia elétrica. Em vez de utilizarem tecnologia de segunda mão, os resultados acrescentam valor para todos nós — vamos chamar de tecnologia de primeira mão.

Com o aumento da interconexão global, da comunicação global, do design poderoso e dos métodos de fabricação que podem ser utilizados por todos, o mundo está mudando depressa. O design é uma ferramenta poderosa para a equidade: tudo o que é necessário é observação, criatividade e trabalho árduo — qualquer pessoa pode fazer isso. Com softwares de código aberto, impressoras 3D de código aberto baratas e até educação de código aberto, podemos transformar o mundo.

Quando o mundo muda, o que fica igual?

Com a enorme mudança, alguns princípios fundamentais permanecem os mesmos. Os seres humanos sempre foram seres sociais. A interação social e a capacidade de nos mantermos em contato com pessoas de todo o mundo, ao longo do tempo, permanecerão conosco. Os princípios de design deste livro não mudarão, pois os princípios da capacidade de descoberta, do feedback e do poder das *affordances* e dos significantes, do mapeamento e dos modelos conceituais serão sempre válidos. Mesmo as máquinas totalmente autônomas e automáticas seguirão esses princípios nas suas interações. Nossas tecnologias podem mudar, mas os princípios fundamentais da interação são permanentes.

AGRADECIMENTOS

A edição original deste livro intitulava-se *A psicologia do dia a dia* (POET, na sigla em inglês). Esse título é um bom exemplo da diferença entre os acadêmicos e a indústria. POET era um título inteligente e bacana, muito apreciado pelos meus amigos acadêmicos. Quando a Doubleday/Currency me abordou sobre a publicação da versão em brochura deste livro, os editores também disseram: "Mas, claro, o título terá que ser alterado." Alterar o título? Fiquei horrorizado. Mas decidi seguir o meu próprio conselho e fazer uma pesquisa sobre os leitores. Descobri que, embora a comunidade acadêmica gostasse do título e da sua sagacidade, a comunidade empresarial não gostava. Na verdade, as empresas muitas vezes ignoravam o livro porque o título passava a mensagem errada. As livrarias colocavam o livro na seção de psicologia (junto com livros sobre sexo, amor e autoajuda). O último prego no caixão do título veio quando me pediram para palestrar para um grupo de executivos seniores de uma empresa líder em fabricação de produtos. A pessoa que me apresentou à plateia elogiou o livro, condenou o título e pediu aos seus colegas para lerem o livro apesar do título.

Agradecimentos por *POET: Psicologia do dia a dia*

O livro foi concebido e os primeiros rascunhos foram escritos no final da década de 1980, enquanto eu estava na Unidade de Psicologia Aplicada (a APU, na sigla em inglês) em Cambridge, Inglaterra, um laboratório do British Medical Research Council (o laboratório já não existe mais). Na APU, conheci outro professor estadunidense visitante, David Rubin, da Duke University, que estava analisando a memória na poesia épica. Rubin mostrou-me que nem tudo estava na memória: muito da informação estava no mundo, ou pelo menos na estrutura do conto, na poética e nos estilos de vida das pessoas.

Depois de passar o outono e o inverno em Cambridge, Inglaterra, na APU, fui para Austin, Texas, passar a primavera e o verão (sim, na ordem inversa da que seria previsível pensando no clima desses dois locais). Em Austin, estive no Microelectronics and Computer Consortium (MCC), onde terminei o manuscrito. Finalmente, quando regressei à minha base na Universidade da Califórnia, San Diego (UCSD), revisei o livro várias vezes mais. Utilizei-o nas aulas e enviei cópias a vários colegas para receber sugestões. Eu me beneficiei muito das minhas interações em todos esses locais: APU, MCC e, claro, UCSD. Os comentários dos meus alunos e leitores foram inestimáveis, provocando uma revisão radical na estrutura original.

Os meus anfitriões na APU, na Grã-Bretanha, foram muito amáveis, especialmente Alan Baddeley, Phil Barnard, Thomas Green, Phil Johnson-Laird, Tony Marcel, Karalyn e Roy Patterson, Tim Shallice e Richard Young. Peter Cook, Jonathan Grudin e Dave Wroblewski foram extremamente prestativos durante a minha estadia no MCC no Texas (outra instituição que já não existe mais). Na UCSD, gostaria de agradecer em especial aos estudantes de Psicologia 135 e 205: os meus cursos de graduação e pós-graduação na UCSD intitulados "Engenharia Cognitiva".

A minha compreensão do modo como interagimos com o mundo foi desenvolvida e reforçada por anos de debate e interação com uma equipe muito poderosa de pessoas da UCSD, dos departamentos de ciências cognitivas, psicologia, antropologia e sociologia, organizada por Mike Cole, que se reuniu informalmente uma vez por semana durante vários anos. Os principais membros eram Roy d'Andrade, Aaron Cicourel, Mike Cole, Bud Mehan, George Mandler, Jean Mandler, Dave Rumelhart e eu. Nos últimos anos, muito me beneficiei das minhas interações com Jim Hollan, Edwin Hutchins e David Kirsh, todos membros do corpo docente do departamento de ciências cognitivas da UCSD.

O manuscrito inicial do POET foi melhorado pelas leituras críticas incríveis dos meus colegas: em particular, estou em dívida com a minha editora na

Basic Books, Judy Greissman, que me fez críticas pacientes ao longo de várias revisões de POET.

Os meus colegas da comunidade do design foram muito prestativos com os seus comentários: Mike King, Mihai Nadin, Dan Rosenberg e Bill Verplank. Um agradecimento especial deve ser dado a Phil Agre, Sherman DeForest e Jef Raskin, que leram o manuscrito com atenção e ofereceram numerosas e valiosas sugestões. Reunir as ilustrações tornou-se parte da diversão quando viajei pelo mundo com a câmera na mão. Eileen Conway e Michael Norman ajudaram a recolher e organizar as figuras e ilustrações. Julie Norman ajudou, como faz em todos os meus livros, a reler, editar, comentar e encorajar. Eric Norman deu conselhos valiosos, apoio e pés e mãos fotogênicos.

Por fim, os meus colegas do Institute for Cognitive Science da UCSD ajudaram durante todo o processo — em parte por meio da magia do correio eletrônico internacional, em parte por conta da sua assistência pessoal nos pormenores do processo. Destaco Bill Gaver, Mike Mozer e Dave Owen pelos seus comentários minuciosos, mas foram muitos os que ajudaram, em algum momento, durante a pesquisa que precedeu o livro e os vários anos de escrita.

Agradecimentos por *O design do dia a dia*, edição revista

Uma vez que esta nova edição segue a organização e os princípios da primeira, toda a ajuda que me foi dada para a edição anterior aplica-se também a esta.

Aprendi muito nos anos que se passaram desde a primeira edição deste livro. Por um lado, naquela época, eu era um acadêmico. Desde então, trabalhei em várias empresas diferentes. A experiência mais importante foi na Apple, onde comecei a apreender como questões — orçamento, cronograma, forças competitivas, concorrência e a base estabelecida de produtos — que raramente são abordadas por cientistas dominavam as decisões no mundo dos negócios. Enquanto estive na Apple, a empresa tinha perdido o rumo, mas nada é uma melhor experiência de aprendizagem do que uma empresa em dificuldades: é preciso aprender depressa.

Aprendi sobre prazos e orçamentos, sobre a demanda competitiva dos diferentes departamentos, sobre o papel do marketing, do design industrial e do design gráfico, de usabilidade e de interação (hoje reunidos sob a alcunha de design de experiência). Visitei várias empresas nos Estados Unidos, na Europa e na Ásia e falei com vários parceiros e clientes. Foi uma ótima experiência de aprendizagem. Estou em dívida com Dave Nagel, que me contratou e depois me promoveu a vice-presidente de tecnologia avançada, e com John Scully, o primeiro diretor-executivo com quem trabalhei na Apple: John tinha a visão correta do futuro. Aprendi com muitas pessoas, gente demais para nomear (uma rápida revisão das pessoas da Apple com quem trabalhei de perto e que ainda estão na minha lista de contatos revelou 240 nomes).

Aprendi sobre design industrial primeiro com Bob Brunner e depois com Jonathan (Joni) Ive. (Joni e eu tivemos de lutar juntos para convencer a direção da Apple a produzir as suas ideias. Como a Apple mudou!) Joy Mountford dirigia a equipe de design na área de tecnologia avançada e Paulien Strijland dirigia o grupo de testes de usabilidade na divisão de produtos. Tom Erickson, Harry Saddler e Austin Henderson trabalharam para mim no gabinete de arquitetura de experiência do usuário. Larry Tesler, Ike Nassi, Doug Solomon, Michael Mace, Rick LaFaivre, Guerrino De Luca e Hugh Dubberly foram particularmente importantes para a minha maior compreensão. De especial importância foram os Apple Fellows Alan Kay, Guy Kawasaki e Gary Starkweather. (De início, fui contratado como Apple Fellow. Todos os Fellows respondiam ao vice-presidente de tecnologia avançada.) Steve Wozniak, por uma peculiaridade, era um funcionário da Apple e eu era seu chefe, o que me permitiu passar uma tarde agradável com ele. Peço desculpa àqueles que foram tão prestativos quanto, mas que não incluí aqui.

Agradeço à minha esposa e leitora crítica, Julie Norman, pela sua paciência em repetidas leituras cuidadosas dos manuscritos, dizendo-me quando eu era idiota, redundante e palavroso. Eric Norman apareceu ainda criança em duas das fotografias da primeira edição e, agora, vinte e cinco anos depois, leu todo o manuscrito e fez críticas pertinentes e valiosas. A minha assistente, Mimi Gardner, aguentou o ataque de e-mails, permitindo que eu me concentrasse na escrita. E, claro, os meus amigos do grupo Nielsen Norman que me deram inspiração. Obrigado, Jakob.

Danny Bobrow, do Centro de Pesquisa de Palo Alto, um colaborador frequente e coautor de artigos científicos durante quatro décadas, forneceu conselhos contínuos e críticas convincentes às minhas ideias. Lera Boroditsky compartilhou comigo a sua pesquisa sobre o espaço e o tempo, e encantou-me ainda mais ao deixar Stanford para aceitar um emprego no departamento que eu tinha fundado, Ciência Cognitiva, na UCSD.

Estou, naturalmente, em dívida com o Professor Yutaka Sayeki da Universidade de Tóquio pela permissão para utilizar a sua história de como conseguiu lidar com as setas de mudança de direção na sua moto. Utilizei a história na primeira edição, mas mudei o nome. Um leitor japonês atento descobriu quem era, por isso, nesta edição, pedi autorização a Sayeki para colocar seu nome verdadeiro.

O Professor Kun-Pyo Lee convidou-me para passar dois meses por ano, durante três anos, no Instituto Avançado de Ciência e Tecnologia da Coreia (KAIST, na sigla em inglês), no seu departamento de Design Industrial, o que me deu uma visão muito mais profunda do ensino do design, da tecnologia coreana e da cultura do Nordeste Asiático, para além de muitos novos amigos e um amor permanente por kimchi.

Alex Kotlov, que vigiava a entrada do edifício na Market Street, em San Francisco, onde fotografei os elevadores de controle de destino, não só me permitiu fotografá-los, como também acabou lendo DOET!

Nos anos que se seguiram à publicação de POET/DOET, aprendi muito sobre a prática do design. Na IDEO, estou em dívida com David Kelly e Tim Brown, bem como com os colegas IDEO Fellows Barry Katz e Kristian Simsarian. Tive muitas discussões férteis com Ken Friedman, antigo reitor da faculdade de design da Swinburne University of Technology, em Melbourne, bem como com os meus colegas de muitas das principais escolas de design do mundo, nos Estados Unidos, em Londres, Delft, Eindhoven, Ivrea, Milão, Copenhagen e Hong Kong.

E agradeço a Sandra Dijkstra, minha agente literária há quase trinta anos, sendo POET um dos seus primeiros livros, mas que agora tem uma grande equipe de pessoas e autores de sucesso. Obrigado, Sandy.

Andrew Haskin e Kelly Fadem, na época estudantes no CCA, o California College of the Arts, em San Francisco, fizeram todos os desenhos do livro — uma grande melhoria em relação aos da primeira edição, que eu próprio fiz.

Janaki (Mythily) Kumar, um designer de experiência do usuário na SAP, forneceu comentários valiosos sobre práticas do mundo real.

Thomas Kelleher (TJ), meu editor na Basic Books para esta edição revista, forneceu conselhos rápidos e eficientes e sugestões de edição (o que me levou a mais uma revisão em massa do manuscrito, que melhorou muito o livro). Doug Sery foi meu editor na MIT Press para a edição britânica (bem como para *Living with Complexity*). Para este livro, TJ fez todo o trabalho, e Doug me deu muitos incentivos.

LEITURAS GERAIS E NOTAS

Nas notas que se seguem, apresento primeiro as leituras gerais. Depois, capítulo a capítulo, apresento as fontes específicas utilizadas ou citadas no livro.

Neste mundo de acesso rápido à informação, é possível encontrar informações sobre os tópicos aqui discutidos de forma independente. Eis um exemplo: no Capítulo 5, discuto a análise de causa raiz, bem como o método japonês chamado "Cinco por quês". Embora as minhas descrições desses conceitos no Capítulo 5 bastem para a maioria dos propósitos, os leitores que desejarem se aprofundar podem usar o seu site de buscas favorito com as expressões importantes entre aspas.

A maior parte da informação relevante pode ser encontrada na internet. O problema é que as URLs são efêmeras. Os locais onde hoje se encontra informação valiosa podem já não estar intactos amanhã. A internet frágil e pouco confiável — que é tudo o que temos atualmente — pode enfim ser substituída por um esquema melhor. Seja qual for a razão, os endereços de internet que forneço podem já não funcionar. A boa notícia é que, ao longo dos anos que se seguirão à publicação deste livro, certamente surgirão novos e melhores métodos de pesquisa. Deverá ser ainda mais fácil encontrar mais informações sobre qualquer um dos conceitos discutidos neste livro.

Estas notas são excelentes pontos de partida. Forneço referências cruciais para os conceitos discutidos no livro, organizadas de acordo com os capítulos onde foram discutidas. As citações têm dois objetivos. Em primeiro lugar, dão crédito aos criadores das ideias. Em segundo lugar, servem como pontos de partida para obter uma compreensão mais profunda dos conceitos. Para informações mais avançadas (bem como desenvolvimentos mais recentes e posteriores), vá em frente e pesquise. As capacidades de pesquisa avançadas são ferramentas importantes para o sucesso no século XXI.

Leituras gerais

Quando a primeira edição deste livro foi publicada, a disciplina de design de interação não existia, o campo da interação homem-computador estava nos seus primórdios e a maioria dos estudos era feita sob o pretexto de "usabilidade" ou "interface do usuário". Várias disciplinas muito diferentes lutavam para trazer clareza a esse empreendimento, mas muitas vezes com pouca ou nenhuma interação entre elas. As disciplinas acadêmicas de informática, psicologia, fatores humanos e ergonomia sabiam da existência umas das outras e trabalhavam frequentemente em conjunto, mas o design não estava incluído. Por que não o design? Perceba que todas as disciplinas que acabamos de enumerar pertencem às áreas da ciência e da engenharia — em outras palavras, da tecnologia. O design era então ensinado sobretudo nas escolas de arte ou de arquitetura como uma profissão e não como uma disciplina acadêmica baseada na pesquisa. Os designers tinham muito pouco contato com a ciência e a engenharia. Isto significava que, apesar de terem sido formados muitos profissionais excelentes, quase não havia teoria: o design era aprendido por meio da mentoria, da orientação e da experiência.

Poucas pessoas nas disciplinas acadêmicas estavam conscientes da existência do design como algo sério, e, como resultado, o design e, em particular, o design gráfico, o design de comunicação e o design industrial funcionavam de forma completamente independente da recém-emergente disciplina da interação homem-computador e das disciplinas existentes de fatores humanos e ergonomia. Alguns cursos de design de produto eram ministrados em departamentos de engenharia mecânica, mas, mais uma vez, com pouca interação com o design. O design simplesmente não era uma disciplina acadêmica, e portanto havia pouco ou nenhum conhecimento mútuo ou colaboração. Os vestígios dessa distinção permanecem até hoje, embora o design esteja se tornando cada vez mais uma disciplina baseada na pesquisa, em que os professores têm experiência na prática, bem como doutorado e especializações. As fronteiras estão desaparecendo.

Esta história peculiar de muitos grupos independentes e díspares, todos trabalhando em questões semelhantes, torna difícil fornecer referências que abranjam tanto o lado acadêmico do design de interação e experiência quanto o lado aplicado do design. A proliferação de livros, textos e revistas sobre interação humano-computador, design de experiência e usabilidade é enorme, grande demais para ser citada. Nos materiais que se seguem, apresento um número muito restrito de exemplos. Quando de início elaborei uma lista de obras que considerava importantes, ela era longa demais. Foi vítima do problema descrito por Barry Schwartz no seu livro *The Paradox of Choice: Why More Is Less* (2005). Por isso, decidi simplificar, fornecendo menos. É fácil encontrar outras obras, incluindo outras importantes que serão publicadas depois deste livro. Entretanto, peço desculpas aos meus muitos amigos cujas obras importantes e úteis tiveram que ser cortadas da minha lista.

O designer industrial Bill Moggridge foi muito influente no estabelecimento da interação dentro da comunidade do design. Ele desempenhou um papel importante no design do primeiro computador portátil. Foi um dos três fundadores da IDEO, uma das empresas de design mais influentes do mundo. Escreveu dois livros de entrevistas com pessoas-chave no desenvolvimento inicial da disciplina: *Designing Interactions* (2007) e *Designing Media* (2010). Como é típico das discussões na disciplina do design, seus trabalhos focam quase que por completo na prática do design, com pouca atenção à ciência. Barry Katz, professor de design no California College of the Arts de San Francisco, na d.school de Stanford e Fellow da IDEO, apresenta uma excelente história da prática do design na comunidade de empresas do Vale do Silício, na Califórnia: *Ecosystem of Innovation: The History of Silicon Valley Design* (2014). Uma história excelente e extremamente ampla do campo do design de produto pode ser encontrada no livro de Bernhard Bürdek *Design: History, Theory, and Practice of Product Design* (2005). O livro de Bürdek, publicado originalmente em alemão, mas com uma excelente tradução para o inglês, é a história mais completa do design de produto que consegui encontrar. Recomendo-o fortemente a todos os que queiram compreender os fundamentos históricos.

Os designers modernos gostam de caracterizar o seu trabalho como algo que proporciona uma visão profunda dos fundamentos dos problemas, indo muito além da concepção popular do design como algo para tornar as coisas bonitas. Os designers enfatizam esse aspecto da sua profissão discutindo a forma especial como abordam os problemas, um método que caracterizaram como "design thinking". Uma boa introdução a esse método é o livro *Change by Design* (2009), de Tim Brown e Barry Katz. Brown é diretor-executivo da IDEO e Katz é Fellow da IDEO (ver o parágrafo anterior).

Uma excelente introdução à pesquisa em design é apresentada no livro *Hidden in Plain Sight* (2013), de Jan Chipchase e Simon Steinhardt. O livro relata a vida de um pesquisador de design que estuda as pessoas observando-as nas suas casas, nas barbearias e nos alojamentos em todo o mundo. Chipchase é diretor criativo executivo de insights globais na Frog Design e trabalha no escritório de Xangai. O trabalho de Hugh Beyer e Karen Holtzblatt em *Contextual Design: Defining Customer-Centered Systems* (1998) apresenta um método poderoso de análise do comportamento; também produziram um livro bastante útil de exercícios (Holtzblatt, Wendell, & Wood, 2004).

Existem muitos livros excelentes. Aqui ficam mais alguns:

Buxton, W. *Sketching user experience: Getting the design right and the right design*. San Francisco, CA: Morgan Kaufmann, 2007. (Ver também o livro de exercícios que o acompanha [Greenberg, Carpendale, Marquardt, & Buxton, 2012].)

Coates, D. *Watches tell more than time: Product design, information, and the quest for elegance*. Nova York: McGraw-Hill, 2003.

Cooper, A., Reimann, R., & Cronin, D. *About face 3: The essentials of interaction design*. Indianápolis, IN: Wiley Pub, 2007.

Hassenzahl, M. *Experience design: Technology for all the right reasons*. San Rafael, Califórnia: Morgan & Claypool, 2010.

Moggridge, B. *Designing interactions*. Cambridge, MA: MIT Press, 2007. http://www.designinginteractions.com. O Capítulo 10 descreve os métodos de design de interação: http://www.designinginteractions.com/chapters/10

Dois manuais fornecem tratamentos abrangentes e detalhados dos tópicos deste livro:

Jacko, J. A. *The human-computer interaction handbook: Fundamentals, evolving technologies, and emerging applications* (3rd edition). Boca Raton, FL: CRC Press, 2012.

Lee, J. D., & Kirlik, A. *The Oxford handbook of cognitive engineering*. Nova York: Oxford University Press, 2013.

Qual livro que você deve consultar? Ambos são excelentes e, embora caros, valem muito a pena para quem pretende trabalhar nessas áreas. O *Human-Computer Interaction Handbook*, tal como o título sugere, se concentra principalmente nas interações facilitadas por computadores com a tecnologia, enquanto o *Handbook of Cognitive Engineering* tem uma cobertura muito mais ampla. Qual é o melhor livro? Isso depende do problema em que se está trabalhando. Para o meu trabalho, ambos são essenciais.

Por último, permitam-me que recomende dois sites na internet:

Interaction Design Foundation: uma atenção especial aos artigos de Enciclopédia. www.interaction-design.org
SIGCHI: The Computer-Human Interaction Special Interest Group for ACM. www.sigchi.org

Capítulo Um: A psicopatologia dos objetos do cotidiano

20 *Bule para masoquistas*: Esta obra foi criada pelo artista francês Jacques Carelman (1984). A foto mostra uma chaleira inspirada na de Carelman, mas que pertence a mim. Foto de Aymin Shamma para o autor.
28 *Affordances*: O psicólogo da percepção J. J. Gibson inventou a palavra *affordance* para explicar como as pessoas navegam no mundo (Gibson, 1979). Introduzi o termo no mundo do design de interação na primeira edição deste livro (Norman, 1988). Desde então, o número de escritos sobre *affordance* tem sido enorme. A confusão sobre a forma adequada de utilizar o termo levou-me a introduzir o conceito de "significante" no meu livro *Living with Complexity* (Norman, 2010), abordado ao longo deste livro, mas especialmente nos Capítulos 1 e 4.

Capítulo Dois: A psicologia das ações do cotidiano

56 *Os desafios de execução e avaliação*: A história dos desafios e pontes entre a execução e a avaliação surgiu da pesquisa realizada com Ed Hutchins e Jim Hollan, que faziam parte de uma equipe de pesquisa conjunta entre o Centro de Pesquisa e Desenvolvimento de Pessoal Naval e a Universidade da Califórnia, em San Diego (Hollan e Hutchins são agora professores de ciências cognitivas na Universidade da

Califórnia, em San Diego). O trabalho examinou o desenvolvimento de sistemas informáticos mais fáceis de aprender e de utilizar e, principalmente, daquilo a que se chamou de sistemas informáticos de manipulação direta. O trabalho inicial é descrito no capítulo "Direct Manipulation Interfaces" no livro dos nossos laboratórios, *User Centered System Design: New Perspectives on Human-Computer Interaction* (Hutchins, Hollan, & Norman, 1986). Ver também o artigo de Hollan, Hutchins e David Kirsh, "Distributed Cognition: A New Foundation for Human-Computer Interaction Research" (Hollan, Hutchins, & Kirsh, 2000).

62 *Levitt*: "As pessoas não querem comprar uma broca de um quarto de polegada. Elas querem um buraco de um quarto de polegada!" Ver Christensen, Cook, & Hal, 2006. O fato de o professor de marketing da Harvard Business School, Theodore Levitt, ser considerado o autor da citação sobre a furadeira e o buraco é um bom exemplo da lei de Stigler: "Nenhuma descoberta científica tem o nome do seu descobridor original." Assim, o próprio Levitt atribuiu a afirmação sobre brocas e furos a Leo McGinneva (Levitt, 1983). A lei de Stigler é, por si só, um exemplo dela mesma: Stigler, um professor de estatística, escreveu que aprendeu a lei com o sociólogo Robert Merton. Ver mais em Wikipédia, "Stigler's Law of Eponymy" (Wikipédia, 2013c).

65 *Maçaneta*: A pergunta "Na casa em que você morou três casas antes da atual, quando você entrava pela porta da frente, a maçaneta ficava no lado esquerdo ou direito?" vem do meu artigo "Memory, Knowledge, and the Answering of Questions" (Norman, 1973).

72 *Visceral, comportamental e reflexivo*: O livro de Daniel Kahneman, *Rápido e devagar: Duas formas de pensar* (Kahneman, 2011), é uma excelente introdução às concepções modernas do papel do processamento consciente e subconsciente. As distinções entre processamento visceral, comportamental e reflexivo constituem a base do meu livro *Design emocional* (Norman, 2002, 2004). Esse modelo do sistema cognitivo e emocional humano é descrito com mais detalhes técnicos no artigo científico que escrevi com Andrew Ortony e William Revelle: "The Role of Affect and Proto-affect in Effective Functioning" (Ortony, Norman, & Revelle, 2005). Ver também "Designers and Users: Two Perspectives on Emotion and Design" (Norman & Ortony, 2006). O livro *Design emocional* contém muitos exemplos do papel do design nos três níveis.

76 *Termostato*: A teoria da válvula do termostato é retirada de Kempton, um estudo publicado na revista *Cognitive Science* (1986). Os termostatos inteligentes tentam prever quando serão necessários, ligando-se ou desligando-se mais cedo do que o controle simples ilustrado no Capítulo 2 pode especificar, para garantir que a temperatura desejada seja atingida no momento desejado, sem ultrapassar ou não atingir o objetivo.

83 *Psicologia positiva*: O trabalho de Mihaly Csikszentmihalyi sobre o fluxo pode ser encontrado nos seus vários livros sobre o tema (1990, 1997). Martin (Marty) Seligman desenvolveu o conceito de desamparo aprendido e depois aplicou-o à depressão (Seligman, 1992). No entanto, decidiu que não era correto que a psicologia se concentrasse continuamente nas dificuldades e anomalias, e assim uniu-se a Csikszentmihalyi para criar um movimento de psicologia positiva. Uma excelente introdução pode ser encontrada no artigo dos dois na revista *American Psychologist* (Seligman & Csikszentmihalyi, 2000). Desde então, a psicologia positiva expandiu-se para livros, revistas e conferências.

85 *Erro humano*: As pessoas culpam a si próprias: Infelizmente, a culpabilização do usuário está enraizada no sistema jurídico. Quando ocorrem acidentes graves, são criados tribunais de inquérito oficiais para apurar as responsabilidades. Com cada vez mais frequência, a culpa é atribuída a "erro humano". Mas, na minha experiência, o erro humano é em geral o resultado de um design ruim: Por que o sistema foi concebido de forma que um único ato de uma única pessoa pudesse causar uma calamidade? Um livro importante sobre esse tema é *Normal Accidents*, de Charles Perrow (1999). O Capítulo 5 deste livro apresenta uma análise minuciosa do erro humano.

91 *Feedforward*: O feedforward é um conceito antigo da teoria do controle, mas encontrei-o pela primeira vez aplicado aos sete estágios da ação no artigo de Jo Vermeulen, Kris Luyten, Elise van den Hoven e Karin Coninx (2013).

Capítulo Três: Conhecimento na cabeça e no mundo

94 *Moeda estadunidense*: Ray Nickerson e Marilyn Adams, assim como David Rubin e Theda Kontis, mostraram que as pessoas não conseguiam recordar nem reconhecer com exatidão as imagens e as palavras das moedas dos Estados Unidos (Nickerson & Adams, 1979; Rubin & Kontis, 1983).

100 *Moedas francesas*: A citação sobre o lançamento da moeda de dez francos pelo governo francês provém de um artigo de Stanley Meisler (1986), reproduzido com a autorização do *Los Angeles Times*.

101 *Descrições na memória*: A sugestão de que o armazenamento e a recuperação da memória são mediados por descrições parciais foi apresentada em um artigo com Danny Bobrow (Norman & Bobrow, 1979). Defendemos que, em geral, a especificidade necessária de uma descrição depende do conjunto de itens entre os quais uma pessoa está tentando distinguir. A recuperação da memória pode, portanto, envolver uma série prolongada de tentativas durante as quais as descri-

ções iniciais da recuperação produzem resultados incompletos ou errôneos, e a pessoa precisa continuar tentando, cada tentativa de recuperação aproximando-se mais da resposta e ajudando a tornar a descrição mais precisa.

103 *Restrições da rima*: Dadas apenas as pistas para o significado (a primeira tarefa), as pessoas testadas por David C. Rubin e Wanda T. Wallace conseguiram adivinhar as três palavras usadas nesses exemplos apenas 0%, 4% e 0% das vezes, respectivamente. Da mesma forma, quando as mesmas palavras eram sinalizadas apenas por rimas, continuavam com um desempenho bastante fraco, adivinhando de forma correta apenas 0%, 0% e 4% das vezes, respectivamente. Assim, cada pista sozinha oferecia pouca ajuda. A combinação da pista de significado com a pista de rima levou a um desempenho perfeito: as pessoas acertaram as palavras 100% das vezes (Rubin & Wallace, 1989).

106 *Ali Babá*: A obra de Alfred Bates Lord está resumida no seu livro *The Singer of Tales* (1960). A citação de "Ali Babá e os quarenta ladrões" vem de *The Arabian Nights: Tales of Wonder and Magnificence*, selecionado e editado por Padraic Colum, traduzido para o inglês por Edward William Lane (Colum & Ward, 1953). Os nomes aparecem de uma forma pouco familiar: a maioria de nós conhece a frase mágica como "Abre-te Sésamo", mas, segundo Colum, "Simsim" é a transliteração autêntica.

108 *Senhas*: Como as pessoas lidam com as senhas? Há diversos estudos sobre o assunto: Anderson, 2008; Florêncio, Herley, & Coskun, 2007; National Research Council Steering Committee on the Usability, Security, and Privacy of Computer Systems, 2010; Norman, 2009; Schneier, 2000.

Para encontrar as senhas mais comuns, basta pesquisar usando algo como "senhas mais comuns". Meu artigo sobre segurança, que resultou em inúmeras referências de colunas de jornais, está disponível no meu site, além de ter sido publicado pela revista sobre interação humano-computador *Interactions* (Norman, 2009).

109 *Esconderijos*: A citação sobre o conhecimento que os ladrões profissionais têm sobre como as pessoas escondem as coisas vem do estudo de Winograd e Soloway "On Forgetting the Locations of Things Stored in Special Places" (1986).

114 *Mnemônica*: Os métodos mnemônicos foram abordados no meu livro *Memory and Attention*, e, embora esse livro seja antigo, as técnicas mnemônicas são ainda mais antigas e mantêm-se inalteradas (Norman, 1969, 1976). Discuto o esforço de recuperação em *Learning and Memory* (Norman, 1982). As técnicas mnemônicas são fáceis de encontrar: basta pesquisar na internet por "mnemônicas". Da mesma forma, as propriedades da memória de curto e longo prazo são facilmente encontradas em uma pesquisa na internet ou em qualquer texto de psicologia experimental, psicologia cognitiva ou neuropsicologia (em oposição à

psicologia clínica), ou em um texto de ciência cognitiva. Ou pesquise "memória humana", "memória de trabalho", "memória de curto prazo" ou "memória de longo prazo". Consulte também o livro do psicólogo de Harvard Daniel Schacter, *Os sete pecados da memória* (2001). Quais são os sete pecados de Schacter? Transitoriedade, distração, bloqueio, atribuição incorreta, sugestionabilidade, persistência e preconceito.

122 *Whitehead*: A citação de Alfred North Whitehead sobre o poder do comportamento automatizado é do Capítulo 5 do seu livro *Uma introdução à Matemática* (1911).

129 *Memória prospectiva*: Uma pesquisa considerável sobre a memória prospectiva e a memória para o futuro está resumida nos artigos de Dismukes sobre a memória prospectiva e na revisão de Cristina Atance e Daniela O'Neill sobre a memória para o futuro, ou o que chamam de "pensamento episódico futuro" (Atance & O'Neill, 2001; Dismukes, 2012).

133 *Memória transativa*: O termo *memória transativa* foi cunhado pelo professor de psicologia de Harvard Daniel Wegner (Lewis & Herndon, 2011; Wegner, D. M., 1987; Wegner, T. G., & Wegner, D. M., 1995).

135 *Botões do fogão*: A dificuldade de associar os botões do fogão às bocas é compreendida pelos especialistas em fatores humanos há mais de cinquenta anos: Por que os fogões continuam sendo tão mal projetados? Esta questão foi abordada em 1959, o primeiro ano do *Human Factors Journal* (Chapanis & Lindenbaum, 1959).

140 *Cultura e design*: Minha discussão sobre o impacto da cultura nos mapeamentos foi fortemente informada pelas minhas conversas com Lera Boroditsky, então na Universidade de Stanford, e agora no departamento de ciências cognitivas da Universidade da Califórnia, em San Diego. Ver o capítulo do seu livro "How Languages Construct Time" (2011). Estudos sobre os aborígenes australianos foram relatados por Núñez & Sweetser (2006).

**Capítulo Quatro: Saber o que fazer:
restrições, capacidade de descoberta e feedback**

149 *InstaLoad*: Uma descrição da tecnologia InstaLoad da Microsoft para contatos de bateria está disponível no site: www.microsoft.com/hardware/en-us/support/licensing-instaload-overview.

151 *Quadros culturais*: Ver *Scripts, Plans, Goals, and Understanding* (1977), de Roger Schank e Robert B. Abelson, ou os livros clássicos e extremamente influentes de

Erving Goffman, *A representação do eu na vida cotidiana* (1959) e *Frame Analysis* (1974). Recomendo o primeiro como a mais relevante (e mais fácil de ler) das suas obras.

151 *Violação das convenções sociais*: "Tente violar as normas culturais e veja como isso deixará você e as outras pessoas desconfortáveis." O livro *Hidden in Plain Sight*, de Jan Chipchase e Simon Steinhardt, fornece muitos exemplos de como os pesquisadores de design podem violar deliberadamente as convenções sociais para compreender como funciona uma cultura. Chipchase relata um experimento em que jovens sem deficiência pedem aos passageiros sentados do metrô que lhes cedam o lugar. Os pesquisadores ficaram surpreendidos com dois resultados. Primeiro, uma grande porcentagem de pessoas obedeceu. Segundo, as pessoas mais afetadas foram os próprios agentes de pesquisa: tiveram que se obrigar a fazer a solicitação e depois sentiram-se mal por isso durante muito tempo. Uma violação deliberada dos limites sociais pode ser desconfortável tanto para o violador como para o violado (Chipchase & Steinhardt, 2013).

159 *Painel de interruptores de luz*: Para a construção do painel de interruptores de luz da minha casa, confiei fortemente no engenho elétrico e mecânico de Dave Wargo, que fez o design, a construção e a instalação dos interruptores.

179 *Sons naturais*: Bill Gaver, atualmente um proeminente pesquisador de design na Goldsmiths College, Universidade de Londres (Reino Unido), alertou-me pela primeira vez para a importância dos sons naturais na sua tese de doutorado e em publicações posteriores (Gaver, W., 1997; Gaver, W. W., 1989). Há pesquisa considerável sobre o som desde sempre: ver, por exemplo, Gygi & Shafiro (2010).

183 *Veículos elétricos*: A citação da regra do governo dos Estados Unidos sobre sons para veículos elétricos pode ser encontrada no site do Departamento de Transporte americano (2013).

Capítulo Cinco: Erro humano? Não, design ruim

Muito trabalho já foi feito no estudo do erro, da confiabilidade humana e da resiliência. Uma boa fonte, além dos itens citados abaixo, é o artigo da Wiki of Science sobre erro humano (Wiki of Science, 2013). Veja também o livro *Behind Human Error* (Woods, Decker, Cook, Johannesen, & Sarter, 2010).

Dois dos mais importantes estudiosos do erro humano são o psicólogo britânico James Reason e o engenheiro dinamarquês Jens Rasmussen. Ver também os livros do pesquisador sueco Sidney Dekker e da professora do MIT

Nancy Leveson (Dekker, 2011, 2012, 2013; Leveson, N., 2012; Leveson, N. G., 1995; Rasmussen, Duncan, & Leplat, 1987; Rasmussen, Pejtersen, & Goodstein, 1994; Reason, J. T., 1990, 2008).

Salvo quando indicado, todos os exemplos de deslizes nesse capítulo foram recolhidos por mim, principalmente a partir dos erros cometidos por mim mesmo, pelos meus colaboradores, colegas e alunos. Todos registraram cuidadosamente os seus deslizes, com o requisito de que apenas os que tivessem sido imediatamente registrados seriam adicionados. Muitos foram publicados pela primeira vez em Norman (1981).

188 *Acidente do F-22*: A análise do acidente do AirForce F-22 foi retirada de um relatório do governo (Inspetor-Geral do Departamento de Defesa dos Estados Unidos, 2013). (Esse relatório também contém o relatório original da Força Aérea como Apêndice C.)

193 *Deslizes e equívocos*: As descrições dos comportamentos baseados em competências, regras e conhecimentos foram retiradas do artigo de Jens Rasmussen sobre o tema (1983), que continua sendo uma das melhores introduções. A classificação dos erros em deslizes e equívocos foi feita em conjunto por mim e Reason. A classificação dos equívocos baseados em regras e baseados em conhecimento segue o trabalho de Rasmussen (Rasmussen, Goodstein, Andersen, & Olsen, 1988; Rasmussen, Pejtersen, & Goodstein, 1994; Reason, J. T., 1990, 1997, 2008). Os erros de lapso de memória (tanto os deslizes como os equívocos) não foram originalmente distinguidos dos outros erros: foram posteriormente colocados em categorias separadas, mas não da mesma forma que eu fiz aqui.

195 "*Gimli Glider*": O acidente chamado de Gimli Glider foi um Boeing 767 da AirCanada que ficou sem combustível e teve de planar para aterrissar em Gimli, uma base da Força Aérea canadense que foi desativada. Houve inúmeros erros: procure por "acidente Gimli Glider". (Recomendo a Wikipédia.)

198 *Erro de captura*: A categoria "erro de captura" foi inventada por James Reason (1979).

202 *Airbus*: As dificuldades com o Airbus e os seus modos de funcionamento são descritas em Aviation Safety Network, 1992; colaboradores da Wikipédia, 2013a. Para uma descrição perturbadora de outro problema de design do Airbus — o fato de os dois pilotos (o comandante e o primeiro oficial) poderem controlar os joysticks, mas não haver feedback, portanto um piloto não sabe o que o outro está fazendo —, ver o artigo do jornal britânico *The Telegraph* (Ross & Tweedie, 2012).

206 *Incêndio da boate Kiss em Santa Maria, Brasil*: É descrito em diversos jornais brasileiros e estadunidenses (procure na internet por "incêndio na boate Kiss"). Tomei conhecimento do fato pelo *New York Times* (Romero, 2013).

212 *Acidente de Tenerife*: Minha fonte de informação sobre o acidente de Tenerife é um relatório de Roitsch, Babcock e Edmunds publicado pela American Airline Pilots Association (Roitsch, Babcock e Edmunds, sem data). Talvez não seja muito surpreendente que a sua interpretação seja diferente da do relatório do governo espanhol (Ministério dos Transportes e Comunicações da Espanha, 1978), que por sua vez difere do relatório da Comissão de Inquérito de Acidentes com Aeronaves dos Países Baixos. Uma boa análise do acidente de Tenerife de 1977 — escrita em 2007 — que mostra a sua importância duradoura foi escrita por Patrick Smith para o site Salon.com (Smith, 2007, sexta-feira, 6 de abril, 04:00 AM PDT).

213 *Acidente da Air Florida*: As informações e citações sobre o acidente da Air Florida foram retiradas do relatório do National Transportation Safety Board (1982). Ver também os dois livros intitulados *Pilot Error* (Hurst, 1976; Hurst, R. & Hurst, L. R., 1982). Os dois livros são bastante diferentes. O segundo é melhor do que o primeiro, em parte porque, na época em que o primeiro livro foi escrito, não havia muitas provas científicas disponíveis.

216 *Checklists na medicina*: Os exemplos de erros baseados no conhecimento da Universidade de Duke podem ser encontrados em Duke University Medical Center (2013). Um excelente resumo da utilização de checklists em medicina — e das muitas pressões sociais que atrasaram a sua adoção — é apresentado por Atul Gawande (2009).

217 *Jidoka*: A citação da Toyota sobre o *Jidoka* e o Sistema de Produção da Toyota provém do site do fabricante de automóveis (Toyota Motor Europe Corporate Site, 2013). O Poka-yoke é descrito em muitos livros e sites da internet. Considero que os dois livros escritos por ou com a assistência do criador, Shigeo Shingo, fornecem uma perspectiva valiosa (Nikkan Kogyo Shimbun, 1988; Shingo, 1986).

219 *Segurança da aviação*: O site do Sistema de Relatos da Segurança da Aviação da NASA fornece detalhes sobre o sistema, juntamente com um histórico dos seus relatórios (NASA, 2013).

222 *Retrospectiva*: O estudo de Baruch Fischhoff chama-se "Hindsight ≠ Foresight: The Effect of Outcome Knowledge on Judgment Under Uncertainty" (1975). Veja também o seu trabalho mais recente (Fischhoff, 2012; Fischhoff & Kadvany, 2011).

224 *Design para o erro*: Discuto a ideia do design para o erro em um artigo publicado na *Communications of the ACM*, no qual analiso uma série de deslizes que as pessoas cometem na utilização de sistemas informáticos e sugiro princípios de design de sistemas que podem minimizar esses erros (Norman, 1983). Essa filosofia

também está presente no livro que a nossa equipe de pesquisa elaborou: *Design de Sistemas Centrado no Usuário* (Norman & Draper, 1986); dois capítulos são especialmente relevantes para as discussões aqui: o meu "Engenharia Cognitiva" e o que escrevi com Clayton Lewis, "Design para o erro".

225 *Multitarefas*: Existem muitos estudos sobre os perigos e as ineficiências do comportamento multitarefa. Spink, Cole, & Waller (2008) fazem uma análise parcial. David L. Strayer e os seus colegas da Universidade de Utah realizaram numerosos estudos que demonstram que o comportamento de dirigir utilizando um telefone celular é bastante prejudicial (Strayer & Drews, 2007; Strayer, Drews, & Crouch, 2006). Até os pedestres ficam distraídos com a utilização do telefone celular, como demonstrado por uma equipe de pesquisadores da Universidade de West Washington (Hyman, Boss, Wise, McKenzie, & Caggiano, 2010).

226 *Palhaço de monociclo*: O estudo inteligente do palhaço invisível montado em um monociclo, "Did you see the unicycling clown? Inattentional blindness while walking and talking on a cell phone" foi realizado por Hyman, Boss, Wise, McKenzie, & Caggiano (2010).

234 *Modelo do queijo suíço*: James Reason apresentou o seu modelo do queijo suíço, extremamente influente, em 1990 (Reason, J., 1990; Reason, J. T., 1997).

236 *Hersman*: A descrição de Deborah Hersman sobre a filosofia de design de aeronaves provém da sua palestra de 7 de fevereiro de 2013, em que discutiu as tentativas do NTSB em compreender a causa dos incêndios nos compartimentos das baterias dos aviões Boeing 787. Embora os incêndios tenham provocado aterrissagens de emergência dos aviões, nenhum passageiro ou tripulação ficou ferido: as múltiplas camadas de proteção redundante mantiveram a segurança. No entanto, os incêndios e os danos resultantes foram suficientemente inesperados e graves para que todas as companhias aéreas que operavam com o Boeing 787 ficassem em terra até que todas as partes envolvidas concluíssem uma investigação exaustiva das causas do incidente e, em seguida, passassem por um novo processo de certificação junto à Agência Federal de Aviação (para os Estados Unidos e através das agências correspondentes nos outros países). Embora essa medida tenha sido dispendiosa e muito inconveniente, é um exemplo de boa prática proativa: tomar medidas antes que os acidentes provoquem ferimentos e mortes (National Transportation Safety Board, 2013).

238 *Engenharia de resiliência*: O trecho de "Prologue: Resilience Engineering Concepts", no livro *Resilience Engineering*, é reproduzido com a autorização dos editores (Hollnagel, Woods, & Leveson, 2006).

239 *Automação*: Grande parte da minha pesquisa e dos meus escritos tem abordado questões de automação. Um dos meus primeiros artigos, "Coffee Cups in the Cockpit", aborda esse problema, bem como o fato de que, quando se fala de incidentes

em um grande país — ou que ocorrem em todo o mundo —, uma "hipótese em um milhão" não é uma probabilidade suficientemente boa (Norman, 1992). O meu livro *O design do futuro* aborda bastante essa questão (Norman, 2007).

241 *Acidente do* Royal Majesty: O livro de Asaf Degani sobre a automação, *Taming HAL: Designing Interfaces Beyond 2001* (Degani, 2004), bem como as análises de Lützhöft e Dekker e o relatório oficial do NTSB (Lützhöft & Dekker, 2002; National Transportation Safety Board, 1997), contém uma excelente análise do acidente com o navio de cruzeiro *Royal Majesty*.

Capítulo Seis: O design thinking

Tal como referido na seção "Leituras gerais", uma boa introdução ao design thinking é *Change by Design*, de Tim Brown e Barry Katz (2009). Brown é diretor-executivo da IDEO e Katz é professor no California College of the Arts, professor convidado na d.school de Stanford e um IDEO Fellow. Existem várias fontes na internet; eu gosto do site designthinkingforeducators.com.

247 *Padrão de divergir-convergir de duplo diamante*: O padrão de divergência-convergência de duplo diamante foi introduzido pela primeira vez pelo British Design Council em 2005, que o designou como "Modelo de Processo de Design de Duplo Diamante" (Design Council, 2005).

249 *Processo HCD*: O processo de design centrado no ser humano tem muitas variantes, todas semelhantes no espírito, mas diferentes nos detalhes. Um bom resumo do método que descrevo é fornecido pelo livro HCD e pelo kit de ferramentas da empresa de design IDEO (IDEO, 2013).

254 *Prototipagem*: Para a prototipagem, ver o livro e o manual de Buxton sobre esboços (Buxton, 2007; Greenberg, Carpendale, Marquardt, & Buxton, 2012). Existem vários métodos utilizados pelos designers para compreender a natureza do problema e chegar a uma potencial solução. O livro *101 Design Methods* (2013) de Vijay Kumar nem consegue cobrir todos. O livro de Kumar é uma excelente exposição dos métodos de pesquisa em design, mas concentra-se na inovação e não na produção de produtos e, portanto, não abrange o ciclo de desenvolvimento propriamente dito. A prototipagem física, os seus testes e repetições estão fora do seu domínio, tal como as preocupações práticas do mercado, o tópico da última parte desse capítulo e de todo o Capítulo 7.

255 *Técnica do Mágico de Oz*: A técnica do Mágico de Oz deve o seu nome ao livro de L. Frank Baum, *O mágico de Oz* (Baum & Denslow, 1900). A minha

utilização da técnica é descrita no artigo resultante do grupo liderado pelo pesquisador de inteligência artificial Danny Bobrow no então chamado Centro de Pesquisa de Palo Alto da Xerox (Bobrow et al., 1977). O "estudante de pós-graduação" sentado na outra sala era Allen Munro, que depois teve uma carreira de pesquisa distinta.

256 *Nielsen*: O argumento de Jakob Nielsen de que cinco usuários é o número ideal para a maioria dos testes pode ser encontrado no site do grupo Nielsen Norman (Nielsen, 2013).

261 *Três objetivos*: A utilização dos três níveis de objetivos por Marc Hassenzahl (objetivos de ser, objetivos de fazer e objetivos motores) é descrita em muitos locais, mas recomendo muito o seu livro *Experience Design* (Hassenzahl, 2010). Os três objetivos vêm do trabalho de Charles Carver e Michael Scheier no seu livro de referência sobre a utilização de modelos de feedback, caos e teoria dinâmica para explicar grande parte do comportamento humano (Carver & Scheier, 1998).

274 *Idade e desempenho*: Frank Schieber (2003) faz uma boa análise do impacto da idade nos fatores humanos. O relatório de Igor Grossmann e colegas é um exemplo típico de pesquisa que mostra que estudos cuidadosos revelam um desempenho superior com a idade (Grossmann et al., 2010).

282 *Hora internacional da Swatch*: O desenvolvimento da hora .beat pela Swatch e a hora decimal francesa são discutidos no artigo da Wikipédia sobre a hora decimal (colaboradores da Wikipédia, 2013b).

Capítulo Sete: O design no mundo dos negócios

290 *Funcionalismo furtivo*: Uma nota para os historiadores de tecnologia. Consegui encontrar a origem desse termo em uma palestra de John Mashey em 1976 (Mashey, 1976). Nessa época, Mashey era um cientista de computação nos Laboratórios Bell, onde foi um dos primeiros criadores do UNIX, um sistema operacional bem conhecido (que ainda está ativo como Unix, Linux e o kernel subjacente ao Mac OS da Apple).

291 *Youngme Moon*: O livro de Youngme Moon, *Different: Escaping the Competitive Herd* (Moon, 2010), argumenta que "se há um tipo de sabedoria convencional que permeia todas as empresas em todos os setores, é a importância de competir arduamente para se diferenciar da concorrência. E, no entanto, enfrentar a concorrência — no que diz respeito a características, aumento de produtos etc. — tem o efeito perverso de torná-lo igual a todos os outros". (Da capa do seu livro: ver http://youngmemoon.com/Jacket.html.)

296 *Sistema de gestos de palavras*: O sistema de gestos de palavras que funciona através do traçado das letras no teclado da tela para escrever de forma rápida e eficiente (embora não tão rápida quanto com um teclado tradicional e dez dedos) é descrito com bastante detalhe por Shumin Zhai e Per Ola Kristensson, dois dos criadores desse método de escrita (Zhai & Kristensson, 2012).

298 *Telas multitoque*: Nos mais de trinta anos em que as telas multitoque estão nos laboratórios, inúmeras empresas lançaram produtos e falharam. Atribui-se a Nimish Mehta a invenção do multitoque, discutida na sua dissertação de mestrado (1982) da Universidade de Toronto. Bill Buxton (2012), um dos pioneiros nesse domínio, faz uma análise valiosa (estava trabalhando com telas multitoque no início da década de 1980 na Universidade de Toronto). Outra excelente análise dos sistemas multitoque e gestuais em geral (bem como dos princípios de design) é apresentada por Dan Saffer no seu livro *Designing Gestural Interfaces* (2009). A história da Fingerworks e da Apple pode ser facilmente encontrada pesquisando na internet por "Fingerworks".

299 *Lei de Stigler*: Ver o comentário sobre este assunto nas notas do Capítulo 2.

300 *Telefonoscópio*: A ilustração do "Telephonoscope" foi originalmente publicada na edição de 9 de dezembro de 1878 da revista britânica *Punch* (para o seu Almanaque de 1879). A imagem provém da Wikipédia (contribuintes da Wikipédia, 2013d), onde se encontra em domínio público.

306 *Teclado QWERTY*: A história do teclado QWERTY é discutida em vários artigos. Agradeço ao Professor Neil Kay da Universidade de Strathclyde pela nossa correspondência por e-mail e pelo seu artigo "Rerun the Tape of History and QWERTY Always Wins" (2013). Esse artigo levou-me ao site "QWERTY People Archive" dos pesquisadores japoneses Koichi e Motoko Yasuoka, um recurso incrivelmente detalhado e valioso para os interessados na história do teclado e, em particular, da configuração QWERTY (Yasuoka & Yasuoka, 2013). O artigo sobre a máquina de escrever na *Scientific American* de 1872 é divertido de ler: o estilo da *Scientific American* mudou drasticamente desde então (Anônimo, 1872).

307 *Teclado Dvorak*: O Dvorak é mais rápido do que o QWERTY? Sim, mas não muito: Diane Fisher e eu estudamos uma variedade de layouts de teclado. Presumimos que as teclas organizadas em ordem alfabética seriam melhores para os principiantes. Não, não eram: descobrimos que o conhecimento do alfabeto não era útil para encontrar as teclas. Os nossos estudos sobre os teclados alfabéticos e Dvorak foram publicados na revista *Human Factors* (Norman & Fisher, 1984).

Os admiradores do teclado Dvorak afirmam que a melhoria é muito superior a 10%, com taxas de aprendizagem mais rápidas e menos cansaço. Mas eu me mantenho fiel aos meus estudos e às minhas afirmações. Se quiser ler mais sobre o assunto, incluindo uma versão interessante da história da máquina de escrever, consulte o livro *Cognitive Aspects of Skilled Typewriting*, editado por William E. Cooper, que inclui vários capítulos de pesquisa do meu laboratório (Cooper, W. E., 1963; Norman & Fisher, 1984; Norman & Rumelhart, 1963; Rumelhart & Norman, 1982).

307 *Ergonomia dos teclados*: Os aspectos de saúde dos teclados são relatados em National Institute of Health (2013).

309 *Inovação gradual e radical*: O professor italiano de gestão Roberto Verganti e eu discutimos os princípios da inovação gradual e radical (Norman & Verganti, 2014; Verganti, 2009, 2010).

310 *Hill climbing*: Há descrições muito boas do processo de *hill climbing* para o design no livro de Christopher Alexander, *Notes on the Synthesis of Form* (1964) e no livro de Chris Jones, *Design Methods* (1992; ver também Jones, 1984).

315 *Humanos* versus *máquinas*: as observações do professor do MIT Erik Brynjolfsson foram feitas na sua intervenção no simpósio da Academia Nacional de Engenharia de junho de 2012 sobre fabricação, design e inovação (Brynjolfsson, 2012). O seu livro, em coautoria com Andrew McAfee — *Race Against the Machine: How the Digital Revolution Is Accelerating Innovation, Driving Productivity, and Irreversibly Transforming Employment and the Economy* —, contém um excelente tratamento do design e da inovação (Brynjolfsson & McAfee, 2011).

320 *Meios de comunicação interativos*: O livro interativo de Al Gore é *Nossa escolha: um plano para solucionar a crise climática* (2011). Alguns dos vídeos do meu primeiro livro interativo ainda estão disponíveis: ver Norman (1994 e 2011b).

325 *Ascensão dos pequenos*: A seção "A ascensão dos pequenos" foi retirada do meu ensaio escrito para o centésimo aniversário da empresa Steelcase, reimpresso aqui com a autorização da Steelcase (Norman, 2011a).

REFERÊNCIAS BIBLIOGRÁFICAS

Alexander, C. *Notes on the synthesis of form.* [Notas sobre a síntese da forma.] Cambridge, Inglaterra: Harvard University Press, 1964.

Anderson, R. J. *Security engineering—A guide to building dependable distributed systems* (2nd edition). [Engenharia de segurança — um guia para construir sistemas confiáveis.] Nova York, NY: Wiley, 2008. http://www.cl.cam.ac.uk/~rja14/book.html.

Anonymous. The type writer. [A máquina de escrever.] *Scientific American, 27*(6, 10 de agosto), 1, 1872.

Atance, C. M., & O'Neill, D. K. Episodic future thinking. [Pensamento episódico futuro.] *Trends in Cognitive Sciences,* 5(12), 533–537, 2001. http://www.sciencessociales.uottawa.ca/ccll/eng/documents/15Episodicfuturethinking_000.pdf.

Aviation Safety Network. Accident description: Airbus A320-111 [Descrição do acidente: Airbus A320-111], 1992. Acessado em 13 de fevereiro de 2013, em http://aviation-safety.net/database/record.php?id=19920120-0.

Baum, L. F., & Denslow, W. W. *O mágico de Oz.* Chicago, IL; Nova York, NY: G. M. Hill Co., 1900. http://hdl.loc.gov/loc.rbc/gen.32405.

Beyer, H., & Holtzblatt, K. *Contextual design: Defining customer-centered systems.* [Design contextual: definindo os sistemas centrados no consumidor.] San Francisco, CA: Morgan Kaufmann, 1998.

Bobrow, D., Kaplan, R., Kay, M., Norman, D., Thompson, H., & Winograd, T. GUS, a frame-driven dialog system. *Artificial Intelligence* [Inteligência artificial], 8(2), 155–173, 1977.

Boroditsky, L. How Languages Construct Time. [Como as línguas constroem o tempo.] In S. Dehaene & E. Brannon (Eds.), *Space, time and number in the brain: Searching for the foundations of mathematical thought.* Amsterdã, Holanda; Nova York, NY: Elsevier, 2011.

Brown, T., & Katz, B. *Change by design: How design thinking transforms organizations and inspires innovation.* [Mudança pelo design: Como o design thinking transforma as organizações e inspira a inovação.] Nova York, NY: Harper Business, 2009.

Brynjolfsson, E. Comentários no simpósio de engenharia da Academia Nacional de Engenharia sobre Produção, Design e Inovação, em junho de 2012. In K. S. Whitefoot & S. Olson (Eds.), *Making value: Integrating manufacturing, design, and innovation to thrive in the changing global economy.* Washington, D.C.: The National Academies Press, 2012.

Brynjolfsson, E., & McAfee, A. *Race against the machine: How the digital revolution is accelerating innovation, driving productivity, and irreversibly transforming employment and the economy.* [Corrida contra a máquina: Como a revolução digital está acelerando a inovação, incentivando a produtividade e transformando irreversivelmente o emprego e a economia.] Lexington, MA: Digital Frontier Press (Kindle Edition), 2011. http://raceagainstthemachine.com/.

Bürdek, B. E. *Design: History, theory, and practice of product design.* [Design: História, teoria e prática do design de produtos.] Boston, MA: Birkhäuser–Publishers for Architecture, 2005.

Buxton, W. *Sketching user experience: Getting the design right and the right design.* [Um esboço da experiência do usuário: fazendo o design correto e o que é correto para o design.] San Francisco, CA: Morgan Kaufmann, 2007.

Buxton, W. Multi-touch systems that I have known and loved [Sistemas multitoque que conheço e adoro], 2012. Acessado em 13 de fevereiro de 2013, em http://www.billbuxton.com/multi-touchOverview.html.

Carelman, J. *Catalogue d'objets introuvables: Et cependant indispensables aux personnes telles que acrobates, ajusteurs, amateurs d'art.* [Catálogo de objetos impossíveis de encontrar, mas indispensáveis para pessoas como acrobatas, montadores, amantes da arte.] Paris, França: Éditions Balland, 1984.

Carver, C. S., & Scheier, M. *On the self-regulation of behavior.* [Sobre a autorregulação do comportamento.] Cambridge, UK; Nova York, NY: Cambridge University Press, 1998.

Chapanis, A., & Lindenbaum, L. E. A reaction time study of four control-display linkages. [Um estudo do tempo de reação de quatro ligações controle-visualização.] *Human Factors*, *1*(4), 1–7, 1959.

Chipchase, J., & Steinhardt, S. *Hidden in plain sight: How to create extraordinary products for tomorrow's customers.* [Escondido à vista de todos: Como criar produtos extraordinários para os clientes de amanhã.] Nova York, NY: HarperCollins, 2013.

Christensen, C. M., Cook, S., & Hal, T. What customers want from your products. [O que os clientes querem dos produtos.] *Harvard Business School Newsletter: Working Knowledge*, 2006. Acessado em 2 de fevereiro de 2013, em http://hbswk.hbs.edu/item/5170.html.

Coates, D. *Watches tell more than time: Product design, information, and the quest for elegance*. [Os relógios dizem mais do que o tempo: Design de produto, informação e a busca por elegância.] Nova York, NY: McGraw-Hill, 2003.

Colum, P., & Ward, L. *The Arabian nights: Tales of wonder and magnificence*. Nova York, NY: Macmillan, 1953. (Ver também http://www.bartleby.com/16/905.html para um relato semelhante.)

Cooper, A., Reimann, R., & Cronin, D. *About face 3: The essentials of interaction design*. [Sobre interfaces 3: o essencial para o design de interação.] Indianápolis, IN: Wiley, 2007.

Cooper, W. E. (Ed.). *Cognitive aspects of skilled typewriting*. [Aspectos cognitivos de uma digitação competente.] Nova York, NY: Springer-Verlag, 1963.

Csikszentmihalyi, M. *Flow: The psychology of optimal experience*. [Fluxo: A psicologia da experiência ideal.] Nova York, NY: Harper & Row, 1990.

Csikszentmihalyi, M. *Finding flow: The psychology of engagement with everyday life*. [Encontrar o fluxo: A psicologia do envolvimento na vida cotidiana.] Nova York, NY: Basic Books, 1997.

Degani, A. Capítulo 8: The grounding of the *Royal Majesty*. [O encalhe do *Royal Majesty*.] In A. Degani (Ed.), *Taming HAL: Designing interfaces beyond 2001*. Nova York, NY: Palgrave Macmillan, 2004. http://ti.arc.nasa.gov/m/profile/adegani/Grounding%20of%20the%20Royal%20Majesty.pdf.

Dekker, S. *Patient safety: A human factors approach*. [Segurança do paciente: uma abordagem dos fatores humanos.] Boca Raton, FL: CRC Press, 2011.

Dekker, S. *Just culture: Balancing safety and accountability*. [Cultura justa: equilíbrio entre segurança e responsabilidade.] Farnham, Surrey, Inglaterra; Burlington, VT: Ashgate, 2012.

Dekker, S. *Second victim: Error, guilt, trauma, and resilience*. [A segunda vítima: Erro, culpa, trauma e resiliência.] Boca Raton, FL: Taylor & Francis, 2013.

Departamento de Transporte, Administração Nacional de Segurança do Tráfego Rodoviário dos Estados Unidos. Federal motor vehicle safety standards: Minimum sound requirements for hybrid and electric vehicles [Normas federais de segurança dos veículos motorizados: Requisitos mínimos de ruído para veículos híbridos e elétricos], 2013. Retirado de https://www.federalregister.gov/articles/2013/01/14/2013-00359/federal-motor-vehicle-safety-standards-minimum-sound-requirements-for-hybrid-and-electric-vehicles-p-79.

Design Council. The "double-diamond" design process model [O modelo de processo de design de "duplo diamante"], 2005. Acessado em 9 de fevereiro de 2013, em http://www.designcouncil.org.uk/designprocess.

Dismukes, R. K. Prospective memory in workplace and everyday situations [Memória prospectiva no local de trabalho e em situações do cotidiano]. *Current Directions in Psychological Science 21*(4), 215–220, 2012.

Duke University Medical Center. Types of errors [Tipos de erros], 2013. Acessado em 13 de fevereiro de 2013, em http://patientsafetyed.duhs.duke.edu/module_e/types_errors.html.

Fischhoff, B. Hindsight ≠ foresight: The effect of outcome knowledge on judgment under uncertainty [O efeito do conhecimento dos resultados no julgamento em situação de incerteza]. *Journal of Experimental Psychology: Human Perception and Performance, 104*, 288–299, 1975. http://www.garfield.library.upenn.edu/classics1992/A1992HX83500001.pdf é uma ótima reflexão sobre esse artigo de Baruch Fischhoff em 1992. (O artigo foi declarado um "clássico de citação".)

Fischhoff, B. *Judgment and decision making.* [Julgamento e tomada de decisões.] Abingdon, Inglaterra; Nova York, NY: Earthscan, 2012.

Fischhoff, B., & Kadvany, J. D. *Risk: A very short introduction.* [Risco: uma introdução bastante breve.] Oxford, Inglaterra; Nova York, NY: Oxford University Press, 2011.

Florêncio, D., Herley, C., & Coskun, B. Do strong web passwords accomplish anything? [As senhas fortes da internet servem para alguma coisa?]. Artigo apresentado no 2º workshop da USENIX sobre os principais tópicos em segurança, Boston, MA, 2007. http://www.usenix.org/event/hotsec07/tech/full_papers/florencio/florencio.pdf e também http://research.microsoft.com/pubs/74162/hotsec07.pdf.

Gaver, W. Auditory Interfaces. [Interfaces auditivas.] In M. Helander, T. K. Landauer, & P. V. Prabhu (Eds.), *Handbook of human-computer interaction* (2nd, completely rev. ed., pp. 1003–1041). Amsterdã, Holanda; Nova York, NY: Elsevier, 1997.

Gaver, W. W. The SonicFinder: An interface that uses auditory icons. [O SonicFinder: Uma interface que utiliza ícones auditivos.] *Human-Computer Interaction, 4*(1), 67–94, 1989. http://www.informaworld.com/10.1207/s15327051hci0401_3.

Gawande, A. *The checklist manifesto: How to get things right.* [O manifesto do checklist: como fazer as coisas certas.] Nova York, NY: Metropolitan Books, Henry Holt and Company, 2009.

Gibson, J. J. *The ecological approach to visual perception.* [A abordagem ecológica da percepção visual.] Boston, MA: Houghton Mifflin, 1979.

Goffman, E. *A representação do eu na vida cotidiana.* São Paulo: Vozes, 2014.

Goffman, E. *Frame analysis: An essay on the organization of experience.* [Análise de quadros: Um ensaio sobre a organização da experiência.] Nova York, NY: Harper & Row, 1974.

Gore, A. *Our choice: A plan to solve the climate crisis* (ebook edition). [Nossa escolha: um plano para solucionar a crise climática.] Emmaus, PA: Push Pop Press, Rodale, and Melcher Media, 2011. http://pushpoppress.com/ourchoice/.

Greenberg, S., Carpendale, S., Marquardt, N., & Buxton, B. *Sketching user experiences: The workbook.* [Esboço de experiências do usuário: livro de exercícios.] Waltham, MA: Morgan Kaufmann, 2012.

Grossmann, I., Na, J., Varnum, M. E. W., Park, D. C., Kitayama, S., & Nisbett, R. E. Reasoning about social conflicts improves into old age. [O raciocínio sobre conflitos sociais melhora na velhice.] *Proceedings of the National Academy of Sciences*, 2010. http://www.pnas.org/content/early/2010/03/23/1001715107.abstract.

Gygi, B., & Shafiro, V. *From signal to substance and back: Insights from environmental sound research to auditory display design* [Do sinal à substância e vice-versa: Insights da pesquisa sobre o som ambiente para o design de telas auditivas] (Vol. 5954). Berlin & Heidelberg, Alemanha: Springer, 2010. http://link.springer.com/chapter/10.1007%2F978-3-642-12439-6_16?LI=true.

Hassenzahl, M. *Experience design: Technology for all the right reasons.* [Design de experiências: Tecnologia pelas razões certas.] San Rafael, CA: Morgan & Claypool, 2010.

Hollan, J. D., Hutchins, E., & Kirsh, D. Distributed cognition: A new foundation for human-computer interaction research.[Cognição distribuída: Uma nova base para a pesquisa em interação humano-computador.] *ACM Transactions on Human-Computer Interaction: Special Issue on Human-Computer Interaction in the New Millennium*, 7(2), 174–196, 2000. http://hci.ucsd.edu/lab/hci_papers/JH1999-2.pdf.

Hollnagel, E., Woods, D. D., & Leveson, N. (Eds.). *Resilience engineering: Concepts and precepts.* [Engenharia de resiliência: Conceitos e preceitos.] Aldershot, Inglaterra; Burlington, VT: Ashgate, 2006. http://www.loc.gov/catdir/toc/ecip0518/2005024896.html.

Holtzblatt, K., Wendell, J., & Wood, S. *Rapid contextual design: A how-to guide to key techniques for user-centered design.* [Design contextual rápido: Um guia prático das principais técnicas de design centradas no usuário.] San Francisco, CA: Morgan Kaufmann, 2004.

Hurst, R. *Pilot error: A professional study of contributory factors.* [Erro do piloto: Um estudo profissional dos fatores contributivos.] Londres, Inglaterra: Crosby Lockwood Staples, 1976.

Hurst, R., & Hurst, L. R. *Pilot error: The human factors* (2nd edition). [Erro do piloto: os fatores humanos (2a edição).] Londres, Inglaterra; Nova York, NY: Granada, 1982.

Hutchins, E., J., Hollan, J., & Norman, D. A. Direct manipulation interfaces. [Interfaces de manipulação direta.] In D. A. Norman & S. W. Draper (Eds.), *User centered system design; New perspectives on human-computer interaction* (pp. 339–352). Mahwah, NJ: Lawrence Erlbaum Associates, 1986.

Hyman, I. E., Boss, S. M., Wise, B. M., McKenzie, K. E., & Caggiano, J. M. Did you see the unicycling clown? Inattentional blindness while walking and talking on a cell phone. [Você viu o palhaço de monociclo? Cegueira por falta de atenção ao caminhar e falar no telefone celular.] *Applied Cognitive Psychology*, 24(5), 597–607, 2010. http://dx.doi.org/10.1002/acp.1638.

IDEO. Human-centered design toolkit [Kit de ferramentas de design centrado no ser humano], 2013. Site da IDEO. Acessado em 9 de fevereiro de 2013, em http://www.ideo.com/work/human-centered-design-toolkit/.

Inspetor-Geral do Departamento de Defesa dos Estados Unidos. *Assessment of the USAF aircraft accident investigation board (AIB) report on the F-22A mishap of November 16, 2010*. Alexandria, VA: The Department of Defense Office of the Deputy Inspector General for Policy and Oversight, 2013. http://www.dodig.mil/pubs/documents/DODIG-2013–041.pdf.

Instituto Nacional de Saúde. PubMed Health: Carpal tunnel syndrome [PubMed Health: síndrome do túnel do carpo], 2013. Em http://www.ncbi.nlm.nih.gov/pubmedhealth/PMH0001469/.

Jacko, J. A. *The human-computer interaction handbook: Fundamentals, evolving technologies, and emerging applications* (3rd edition.). [O manual de interação humano-computador: Fundamentos, tecnologias em evolução e aplicações emergentes (3a edição).] Boca Raton, FL: CRC Press, 2012.

Jones, J. C. *Essays in design*. [Ensaios sobre design.] Chichester, Inglaterra; Nova York, NY: Wiley, 1984.

_____. *Design methods* (2nd edition). [Métodos de design (2a edição).] Nova York, NY: Van Nostrand Reinhold, 1992.

Kahneman, D. *Thinking, fast and slow*. [Rápido e devagar: duas formas de pensar.] Nova York, NY: Farrar, Straus and Giroux, 2011.

Katz, B. *Ecosystem of innovation: The history of Silicon Valley design*. [Ecossistema de inovação: A história do design do Vale do Silício.] Cambridge, MA: MIT Press, 2014.

Kay, N. Rerun the tape of history and QWERTY always wins [Volte na história e o QWERTY sempre ganha], 2013. *Research Policy*.

Kempton, W. Two theories of home heat control. [Duas teorias sobre o controle de aquecimento doméstico.] *Cognitive Science, 10*, 75–90, 1986.

Kumar, V. *101 design methods: A structured approach for driving innovation in your organization*. [101 métodos de design: Uma abordagem estruturada para promover a inovação na sua empresa.] Hoboken, NJ: Wiley, 2013. http://www.101designmethods.com/.

Lee, J. D., & Kirlik, A. *The Oxford handbook of cognitive engineering*. [O manual de Oxford de engenharia cognitiva.] Nova York: Oxford University Press, 2013.

Leveson, N. *Engineering a safer world*. [Projetando um mundo mais seguro.] Cambridge, MA: MIT Press, 2012. http://mitpress.mit.edu/books/engineering-safer-world.

Leveson, N. G. *Safeware: System safety and computers*. [Programas seguros: Segurança do sistema e de computadores.] Reading, MA: Addison-Wesley, 1995.

Levitt, T. *The marketing imagination*. [A imaginação do marketing.] Nova York, NY; Londres, Inglaterra: Free Press; Collier Macmillan, 1983.

Lewis, K., & Herndon, B. Transactive memory systems: Current issues and future research directions. [Sistemas de memória transativa: questões atuais e futuras direções de pesquisa.] *Organization Science, 22*(5), 1254–1265, 2011.

Lord, A. B. *The singer of tales.* [O cantor de histórias.] Cambridge, MA: Harvard University Press, 1960.

Lützhöft, M. H., & Dekker, S. W. A. On your watch: Automation on the bridge. [Atentos: automação na ponte.] *Journal of Navigation, 55*(1), 83–96, 2002.

Mashey, J. R. Using a command language as a high-level programming language. [Utilização de uma linguagem de comandos como linguagem de programação de alto nível.] Artigo apresentado na *2ª conferência internacional sobre engenharia de software.* San Francisco, Califórnia, Estados Unidos, 1976.

Mehta, N. *A flexible machine interface.* [Uma interface flexível para máquinas.] Tese de M.S., Departamento de Engenharia Elétrica, Universidade de Toronto, 1982.

Meisler, S. Short-lived coin is a dealer's delight. *Los Angeles Times,* 1–7, 31 de dezembro de 1986.

Ministério dos Transportes e Comunicação da Espanha. *Report of a collision between PAA B-747 and KLM B-747 at Tenerife, March 27, 1977* [Relatório de uma colisão entre o PAA B-747 e o KLM B-747 em Tenerife, em 27 de março de 1977], 1978. Versão publicada na *Aviation Week and Space Technology,* em 20 e 27 de novembro de 1987.

Moggridge, B. *Designing interactions.* Cambridge, MA: MIT Press, 2007. http://www.designinginteractions.com — O Capítulo 10 descreve os métodos de interação do design: http://www.designinginteractions.com/chapters/10.

_____. *Designing media.* Cambridge, MA: MIT Press, 2010.

Moon, Y. *Different: Escaping the competitive herd.* [Diferente: fugindo do rebanho competitivo.] Nova York, NY: Crown Publishers, 2010.

NASA, A. S. R. S. Sistema de Comunicação da Segurança da Aviação da NASA, 2013. Acessado em 19 de fevereiro de 2013, em http://asrs.arc.nasa.gov.

National Research Council Steering Committee on the Usability Security and Privacy of Computer Systems. *Toward better usability, security, and privacy of information technology: Report of a workshop.* The National Academies Press, 2010. http://www.nap.edu/openbook.php?record_id=12998.

National Transportation Safety Board. *Aircraft accident report: Air Florida, Inc., Boeing 737-222, N62AF, collision with 14th Street Bridge near Washington National Airport (Executive Summary).* NTSB Report No. AAR-82-08, 1982. http://www.ntsb.gov/investigations/summary/AAR8208.html.

_____. *Marine accident report grounding of the Panamanian passenger ship ROYAL MAJESTY on Rose and Crown Shoal near Nantucket, Massachusetts June 10, 1995* (NTSB Report No. MAR-97-01, adopted on 4/2/1997): National Transportation Safety Board. Washington, DC, 1997. Em http://www.ntsb.gov/doclib/reports/1997/mar9701.pdf.

_____. NTSB Press Release: NTSB identifies origin of JAL Boeing 787 battery fire; design, certification and manufacturing processes come under scrutiny, 2013. Acessado em 16 de fevereiro de 2013, em http://www.ntsb.gov/news/2013/130207.html.

Nickerson, R. S., & Adams, M. J. Long-term memory for a common object. [Memória de longo prazo para um objeto comum.] *Cognitive Psychology, 11*(3), 287–307, 1979. http://www.sciencedirect.com/science/article/pii/0010028579900136.

Nielsen, J. Why you only need to test with 5 users. [Por que você só precisa testar com 5 usuários.] Site do grupo Nielsen Norman, 2013. Acessado em 9 de fevereiro de 2013, em http://www.nngroup.com/articles/why-you-only-need-to-test-with-5-users/.

Nikkan Kogyo Shimbun, Ltd. (Ed.). *Poka-yoke: Improving product quality by preventing defects*. [Poka-yoke: Melhorando a qualidade dos produtos através da prevenção de defeitos.] Cambridge, MA: Productivity Press, 1988.

Norman, D. A. *Memory and attention: An introduction to human information processing* (1st, 2nd editions). [Memória e atenção: Uma introdução ao processamento da informação humana (1ª e 2ª edições).] Nova York, NY: Wiley, 1969, 1976.

_____. Memory, knowledge, and the answering of questions. [Memória, conhecimento e resposta a perguntas.] In R. Solso (Ed.), *Contemporary issues in cognitive psychology: The Loyola symposium*. Washington, DC: Winston, 1973.

_____. Categorization of action slips. [Categorização de deslizes de ação.] *Psychological Review, 88*(1), 1–15, 1981.

_____. *Learning and memory*. [Aprendizado e memória.] Nova York, NY: Freeman, 1982.

_____. Design rules based on analyses of human error. [Regras de design baseadas em análises de erros humanos.] *Communications of the ACM, 26*(4), 254–258, 1983.

_____. *A psicologia do dia a dia*. Nova York, NY: Basic Books, 1988. (Reeditado em 1990 [Garden City, NY: Doubleday] e em 2002 [Nova York, NY: Basic Books] como *O design do dia a dia* [Rio de Janeiro: Rocco, 2006].)

_____. Coffee cups in the cockpit. [Xícaras de café na cabine do piloto.] In *Turn signals are the facial expressions of automobiles* (pp. 154–174). Cambridge, MA: Perseus Publishing, 1992. http://www.jnd.org/dn.mss/chapter_16_coffee_c.html.

_____. *Things that make us smart*. [Coisas que nos tornam inteligentes.] Cambridge, MA: Perseus Publishing, 1993.

_____. *Defending human attributes in the age of the machine*. [Defendendo os atributos humanos na era das máquinas.] Nova York, NY: Voyager, 1994. http://vimeo.com/18687931.

_____. Emotion and design: Attractive things work better. [Emoção e design: As coisas atraentes funcionam melhor.] *Interactions Magazine, 9*(4), 36–42, 2002. http://www.jnd.org/dn.mss/Emotion-and-design.html.

_____. *Emotional design: Why we love (or hate) everyday things*. [Design emocional: por que amamos (ou odiamos) as coisas do dia a dia.] Nova York, NY: Basic Books, 2004.

_____. *The design of future things*. [O design do futuro.] Nova York, NY: Basic Books, 2007.

_____. When security gets in the way. [Quando a segurança atrapalha.] *Interactions, 16*(6), 60–63, 2009. http://jnd.org/dn.mss/when_security_gets_in_the_way.html.

_____. *Living with complexity*. [Vivendo com a complexidade.] Cambridge, MA: MIT Press, 2010.

_____. The rise of the small. [A ascensão dos pequenos.] *Essays in honor of the 100th anniversary of Steelcase*, 2011a. De http://100.steelcase.com/mind/don-norman/.

_____. Video: Conceptual models [Vídeo: modelos conceituais], 2011b. Acessado em 19 de julho de 2012, em http://www.interaction-design.org/tv/conceptual_models.html.

Norman, D. A., & Bobrow, D. G. Descriptions: An intermediate stage in memory retrieval. [Descrições: uma fase intermediária na recuperação da memória.] *Cognitive Psychology, 11*, 107–123, 1979.

Norman, D. A., & Draper, S. W. *User centered system design: New perspectives on human--computer interaction*. [Design de sistema centrado no usuário: novas perspectivas na interação humano-computador.] Mahwah, NJ: Lawrence Erlbaum Associates, 1986.

Norman, D. A., & Fisher, D. Why alphabetic keyboards are not easy to use: Keyboard layout doesn't much matter. [Por que os teclados alfabéticos não são fáceis de utilizar: a disposição do teclado não é tão importante.] *Human Factors, 24*, 509–519, 1984.

Norman, D. A., & Ortony, A. Designers and users: Two perspectives on emotion and design. [Designers e usuários: duas perspectivas sobre emoção e design.] In S. Bagnara & G. Crampton-Smith (Eds.), *Theories and practice in interaction design* (pp. 91–103). Mahwah, NJ: Lawrence Erlbaum Associates, 2006.

Norman, D. A., & Rumelhart, D. E. Studies of typing from the LNR Research Group. [Estudos de datilografia do grupo de pesquisa LNR.] In W. E. Cooper (Ed.), *Cognitive aspects of skilled typewriting*. Nova York, NY: Springer-Verlag, 1963.

Norman, D. A., & Verganti, R. Incremental and radical innovation: Design research *versus* technology and meaning change [Inovação gradual e radical: pesquisa em design versus tecnologia e mudança de significado], 2014. *Design Issues*. http://www.jnd.org/dn.mss/incremental_and_radi.html.

Núñez, R., & Sweetser, E. With the future behind them: Convergent evidence from Aymara language and gesture in the crosslinguistic comparison of spatial construals of time. [Com o futuro para trás: evidências convergentes da língua aimará e do gesto na comparação interlinguística de construções espaciais de tempo.] *Cognitive Science, 30*(3), 401–450, 2006.

Ortony, A., Norman, D. A., & Revelle, W. The role of affect and protoaffect in effective functioning. [O papel dos afetos e dos protoafetos no funcionamento eficaz.] In J.-M. Fellous & M. A. Arbib (Eds.), *Who needs emotions? The brain meets the robot* (pp. 173–202). Nova York, NY: Oxford University Press, 2005.

Oudiette, D., Antony, J. W., Creery, J. D., & Paller, K. A. The role of memory reactivation during wakefulness and sleep in determining which memories endure. [O papel da reativação da memória durante a vigília e o sono na determinação das memórias que perduram.] *Journal of Neuroscience*, 33(15), 6672, 2013.

Perrow, C. *Normal accidents: Living with high-risk technologies.* [Acidentes normais: vivendo com tecnologias de alto risco.] Princeton, NJ: Princeton University Press, 1999.

Portigal, S., & Norvaisas, J. Elevator pitch. *Interactions, 18*(4 de julho), 14–16, 2011. http://interactions.acm.org/archive/view/july-august-2011/elevator-pitch1.

Rasmussen, J. Skills, rules, and knowledge: Signals, signs, and symbols, and other distinctions in human performance models. [Competências, regras e conhecimentos: Sinais, signos e símbolos, e outras distinções nos modelos de desempenho humano.] *IEEE Transactions on Systems, Man, and Cybernetics, SMC-13*, 257–266, 1983.

Rasmussen, J., Duncan, K., & Leplat, J. *New technology and human error.* [Novas tecnologias e o erro humano.] Chichester, Inglaterra; Nova York, NY: Wiley, 1987.

Rasmussen, J., Goodstein, L. P., Andersen, H. B., & Olsen, S. E. *Tasks, errors, and mental models: A festschrift to celebrate the 60th birthday of Professor Jens Rasmussen.* [Tarefas, erros e modelos mentais: Um *festschrift* para celebrar o 60º aniversário do Professor Jens Rasmussen.] Londres, Inglaterra; Nova York, NY: Taylor & Francis, 1988.

Rasmussen, J., Pejtersen, A. M., & Goodstein, L. P. *Cognitive systems engineering.* [Engenharia de sistemas cognitivos.] Nova York, NY: Wiley, 1994.

Reason, J. T. Actions not as planned. [Ações não programadas.] In G. Underwood & R. Stevens (Eds.), *Aspects of consciousness.* Londres: Academic Press, 1979.

_____. The contribution of latent human failures to the breakdown of complex systems. [A contribuição das falhas humanas latentes para o colapso de sistemas complexos.] *Philosophical Transactions of the Royal Society of London. Series B, Biological Sciences 327*(1241), 475–484, 1990.

_____. *Human error.* [Erro humano.] Cambridge, Inglaterra; Nova York, NY: Cambridge University Press, 1990.

_____. *Managing the risks of organizational accidents.* [Gerindo os riscos de acidentes organizacionais.] Aldershot, Inglaterra; Brookfield, VT: Ashgate, 1997.

_____. *The human contribution: Unsafe acts, accidents and heroic recoveries.* [A contribuição humana: atos inseguros, acidentes e recuperações heroicas.] Farnham, Inglaterra; Burlington, VT: Ashgate, 2008.

Roitsch, P. A., Babcock, G. L., & Edmunds, W. W. *Human factors report on the Tenerife accident.* [Relatório sobre os fatores humanos no acidente de Tenerife.] Washington, DC: Air Line Pilots Association, sem data. http://www.skybrary.aero/bookshelf/books/35.pdf.

Romero, S. Frenzied scene as toll tops 200 in Brazil blaze. [Cena hedionda com mais de 200 mortos em incêndio no Brasil.] *New York Times*, 27 de janeiro de 2013, em http://www.nytimes.com/2013/01/28/world/americas/brazil-nightclub-fire.html?_r=0. Ver também: http://thelede.blogs.nytimes.com/2013/01/27/fire-at-a-nightclub-in-southern-brazil/?ref=americas.

Ross, N., & Tweedie, N. Air France Flight 447: "Damn it, we're going to crash." [Voo 447 da Air France: "Merda, nós vamos bater."] *The Telegraph*, 28 de abril de 2012, em http://www.telegraph.co.uk/technology/9231855/Air-France-Flight-447-Damn-it-were-going-to-crash.html.

Rubin, D. C., & Kontis, T. C. A schema for common cents. [Um esquema para centavos comuns.] *Memory & Cognition, 11*(4), 335–341, 1983. http://dx.doi.org/10.3758/BF03202446.

Rubin, D. C., & Wallace, W. T. Rhyme and reason: Analyses of dual retrieval cues. [Rima e razão: Análise de dicas de recuperação dupla.] *Journal of Experimental Psychology: Learning, Memory, and Cognition, 15*(4), 698–709, 1989.

Rumelhart, D. E., & Norman, D. A. Simulating a skilled typist: A study of skilled cognitive-motor performance. [Simulação de um datilógrafo experiente: um estudo do desempenho cognitivo-motor especializado.] *Cognitive Science, 6*, 1–36, 1982.

Saffer, D. *Designing gestural interfaces.* [Design de interfaces gestuais.] Cambridge, MA: O'Reilly, 2009.

Schacter, D. L. *Os sete pecados da memória: como a mente esquece e lembra.* Rio de Janeiro: Rocco, 2003.

Schank, R. C., & Abelson, R. P. *Scripts, plans, goals, and understanding: An inquiry into human knowledge structures.* [Roteiros, planos, objetivos e compreensão: uma investigação sobre as estruturas do conhecimento humano.] Hillsdale, NJ: L. Erlbaum Associates, 1977; distribuído por Halsted Press Division of John Wiley and Sons.

Schieber, F. Human factors and aging: Identifying and compensating for age-related deficits in sensory and cognitive function. [Fatores humanos e envelhecimento: identificando e compensando os déficits relacionados à idade nas funções sensoriais e cognitivas.] In N. Charness & K. W. Schaie (Eds.), *Impact of technology on successful aging* (pp. 42–84). Nova York, NY: Springer Publishing Company, 2003. http://sunburst.usd.edu/~schieber/psyc423/pdf/human-factors.pdf.

Schneier, B. *Secrets and lies: Digital security in a networked world.* [Segredos e mentiras: segurança digital em um mundo conectado.] Nova York, NY: Wiley, 2000.

Schwartz, B. *The paradox of choice: Why more is less.* [O paradoxo da escolha: por que mais é menos.] Nova York, NY: HarperCollins, 2005.

Seligman, M. E. P. *Helplessness: On depression, development, and death.* [Desamparo: sobre a depressão, o desenvolvimento e a morte.] Nova York, NY: W. H. Freeman, 1992.

Seligman, M. E. P., & Csikszentmihalyi, M. Positive psychology: An introduction. [Psicologia positiva: uma introdução.] *American Psychologist, 55*(1), 5–14, 2000.

Sharp, H., Rogers, Y., & Preece, J. *Interaction design: Beyond human-computer interaction* (2nd edition). [Design de interação: para além da interação humano-computador (2ª edição).] Hoboken, NJ: Wiley, 2007.

Shingo, S. *Zero quality control: Source inspection and the poka-yoke system.* [Controle de qualidade zero: inspeção na origem e o sistema poka-yoke.] Stamford, CT: Productivity Press, 1986.

Site Corporativo Europeu da Toyota Motor. Toyota production system [Sistema de produção da Toyota], 2013. Acessado em 19 de fevereiro de 2013, em http://www.toyota.eu/about/Pages/toyota_production_system.aspx.

Smith, P. Ask the pilot: A look back at the catastrophic chain of events that caused history's deadliest plane crash 30 years ago [Pergunte ao piloto: uma retrospectiva da catastrófica cadeia de acontecimentos que causou o acidente de avião mais mortífero da história, há 30 anos], 2007. Acessado em 7 de fevereiro de 2013, em http://www.salon.com/2007/04/06/askthepilot227/.

Spink, A., Cole, C., & Waller, M. Multitasking behavior. [Comportamento multitarefas.] *Annual Review of Information Science and Technology, 42*(1), 93–118, 2008.

Strayer, D. L., & Drews, F. A. Cell-phone–induced driver distraction. [Distração do condutor induzida pelo uso do telefone celular.] *Current Directions in Psychological Science, 16*(3), 128–131, 2007.

Strayer, D. L., Drews, F. A., & Crouch, D. J. A Comparison of the cell phone driver and the drunk driver. [Uma comparação entre o condutor que usa o telefone celular e o condutor embriagado.] *Human Factors: The Journal of the Human Factors and Ergonomics Society, 48*(2), 381–391, 2006.

Verganti, R. *Design-driven innovation: Changing the rules of competition by radically innovating what things mean.* [Inovação orientada para o design: mudando as regras da concorrência inovando radicalmente o significado das coisas.] Boston, MA: Harvard Business Press, 2009. http://www.designdriveninnovation.com/.

Verganti, R. User-centered innovation is not sustainable. [A inovação centrada no usuário não é sustentável.] *Harvard Business Review Blogs*, 2010. Acessado em 19 de março de 2010, em http://blogs.hbr.org/cs/2010/03/user-centered_innovation_is_no.html.

Vermeulen, J., Luyten, K., Hoven, E. V. D., & Coninx, K. Crossing the bridge over Norman's gulf of execution: Revealing feedforward's true identity. [Atravessando a ponte sobre o desafio de execução de Norman: Revelando a verdadeira identidade do *feedforward*.] Artigo apresentado na CHI 2013, Paris, França.

Wegner, D. M. Transactive memory: A contemporary analysis of the group mind. [Memória transativa: uma análise contemporânea da mentalidade de grupo.] In B. Mullen & G. R. Goethals (Eds.), *Theories of group behavior* (pp. 185–208). Nova York, NY: Springer-Verlag, 1987. http://www.wjh.harvard.edu/~wegner/pdfs/Wegner Transactive Memory.pdf.

Wegner, T. G., & Wegner, D. M. Transactive memory. [Memória transativa.] In A. S. R. Manstead & M. Hewstone (Eds.), *The Blackwell encyclopedia of social psychology* (pp. 654–656). Oxford, Inglaterra; Cambridge, MA: Blackwell, 1995.

Whitehead, A. N. *An introduction to mathematics*. [Uma introdução à matemática.] Nova York, NY: Henry Holt and Company, 1911.

Wiki of Science. Error (human error). [Erro (erro humano).] Acessado em 6 de fevereiro de 2013, em http://wikiofscience.wikidot.com/quasiscience:error.

Wikipedia. Air Inter Flight 148. *Wikipedia, The Free Encyclopedia*. Acessado em 13 de fevereiro de 2013, em http://en.wikipedia.org/w/index.php?title=Air_Inter_Flight_148&oldid=534971641.

_____. Decimal time. [Tempo decimal.] *Wikipedia, The Free Encyclopedia*. Acessado em 13 de fevereiro de 2013, em http://en.wikipedia.org/w/index.php?title=Decimal_time&oldid=501199184.

_____. Stigler's law of eponymy. [A lei da eponímia de Stigler.] *Wikipedia, The Free Encyclopedia*. Acessado em 2 de fevereiro de 2013, em http://en.wikipedia.org/w/index.php?title=Stigler%27s_law_of_eponymy&oldid=531524843.

_____. Telephonoscope. [Telefonoscópio.] *Wikipedia, The Free Encyclopedia*. Acessado em 8 de fevereiro de 2013, em http://en.wikipedia.org/w/index.php?title=Telephonoscope&oldid=535002147.

Winograd, E., & Soloway, R. M. On forgetting the locations of things stored in special places. [Sobre esquecer onde estão as coisas guardadas em lugares especiais.] *Journal of Experimental Psychology: General, 115*(4), 366–372, 1986.

Woods, D. D., Dekker, S., Cook, R., Johannesen, L., & Sarter, N. *Behind human error* (2nd edition). [Por trás do erro humano (2ª edição).] Farnham, Surry, UK; Burlington, VT: Ashgate, 2010.

Yasuoka, K., & Yasuoka, M. QWERTY people archive. Acessado em 8 de fevereiro de 2013, em http://kanji.zinbun.kyoto-u.ac.jp/db-machine/~yasuoka/QWERTY/

Zhai, S., & Kristensson, P. O. The word-gesture keyboard: Reimagining keyboard interaction. [O teclado gestual: reimaginando a interação do teclado.] *Communications of the ACM, 55*(9), 91–101, 2012. Em http://www.shuminzhai.com/shapewriter-pubs.htm.

Impressão e Acabamento:
BARTIRA GRÁFICA